住房和城乡建设部科学技术计划项目（2022-S-002、2020-K-087）

重庆市建设科技项目（城科字2021第3-5号）

重庆市技术创新与应用发展专项重点项目（cstc2019jscx-gksbX0066）

广阳岛 生态文明建设数智化全过程工程咨询实务

汪 洋 王 岳 尹贻林 / 著

U0281816

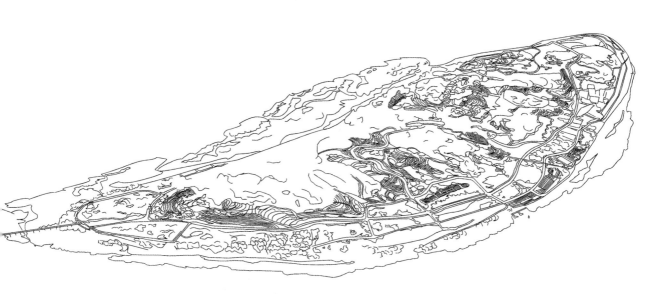

重庆大学出版社

内容简介

本书汇集了生态文明建设与数智化全过程工程咨询创新实践，立足项目案例，系统阐述了广阳岛生态文明建设从策划到实施的全过程，项目业态涉及了生态修复与绿色建筑等多类型重大项目，服务内容涵盖了项目管理、BIM 咨询、投资决策咨询、设计咨询、招标代理、施工图审查、工程监理、造价咨询、运营咨询等"1+8"数智化全过程咨询，是同类项目开展全过程工程咨询服务的综合性指南。

图书在版编目（CIP）数据

广阳岛生态文明建设数智化全过程工程咨询实务 /
汪洋，王岳，尹贻林著 . –– 重庆：重庆大学出版社，
2023.5
ISBN 978-7-5689-3922-5

Ⅰ . ①广… Ⅱ . ①汪…②王…③尹… Ⅲ . ①数字技
术—应用—生态环境建设—工程项目管理—咨询服务—南
岸区 Ⅳ . ① X321.271.93-39
中国国家版本馆 CIP 数据核字（2023）第 095472 号

广阳岛生态文明建设数智化全过程工程咨询实务

汪 洋 王 岳 尹贻林 著

策划编辑：陈 力 林青山

责任编辑：陈 力 版式设计：林青山
责任校对：谢 芳 责任印制：赵 晟

*

重庆大学出版社出版发行

出版人：饶帮华

社址：重庆市沙坪坝区大学城西路21号

邮编：401331

电话：（023）88617190 88617185（中小学）

传真：（023）88617186 88617166

网址：http://www.cqup.com.cn

邮箱：fxk@cqup.com.cn（营销中心）

全国新华书店经销

重庆亘鑫印务有限公司印刷

*

开本：787mm×1092mm 1/16 印张：18.5 字数：451千
2023年5月第1版 2023年5月第1次印刷
ISBN 978-7-5689-3922-5 定价：120.00元

编审委员会

序一

《广阳岛生态文明建设数智化全过程工程咨询实务》一书出版在即，我之前也亲自上岛了解项目建设情况，体验了项目初步成效。近年来，国务院办公厅、国家发展改革委以及住房和城乡建设部，相继发文提出建设高质量绿色建筑、实施建筑领域双碳行动等工作要求，本书是融合生态文明、数字化应用以及全咨服务的一次集中响应，尤其是广阳岛全咨中设计咨询所考量的绿色设计相关理念，既是创新又是实践。

一、生态文明建设的创新实践

生态文明建设已经成为关乎人类永续发展的重要主题。广阳岛项目就是 EOD 模式的优秀案例和生动实践，特别是在业主的统筹指导下产生了很多创新的做法，相信会是现阶段乃至未来数十年间国家生态建设领域的重要借鉴方案。

二、建设组织模式的创新实践

全过程工程咨询是国家鼓励的新型建设组织模式，广阳岛项目积极采用全咨模式，体现了重庆广阳岛绿色发展有限责任公司的远见和创新魄力，该项目服务板块组合众多，真正体现了全过程的特点和优势。本项目也是重庆推行建筑师负责制的试点项目，显得更有意义。

三、数智化融合模式的创新实践

同炎数智是国内首次提出"数智化全过程工程咨询"模式的创新企业，在全国有众多大型项目的成功实践，广阳岛项目就是其中一个非常重要的代表。通过数智化实现赋能，本项目的 BIM 综合应用已获得第三届工程建设行业 BIM 大赛一等奖和第十一届"龙图杯"全国 BIM 大赛一等奖，这是行业给予的最专业的肯定。

　　本书就是这些创新的系统总结，我相信，它的出版必将引起行业的广泛关注，也会为行业同仁带来更多的学习借鉴经验。

中国勘察设计协会副秘书长

2022 年 9 月 27 日

序二

　　《广阳岛生态文明建设数智化全过程工程咨询实务》一书面世了。这是国内第一本涵盖了生态文明建设项目全过程理论、实施应用以及数智化应用的综合性著作。这本著作的理论意义，在于首次系统论述了生态文明建设项目全过程工程咨询的相关理论，符合中国不断推进中国式现代化与生态文明建设的前进方向，为未来中国企业开展数智化引领的生态文明建设项目全过程工程咨询新模式提供了理论支撑；其实践意义，在于为国内生态文明建设项目的全过程工程咨询工作开展建立了便于操作的标杆与可供参考的实践路径。

　　依托广阳岛开展生态文明创新建设，是深学笃用习近平生态文明思想的具体行动，是推进长江经济带绿色发展中发挥示范作用的重要抓手，是强化"上游意识"、勇担"上游责任"、作出"上游贡献"的具体体现，是打造"长江风景眼、重庆生态岛""智创生态城"的现实需要，是以重大工程引领生态文明建设的非凡突破。

　　《广阳岛生态文明建设数智化全过程工程咨询实务》一书由重庆广阳岛绿色发展有限责任公司、同炎数智科技（重庆）有限公司与天津理工大学 IPPCE 研究所共同编写，以全过程工程咨询视角展开，系统总结了广阳岛项目生态文明建设的创新理念与顶层策划；以八大全咨工作板块为基础，具体阐释了生态文明建设项目投资管控的具体举措，填补了生态文明建设项目投资管控的理论空白，形成了生态文明建设项目实施的具体指导路径，也昭示着管理科学前沿的重要发展。总体来看，本书具有三大亮点：

　　一是管理理念创新。广阳岛全咨工作管理理念始终聚焦与贯彻生态文明建设思想，创新建设"广阳岛生态数字密码"，以"谋划定位、策划找魂、规划塑形、计划变现"的"四划协同"为抓手，以"高水平、高质量、高效率，全过程、全方位、全要素，业主思维、专业思维、底线思维"的"三高三全三思维"为目标指导各版块的工作开展。

二是管理范式创新。数智化引领是本项目全咨工作的重大实践创新。基于大数据和人工智能技术的新型决策范式、决策模型和方法，开发适用于政府服务与决策的人工智能平台，已经成为我国的重大战略需求。"数智化+"的广阳岛全咨工作管理模式无疑是服务我国战略需求推进的排头兵，为我国"数智化"管理范式的进一步发展提供了实践指引。

三是管理技术创新。生态文明建设项目全过程工程咨询有别于一般工程的典型特征在于其蕴含了以"山水林田湖草"为对象的建设管理内容。面对"山水林田湖草"的具体建设，广阳岛全体建设同仁探索了一条 "护山、理水、营林、疏田、清湖、丰草"的中国式生态文明建设善治之路。

生态兴则文明兴，生态文明建设是推进中国式现代化道路的重要一环。《广阳岛生态文明建设数智化全过程工程咨询实务》既是深化探索生态文明建设数智化全过程工程咨询模式，完善组织实施体系，丰富智慧生态理论成果，推动生态文明建设变现落地的重要总结和实践指南，也是引领全球生态文明建设的中国方案！

博导、教授、国家级教学名师

天津理工大学公共项目与工程造价研究所（IPPCE）所长

中国重大工程技术走出去投资技术与管控智库主席

2022 年 10 月 1 日

"长江风景眼、重庆生态岛"数字密码（节选）

序号	提法	诠释	内容
1	一看一干	全局思维	整体看，局部干
2	两个合一	哲学意向	天人合一的价值追求，知行合一的人文境界
3	两美	对山茶花田的期望	美丽中国，美好生活
4	三员三师	对业主工作的要求	接待员，讲解员，宣传员，生态师，风景师，魔术师
5	三高三全三思维	对全咨工作的要求	高水平、高质量、高效率、全方位、全过程、全要素、业主思维、专业思维、底线思维
6	三论三品	对设计工作的要求	认识论对标作品，方法论讲究品位，实践论追求品质
7	三多三少	对施工工作的要求	多用自然的方法，少用人工的方法；多用生态的方法，少用工程的方法；多用柔性的方法，少用硬性的方法
8	三大功能	生态驿站的三大功能	生态观测，生产工坊，生活服务
9	三个廊道	对道路的要求	生态廊道，风景廊道，健身廊道
10	三个方法	土壤改良	物理方法，化学方法，生物方法
11	三生	对岛民部落聚焦的诠释	聚生态建乡野林团，聚生产建粮油作坊，聚生活建岛民部落
12	三个六	核心竞争力	6个绿色发展示范经验做法（6个生态品牌）：生态规划图，生态中医院，生态产业群，生态大课堂，生态法制网，生态岛长制。6个"两山"转化路径模式（6个"生态+"产业模块）：教育、文化、旅游、农业、健康、智慧。6个绿色发展服务包（6个生态服务包）：规划策划设计，全过程咨询，EPC总承包，智慧生态管理，生态科技创新，绿色投资
13	三个价值实现	3个广阳岛生态产品价值实现	生态产品供给价值，调节价值，文化价值，形成生态复利解高级多元方程式；学好用好"两山论"，走深走实"两化路"
14	三个模式	广阳岛的三个纬度模式	共抓大保护，不搞大开发，生态优先，绿色发展；长江风景眼，智创生态城，重庆生态岛，由岛及城；EOD，以生态为导向的发展模式

序号	提法	诠释	内容
		"长江风景眼，重庆生态岛"数字密码（节选）	
15	三个一	广阳岛生态文明建设实践创新经验	一个基于自然人文的重庆生态岛；一座突出绿色智慧的智创生态城；一个追求润物无声的长江风景眼
16	三大特点	广阳岛的三大特点	一是习近平生态文明思想指导下的实践创新；二是长江风景眼，重庆生态岛的定位；三是生态岛长制
17	三句话	总结提升三句话	中医思想，国画思维，以小见大，以空为满，大美不言，大道至简
18	四乡	原生态巴渝乡村田园风景	设计乡村形态，增加乡村元素，营造乡村气息，丰富乡愁体验
19	四大一新	广阳岛故事的精髓	大转变，大平衡，大生态，大发展，新机制
20	四点具体要求	对宣传工作的要求	聚焦主线，吸引眼球，打动内心，回应关切
21	四个五	对建筑外观和内部的要求	外观5 000年，内部5A级；500年前的生态，50年后的生活
22	突出四个感	对智慧广阳的要求	生态感，艺术感，顺畅感，科技感
23	四化	生态＋教育的运作逻辑	规范化，专业化，智能化，市场化
24	四个内容和特色	广阳岛生态大课堂的课程内容和特色	自然，生态，环保，原乡
25	四条阐释	广阳岛国际会议中心设计理念"广阳山水"的具体阐释	论生态文明，讲中国故事，看长江风景，品重庆味道
26	四其	对小微湿地的解读	小其形，微其状，湿其土，境其地
27	四魂	长江书院的魂	生态文明的精神家园，长江文化的价值圣地，传统书院的现代表达，千年文脉的上游贡献
28	四个一	生态产品价值实现四个一的统一	建设一个生态岛，孪生一个数字岛，造就一座生态城，擦亮一个风景眼
29	五景	对广阳湾生态修复设计的要求	背景：长江风景眼，重庆生态岛；远景：智创生态城的背景；前景：明月山居图的前景；近景：明月山居图的近景；主景：长江消落带治理的主景；场景：江河生态文化保护传承的场景

图 0-1 广阳岛片区规划

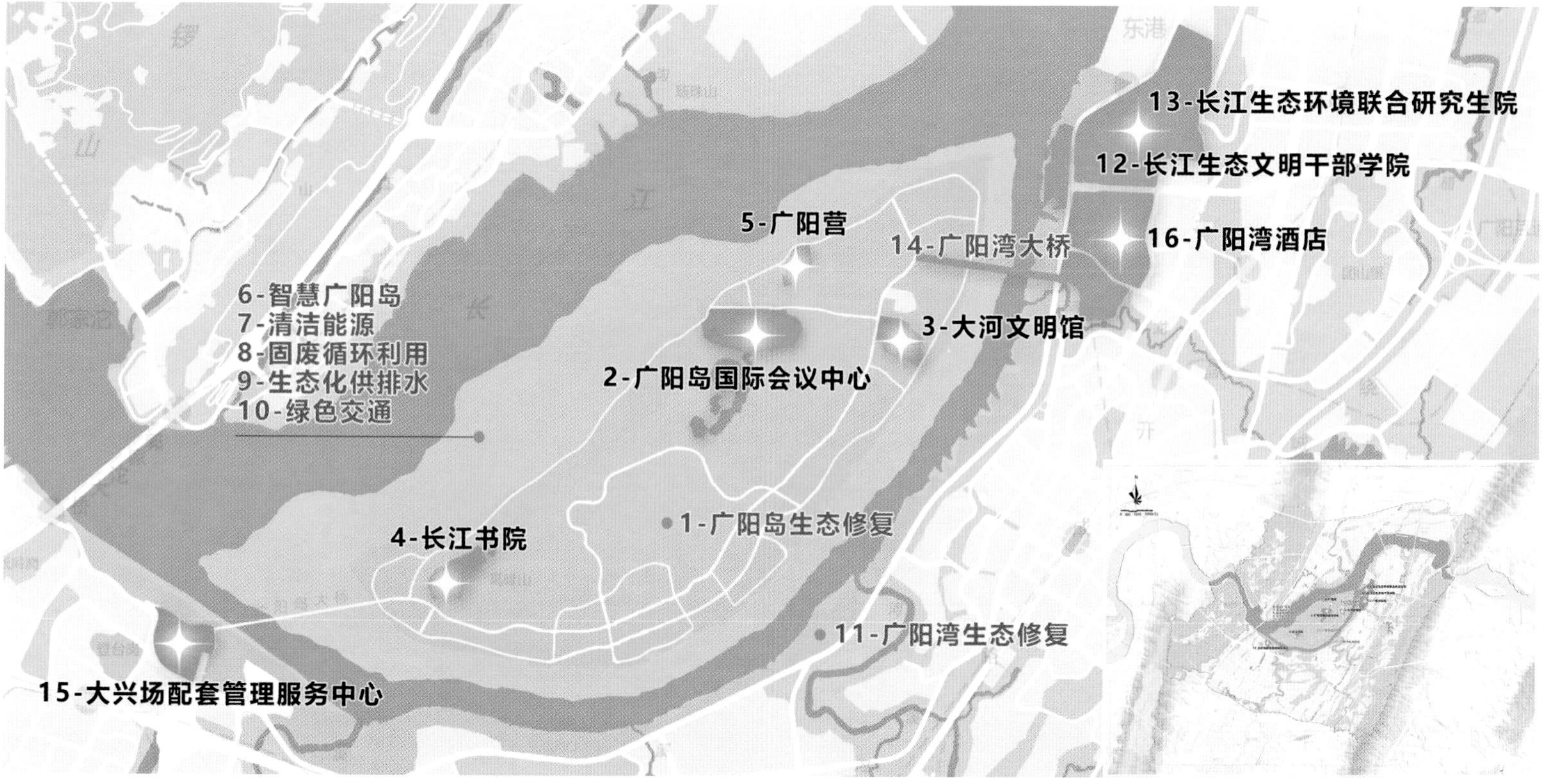

13-长江生态环境联合研究生院

12-长江生态文明干部学院

16-广阳湾酒店

14-广阳湾大桥

3-大河文明馆

5-广阳营

11-广阳湾生态修复

2-广阳岛国际会议中心

1-广阳岛生态修复

4-长江书院

6-智慧广阳岛
7-清洁能源
8-固废循环利用
9-生态化供排水
10-绿色交通

15-大兴场配套管理服务中心

图 0-2　十六个重点项目

广阳岛生态修复前后对比

图 0-3　东岛头生态修复前后对比

图 0-4　粉黛草田生态修复前后对比

图 0-5　高峰梯田生态修复前后对比

图 0-6　胜利草场生态修复前后对比

图 0-7　山顶人家生态修复前后对比

图 0-8　油菜花田生态修复前后对比

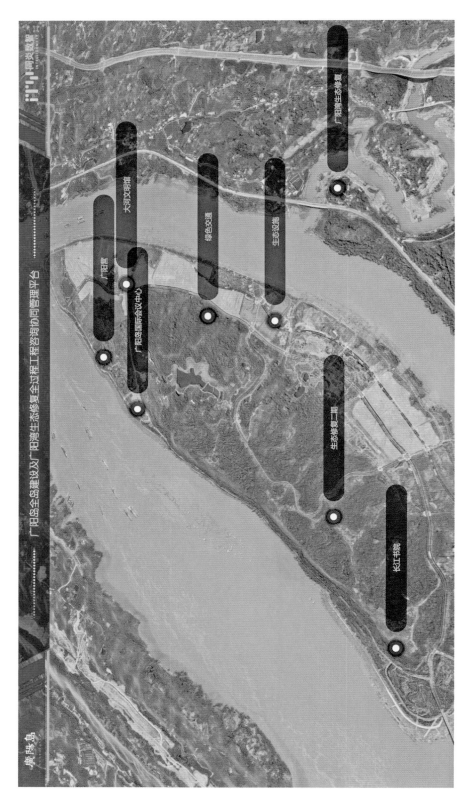

图 0-9　广阳岛数字化管控平台

目　录

第1章　总体策划

1.1　广阳岛生态文明实践背景分析

1.1.1　指导思想

（1）深入践行习近平生态文明思想

习近平生态文明思想基于历史、立足当下、面向全球、着眼未来，系统阐释了人与自然、保护与发展、环境与民生和国内与国际等关系，就其主要方面来讲，集中体现为"十个坚持"（图 1-1），即坚持党对生态文明建设的全面领导，坚持生态兴则文明兴，坚持人与自然和谐共生，坚持绿水青山就是金山银山，坚持良好生态环境是最普惠的民生福祉，坚持绿色发展是发展观的深刻革命，坚持统筹山水林田湖草沙系统治理，坚持用最严格制度最严密

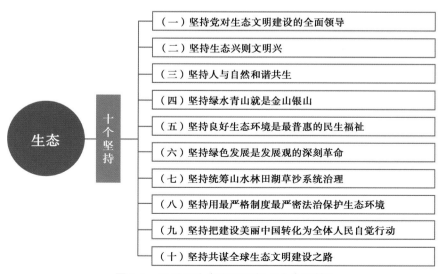

图 1-1　习近平生态文明思想"十个坚持"

法治保护生态环境，坚持把建设美丽中国转化为全体人民自觉行动，坚持共谋全球生态文明建设之路。这"十个坚持"构成了系统完整、逻辑严密、内涵丰富和博大精深的科学体系，深刻回答了为什么建设生态文明、建设什么样的生态文明、怎样建设生态文明等重大理论和实践问题，为生态文明建设提供了科学、全面、长远的指导思想和实践指南。

（2）深入贯彻长江经济带发展座谈会精神

推动长江经济带发展是党中央作出的重大决策部署，是关系国家发展全局的重大战略，对实现"两个一百年"奋斗目标、实现中华民族伟大复兴的中国梦具有重要意义。

2016 年 1 月 5 日，习近平总书记在重庆主持召开推动长江经济带发展座谈会并发表重要讲话，指出："长江是中华民族的母亲河，也是中华民族发展的重要支撑。推动长江经济带发展必须从中华民族长远利益考虑，走生态优先、绿色发展之路，使绿水青山产生巨大生态效益、经济效益、社会效益，使母亲河永葆生机活力。"他强调："当前和今后相当长一个时期，要把修复长江生态环境摆在压倒性位置，共抓大保护，不搞大开发。要把实施重大生态修复工程作为推动长江经济带发展项目的优先选项，实施好长江防护林体系建设、水土流失及岩溶地区石漠化治理、退耕还林还草、水土保持、河湖和湿地生态保护修复等工程，增强水源涵养、水土保持等生态功能。要用改革创新的办法抓长江生态保护。"

2018 年 4 月 26 日，习近平总书记在武汉主持召开深入推动长江经济带发展座谈会并发表重要讲话，强调新形势下推动长江经济带发展，关键是要正确把握整体推进和重点突破、生态环境保护和经济发展、总体谋划和久久为功、破除旧动能和培育新动能、自我发展和协同发展的关系，"努力把长江经济带建设成为生态更优美、交通更顺畅、经济更协调、市场更统一、机制更科学的黄金经济带，探索出一条生态优先和绿色发展的新路子。"

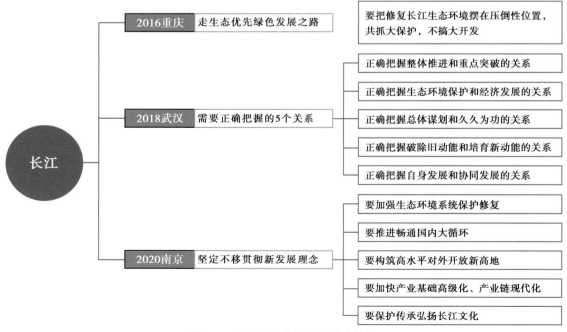

图 1-2　长江经济带发展座谈会精神

2020 年 11 月 14 日，习近平总书记在南京主持召开全面推动长江经济带发展座谈会并发表重要讲话，强调："要加强生态环境系统保护修复。要从生态系统整体性和流域系统性出发，追根溯源、系统治疗，防止头痛医头、脚痛医脚。要找出问题根源，从源头上系统开展生态环境修复和保护。""坚定不移贯彻新发展理念，推动长江经济带高质量发展，谱写生态优先绿色发展新篇章，打造区域协调发展新样板，构筑高水平对外开放新高地，塑造创新驱动发展新优势，绘就山水人城和谐相融新画卷，使长江经济带成为我国生态优先绿色发展主战场、畅通国内国际双循环主动脉、引领经济高质量发展主力军。"

重庆市坚决贯彻习近平生态文明思想，全面落实习近平总书记关于推动长江经济带发展的重要论述和对重庆的重要指示要求，坚持"共抓大保护、不搞大开发"，持续筑牢长江上游重要生态屏障，努力在推进长江经济带绿色发展中发挥示范作用。

（3）全面贯彻习近平总书记对重庆提出的重要指示要求

2016 年 1 月，习近平总书记视察重庆时指出，重庆是西部大开发的重要战略支点，处在"一带一路"和长江经济带的联结点上，要求重庆建设内陆开放高地，成为山清水秀美丽之地。

2018 年 3 月，十三届全国人大一次会议期间，习近平总书记在重庆代表团参加审议时强调，形成风清气正的政治生态，是旗帜鲜明讲政治、坚决维护党中央权威和集中统一领导的政治要求，是持之以恒正风肃纪、推动全面从严治党向纵深发展的迫切需要，是锻造优良党风政风、确保改革发展目标顺利实现的重要保障。

2019 年 4 月，习近平总书记再次来重庆视察时，要求重庆更加注重从全局谋划一域，以一域服务全局，努力在推进新时代西部大开发中发挥支撑作用、在推进共建"一带一路"中发挥带动作用、在推进长江经济带绿色发展中发挥示范作用。

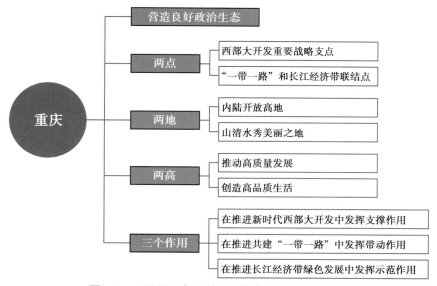

图 1-3　习近平总书记对重庆提出的重要指示要求

生态文明建设是关系中华民族永续发展的根本大计。广阳岛生态文明建设实践以习近平新时代中国特色社会主义思想为指导，深入贯彻党的十九届历次全会精神，深入践行习近平生态文明思想，深入贯彻长江经济带发展座谈会精神、全国生态环保大会精神和中央城市工作会议精神，深入贯彻习近平总书记对重庆提出的营造良好政治生态，坚持"两点"定位、"两地""两高"目标，发挥"三个作用"和推动成渝地区双城经济圈建设等重要指示要求，坚持共抓大保护、不搞大开发，坚持生态优先、绿色发展，坚决呵护好长江黄金分割点上这一抹绿。

1.1.2　发展沿革

（1）广阳岛基本情况

广阳岛位于重庆主城南岸区铜锣山、明月山之间的长江段，处于长江干流全线的黄金分割点上，历史上曾有广阳坝、广阳洲等别称，枯水期全岛面积约 10 km²，蓄水期全岛面积约 6 km²，是长江上游面积最大的江心绿岛和不可多得的生态宝岛，广阳岛全貌如图 1-4 所示。

图 1-4　广阳岛全貌

2017 年以前，由于广阳岛生态景观良好、自然景观突出、距离中心城区核心区较近，功能定位以住宅商业开发为主，曾规划了 300 万 m² 房地产开发量，并先后引入多家企业拟开展广阳岛开发建设。2011 年，广阳岛启动大规模征地拆迁和市政基础设施建设。持续的开发建设，在岛上遗留了 7 个土堆和大面积板结硬化的平场地块，形成了 25 处高切坡和 2 处炸山采石尾矿，生态环境遭到破坏。

（2）踩下广阳岛大开发的"急刹车"

2017 年 8 月，重庆市委、市政府深入贯彻落实习近平总书记在推动长江经济带发展座谈会上的讲话精神，坚持共抓大保护、不搞大开发，坚持生态优先、绿色发展，作出决策：广阳岛以生态保护为主，不再搞商业开发，停止广阳岛土地出让，重新研究广阳岛功能定位，高起点、高标准、高质量开展广阳岛规划建设工作，切实把广阳岛规划好、保护好、利用好，踩下了广阳岛大开发的"急刹车"。

（3）明确"长江风景眼、重庆生态岛"定位

2018 年，重庆市委市政府指出，要认真贯彻共抓大保护、不搞大开发的方针，坚持立法与规划同步先行，突出生态功能，挖掘人文内涵，努力把广阳岛打造成为"长江风景眼、重庆生态岛"。

1）"重庆生态岛"的立意内涵

以"天人合一"的价值追求，建设"重庆生态岛"。按照尊重自然、顺应自然、保护自然和道法自然的要求，还广阳岛以宁静，系统开展自然恢复、生态修复，丰富生物多样性，建设生态设施和绿色建筑，努力再现蓝天白云、繁星闪烁，清水绿岸、鱼翔浅底，绿草如茵、林木葱茏，鸟语花香的田园风光，人与自然和谐共生的长江画卷。

（a）2005 年卫星图　　　　　　　　　　　　　　（b）2018 年卫星图

图 1-5　广阳岛 2005 年与 2018 年卫星影像对比图

2）"长江风景眼"的立意内涵

广阳岛是自然天成之眼，是生态文明之窗，是长江风景之眼。从重庆看世界，让世界看重庆，呈现"知行合一"的人文境界，彰显"长江风景眼"的高远立意。行千里追求，致广大境界，透过"长江风景眼"，共同见证：道法自然，系统修复山水林田湖草生命共同体，共抓大保护、不搞大开发，建设长江上游生态屏障的重庆行动；学好用好绿水青山就是金山银山"两山论"，走深走实产业生态化、生态产业化的"两化路"，努力实现百姓富和生态美两者有机统一的重庆实践；良好的生态环境是最普惠的民生福祉，生态优先绿色发展的重庆示范；规划与立法并重，出台并严格执行关于加强广阳岛片区规划管理的决定，像保护眼睛一样保护生态环境，用最严格制度最严密法治保护生态环境的重庆决心；"生态达沃斯"聚焦生态兴则文明兴，与世界大河文明交流互鉴对话，深度参与全球环境治理，共商世界环境保护和可持续发展的重庆贡献；人与自然和谐共生，乡村振兴与城市提升融合发展，自然美与人文美交相辉映的重庆画卷。

广阳岛生态修复工作通过深入学习贯彻习近平生态文明思想，认真落实习近平总书记对重庆提出的重要指示要求，坚定贯彻"共抓大保护、不搞大开发"，坚持"生态优先、绿色发展"，以生命共同体理论为基础，按照山水林田湖草是生命共同体、人与自然是生命共同体的理念，以"天人合一"的价值追求和"知行合一"的人文境界建设"长江风景眼"和"重庆生态岛"。

（4）高起点编制广阳岛总体规划

1）构建"一岛两湾四城"总体空间格局

"一岛"为广阳岛，突出生态性、公共性和开放性，建设"长江风景眼、重庆生态岛"。"两湾"为广阳湾、铜锣湾，广阳湾主要布局休闲娱乐、总部办公、生态居住等功能，塑造绿色、多元的江湾；铜锣湾主要布局滨江休闲、生态居住等功能，体现生态、宁静的特征。"四城"为通江新城、迎龙新城、东港新城、果园港城，统一按照长江经济带绿色发展示范要求开展新区建设和城市更新。

2）合理确定人口与用地规模

规划城镇建设用地范围内居住人口约 45 万人。其中，长江以南约 32 万人，长江以北约 13 万人。规划建设用地 77.98 km^2，其中城镇建设用地 63.77 km^2，农村居民点用地 4.19 km^2，交通水利及其他建设用地 10.02 km^2。

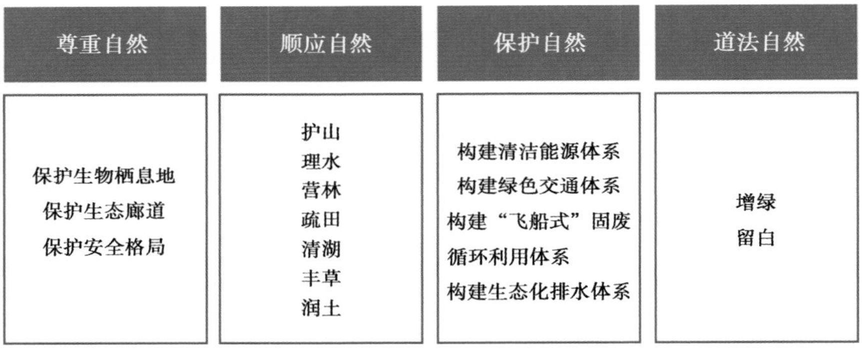

尊重自然	顺应自然	保护自然	道法自然
保护生物栖息地 保护生态廊道 保护安全格局	护山 理水 营林 疏田 清湖 丰草 润土	构建清洁能源体系 构建绿色交通体系 构建"飞船式"固废 循环利用体系 构建生态化排水体系	增绿 留白

图 1-6　重庆生态岛规划设计理念

（5）开展长江经济带绿色发展示范

规划好建设好广阳岛片区，是贯彻习近平生态文明思想和总书记视察重庆重要讲话精神的重大举措，是落实"共抓大保护、不搞大开发"方针的具体行动。要提高政治站位和战略高度，高起点高质量规划建设"长江风景眼、重庆生态岛"，引领全市在推进长江经济带绿色发展中发挥示范作用。

在优化生产生活生态空间上作出示范，坚持以人为本、道法自然，突出规划引领，统筹岛内岛外区域发展，把好山好水好风光融入城市建设，构建绿色交通体系，完善市政基础设施和公共服务设施，打造高品质生态示范区。

在实施山水林田湖草生态保护修复上作出示范，系统实施"护山、理水、营林、疏田、清湖、丰草"措施，统筹推进一江两岸山体、水系湿地、消落区等治理保护，努力在治理技术推进、治理模式创新上作出示范。

在推进产业生态化、生态产业化上作出示范，把"绿色+"融入经济社会发展各方面、全过程，积极发展绿色产业、推广绿色建筑、打造绿色家园，着力打造数字经济、循环经济、生态经济三大高地。

在践行生态文明理念上作出示范，坚持国际化、绿色化、智能化、人文化理念，充分论证和推进广阳岛生态文明干部学院、大河文明馆等建设，精心策划和组织运营大河文明国际峰会等国际会议会展活动，充分传播生态文明、展示绿色文化、体现巴渝风情，将广阳岛打造成生态文明国际交流合作的重要平台。

在依法保护、依法监管上作出示范，注重立法先行，严格实施分区管控，守住核心管控区生态用地、建筑总规模等约束性"底线"，多给岛内"留白""添绿"，坚决杜绝不按法定程序随意干预和变更规划的行为。

在体制机制政策创新上作出示范，统筹推进生态文明体制、经济体制、资源要素配置等改革，完善管理运行机制，创新投融资、人力资源支持等政策，形成科学高效、运转有序的管理体制。

在优化生产生活生态空间上作出示范	在实施山水林田湖草生态保护修复上作出示范
坚持以人为本、道法自然，突出规划引领统筹岛内岛外区域发展，把好山好水好风光融入城市建设，构建绿色交通体系，完善市政基础设施和公共服务设施，打造高品质生态示范区	系统实施"护山、理水、营林、疏田、清湖、丰草"措施，统筹推进一江两岸山体、水系湿地、消落区等的治理保护，努力在治理技术推进，治理模式创新上作出示范
在推进产业生态化、生态产业化上作出示范	在践行生态文明理念上作出示范
把"绿色+"融入经济社会发展各方面、全过程，积极发展绿色产业、推广绿色建筑、打造绿色家园，着力打造数字经济、循化经济、生态经济三大高地	坚持国际化、绿色化、智能化、人文化理念，充分论证和推进生态文明干部学院、长江生态环境学院、大河文明馆等项目的建设，精心策划和组织运营大河文明国际峰会等国际会议会展活动，充分展示绿色文化、表达生态文明、体现巴渝风情，将广阳岛打造成生态文明国际交流合作的重要平台
在依法保护、依法监管上作出示范	在体制机制政策创新上作出示范
注重立法先行，严格实施分区管控，守住核心管控区生态用地、建筑总规模等约束性"底线"，多给岛内"留白""添绿"，坚决杜绝不按法定程序随意干预和变更规划的行为	统筹推进生态文明体制、经济体制、资源要素配置等改革，完善管理运行体制，创新投融资、人力资源支持等政策，形成科学高效、运转有序的管理体制

图 1-7　六个示范

1.1.3　策划思路

围绕"长江风景眼、重庆生态岛"的价值定位，以广阳岛为先行实验基地，坚持世界眼光、国际标准、中国特色、高点定位，全面探索实践长江生态文明的生态、科技、文化、城乡融合发展之路。

围绕五大价值体系，组建五大事业集群，着力打造广阳岛·长江生态文明创新实验区，创建习近平生态文明思想学习研究中心和综合实践示范基地，打造重庆生态文明建设和环境保护的示范高地。

以生态文明建设的长江实践，满足人民日益增长的优美生态环境需要，以美丽中国千里江山的重庆画卷，为中华民族永续发展先行示范；以生态文明建设的中国经验，为探索全球人类文明发展规律和现代化进程、建设人与自然的生命共同体，提供当代新范例和新参照。

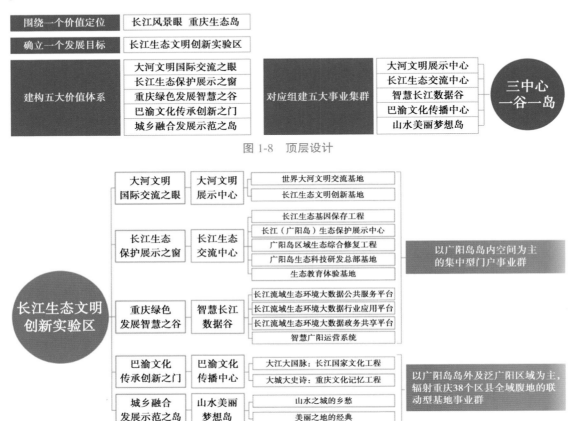

图 1-8　顶层设计

图 1-9　广阳岛长江生态文明创新实验区事业架构体系

1.2　广阳岛生态文明实践本底梳理

广阳岛具有自身独特的自然生态、历史人文和发展建设本底，只有全面摸清广阳岛的本底条件，在此基础上科学、系统地确定生态保护范围，才能因地制宜地有效开展生态修复工作。

1.2.1　自然生态本底

广阳岛地处重庆，属于亚热带季风性湿润气候，四季分明，平均气温总体北高南低、主导风向偏北风、岛年降水总量北多南少。广阳岛具有典型的"山环水绕、江峡相拥"地形地貌特征，地势北高南低，西高东低，山水林田湖草基本形态尚存，但已受到不同程度破坏，具备生物多样性本底。岛的北侧保留了一块消落带自然湿地，营造良好的生境。岛内生产方式相对传统，以农业为主，生长大量草本植物，部分保留为果园和农业种植地。广阳岛自然生态本底图如图 1-10 所示。

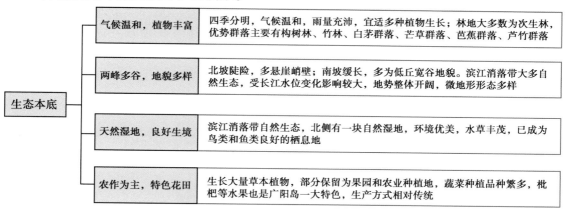

图 1-10　广阳岛自然生态本底图

其"山"基本完整，但局部裸露，边坡突兀。其"水、湖"存蓄不足、水脉不畅、水生物种单一、自净不良、岸线杂乱、水质不佳。其"林"次生为主、斑秃明显、林貌不佳。其"田"肌理退化、土壤贫瘠、半荒半作。其"草"湿地丰茂，但坡岸杂乱、坪坝斑驳。其"土"贫瘠板结、养分失衡。其"动物"以鸟类为主，物种丰富，可持续物种数量不多。

1.2.2　历史人文本底

（1）巴渝文化的重要承载地

古代巴人重要聚居地和活动的重要区域。广阳岛的历史可以追溯到新石器时期，岛内曾发掘出战国时期的青铜器，原始人类生活遗址超过 4 000 m²。这里是长江渔猎文明的发源地之一，大禹在此治水的历史传说流传至今。

明清时期各省移民的聚集地、非物质文化的重要承载地。明清各省入川的移民曾在岛上生活，现存的众多地名真实地记录和反映了他们生活的痕迹。岛外"广阳镇民间故事"已被列为国家级非物质文化遗产，"广阳龙舟节"已列为重庆市非物质文化遗产。

（2）世界反法西斯历史见证

广阳岛早期的历史文化资源让人惊叹，而其近现代的历史则多了几分悲壮。1929 年，国民革命军在广阳岛建成我国西南地区第一个飞机场。抗日战争时期，广阳坝成为护卫重庆的空军基地，主要驻防的是中国空军第四大队，又名"志航大队"。此外，广阳坝还先后驻扎过苏联援华飞行队和美国志愿援华航空队。保留至今的士兵营房、机场油库、空军招待所、发电房、库房、防空洞已被列为文物保护单位，是重庆市为数不多的比较完整的抗战军事设施，承载着坚强不屈的英雄精神和抗战文化。

（3）新中国发展历程的重要见证

建设"体育训练基地"和"重庆广阳坝园艺场"。中华人民共和国成立后，广阳坝机场移交重庆市体育运动委员会航空俱乐部，为重庆培养航空航天人才。机场以外的另一部分土地经市政府批准后，开垦为广阳坝农场，命名为"重庆市广阳坝园艺场"。20世纪80年代初，岛上的航空俱乐部撤销后转为重庆市体委训练基地，成为川渝体育摇篮。1986年，中国曲棍球的第一个训练基地落户广阳坝，中国女曲的辉煌在此孕育。2011年，广阳坝体育训练基地迁出，走完了它在重庆体育史上的流金岁月。

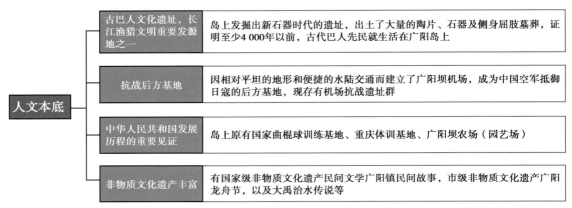

图1-11　广阳岛历史人文本底图

1.2.3　发展建设本底

截至2018年，原广阳岛上坝、高峰、胜利3个行政村已全部搬迁，保留了6处文物点及广阳岛管委会办公用房。现有护岸生态绿化面积达42.6公顷，建成滨江步道、环岛绿带和25.45 km城市道路。开发遗留2.68 km² 平场地块、25处裸露崖壁、2处废弃采石场、6个开挖遗留土堆。现有行道树悬铃木4 938棵，香樟3 337棵，桂花1 218棵。

通过充分研究区域自然生态、历史人文、发展建设三大本底条件，摸清广阳岛生命共同体的现状特征，从而提出有针对性的广阳岛生态文明实践创新路径。

1.3　广阳岛生态文明实践创新路径

"长江风景眼、重庆生态岛"是广阳岛从大开发转向大保护后的全新定位，体现了从全局谋划一域、以一域服务全局的统一，战略上布好局、关键处落好子的统一，共抓大保护不搞大开发、生态优先绿色发展的统一，绿水青山就是金山银山、产业生态化生态产业化的统一，高质量发展与高品质生活的统一，行千里与致广大的统一，道法自然的城市美学与以人为本的城市哲学的统一，天人合一、知行合一的统一，其高远立意、丰富内涵和实践伟力，既是推进长江经济带绿色发展示范建设的方向和目标，也是生态文明创新的内核和逻辑。

广阳岛生态文明创新以习近平新时代中国特色社会主义思想为指导，深学笃用习近平生态文明思想，贯彻落实推动长江经济带发展座谈会精神，全面落实习近平总书记关于重庆系列重要指示要求，主动融入成渝地区双城经济圈建设，按照"长江风景眼、重庆生态岛"定位，坚持"问题导向、系统研究、整体推进、重点突破、实践应用"的思路，加快构建集"知识创新、技术创新、管理创新"于一体的生态文明创新体系，助力全市建设具有全国影响力的科技创新中心。

广阳岛生态文明创新面向"八个绿色"（深入贯彻中央深改委第十七次会议审议通过的《关于加快建立健全绿色低碳循环发展经济体系的指导意见》，面向"绿色规划、绿色设计、绿色投资、绿色建设、绿色生产、绿色流通、绿色生活、绿色消费"开展实践创新），聚焦"六个示范"（按照市委市政府关于在优化生产生活生态空间、实施山水林田湖草生态保护修复、推进产业生态化生态产业化、践行生态文明理念、依法保护依法监管、体制机制和政策创新等六个方面开展示范的要求大胆创新），突出"三个关键"（深入贯彻新发展理念，力求在"减污、降碳、丰富生物多样性"三个关键领域有所创新），开展了生态产品价值实现、生态修复关键技术应用、生态信息体系构建和消落带治理等重大课题研究，初步凝练总结了生态大课堂等 6 个生态品牌，"生态 + 教育"等 6 个"生态 +"两山产业转化模块和 EPC 总承包等 6 个生态服务包，打造广阳岛生态文明创新的核心竞争力，不断推进绿色发展示范取得新进展。

1.3.1　6 个生态品牌

在深入践行习近平生态文明思想、对标"八个绿色""六个示范"过程中，将广阳岛生态实践创新，凝练形成"生态规划图""生态中医院""生态产业群""生态大课堂""生态智慧岛""生态法治网""生态岛长制"6 个生态品牌，打造可复制、可推广的生态文明建设新模式。

（1）生态规划图

习近平总书记强调，要加强改革创新、战略统筹、规划引导，使长江经济带成为引领我国经济高质量发展的生力军。"留白"的规划是最难的，既要"留白"又要"增绿"还要"提质"的规划更是难上加难。2018年，重庆市委市政府认真落实"共抓大保护、不搞大开发"方针，果断叫停广阳岛原规划的300万 m² 房地产开发，踩下大开发"急刹车"，坚定不移走生态优先、绿色发展之路，创新形成习近平生态文明思想指导下的广阳岛生态规划图模式。

探索做法："4334"

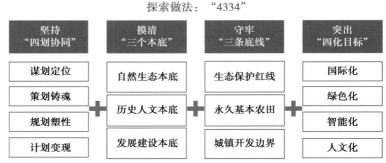

图 1-12　广阳岛生态规划图模式

1）坚持"四划协同"

谋划定位，从全局谋划一域，以一域服务全局，明确了习近平生态文明思想集中体现地和长江经济带绿色发展示范区的功能定位，"长江风景眼、重庆生态岛"的价值定位，以及"两点"承载地、"两地"展示地和"两高"体验地的目标定位。

策划铸魂，以"天人合一"的价值追求和"知行合一"的人文境界，全面开展"六个示范"，在岛内岛外统筹布局长江生态保护展示、大河文明国际交流、巴渝文化传承创新、生态环保智慧应用、城乡融合发展示范五大功能，精心策划一批重点项目，适应长江经济带绿色发展示范的功能需求。

规划塑形，把好山好水好风光融入城市规划建设，把历史文化元素植入景区景点、城市街区，高质量编制片区总体规划和控制性详细规划，开展广阳岛片区城市设计，启动重庆东部生态城规划研究，实现岛内与岛外一体规划、生态与人文一体保护、功能与品质一体提升。

计划变现，制订并实施广阳岛片区长江经济带绿色发展示范实施方案和三年行动计划，建立片区规划编制、土地供应、招商立项、方案设计绿色审查机制，明确任务书、路线图、时间表、责任制、标准线，加快推动"长江风景眼、重庆生态岛"变现落地。

2）摸清"三个本底"

坚持吃透本来、谋划未来，深入梳理广阳岛片区自然生态本底、历史人文本底、发展建设本底，围绕"两山四谷十一丘、一江七河十一库"山水格局，处理好广阳岛保护利用与城市提升、广阳岛与周边区域、广阳岛与重庆全域的关系，遵循"减量、留白、增绿"原则开展规划。

3）守牢"三条底线"

落实最严格的生态环境保护制度、耕地保护制度和节约用地制度，划定生态保护红线面积 30.27 km²、永久基本农田面积 5.08 km² 和城镇开发边界面积 73.79 km²，科学有序统筹布局生态、农业、城镇等功能空间，强化底线约束，优先保障生态安全、粮食安全、国土安全。

4）突出"四化目标"

深入践行"人民城市人民建、人民城市为人民"理念，处理好岛、湾、城、岸、江的关系，统筹推进片区城市设计，系统实施片区生态修复，创新推动产业生态化、生态产业化，精心策划大河文明国际峰会等交流活动，加快建设国际化、绿色化、智能化、人文化现代城市。

"生态规划图"突出大转变、统筹大平衡、保护大生态、推动大发展，以规划赋能提升区域价值，树立了生态文明新时代区域发展规划标杆，为全市国土空间规划完善、长江流域江心岛链保护管控提供了有益借鉴。

（2）生态中医院

习近平总书记在长江经济带发展座谈会时强调：长江病了，而且病得还不轻；治好"长江病"，要科学运用中医整体观，追根溯源、诊断"病因"、找准"病根"、分类施策、系统治疗。广阳岛片区坚持把修复长江生态环境摆在压倒性位置，以天人合一的价值追求，知行合一的人文境界，精心打造"长江风景眼、重庆生态岛"，按照尊重自然、顺应自然、保护自然、道法自然的要求，从自然生态系统演替规律和内在机理出发，运用"中医模式"望闻问切、综合诊治，探索形成了广阳岛"生态中医院"模式。

1）领悟"药典"

习近平生态文明思想及其蕴含的山水林田湖草生命共同体理论是生态"药典"，广阳岛片区深学笃用汲取创新灵感，将生命共同体理论与广阳岛生态修复实践相结合，因地制宜确定生态系统修复的方向和路径。

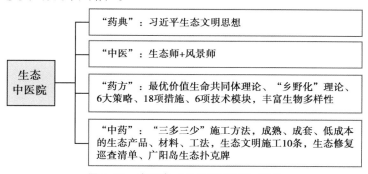

图 1-13　广阳岛"生态中医院"模式

2）科学把脉

运用"中医整体观"望闻问切，查找出山体局部裸露、边坡突兀，水体水脉不畅、自净不良，山林斑秃明显、林貌单一，田地道路分割、土壤贫瘠，湖泊底泥淤积、水质不佳，草地坡岸杂乱、坪坝斑驳等生态隐患和环境风险。精准开放，坚持聚焦生态、聚焦风景，创新运用"护山、理水、营林、疏田、清湖、丰草"6大策略、18条具体措施和45项生态技术，全面推广生态文明施工10条和生态修复巡查清单，指导设计师、施工单位坚持多用自然方法、少用人工方法，多用生态方法、少用工程方法，多用柔性方法、少用硬性方法，研究提出从源头上系统开展生态环境修复和保护的"药方"。

3）系统治疗

由建设单位管理人员和生态修复工程的设计师作为生态"中医"，施工单位、监理单位、跟审单位等参建各方组成生态"医护人员"，科学使用成熟的、成套的、低成本的生态产品、生态材料、生态工法等生态"中药"，辅以"生态智慧岛"的大数据智能化手段，系统开展生态修复和治理，长期调理。谋划建设长江生态文明干部学院、长江生态环境学院，遵循中医"治未病"理念，培养生态文明新时代的"生态型"领导干部、专业人才，立足长远推进生态环境保护和治理。

在习近平生态文明思想"药典"指导下，经过广阳岛"一线六点九项"生态修复实践，一批"中医"和"医护人员"逐渐养成，一系列"药方"和"中药"逐渐推广，即将建设的长江生态文明干部学院、长江生态环境学院也将培养出更多生态"中医"和"医护人员"，研究出更多生态"中药"，不断丰富生态"药方"，整个广阳岛俨然形成一座"生态中医院"。这种"中医"疗法已经在我市生态修复中得到推广和运用，为其他地方山水林田湖草一体化保护修复提供了有价值的参考。

（3）生态产业群

习近平总书记指出，绿水青山就是金山银山，要加快建立健全以产业生态化和生态产业化为主体的生态经济体系。广阳岛山环水绕、江峡相拥，是典型的山清水秀美丽之地，广阳岛片区分属江北、南岸两个行政区，坐拥两江新区、重庆经开区两个国家级开发区。广阳岛片区学好用好"两山论"，走深走实"两化路"，精心打造"长江风景眼、重庆生态岛"，建设环岛生态产业圈、环学院生态产业带，链接环片区"生态产业群"，实现生态美、产业兴、百姓富的有机统一。

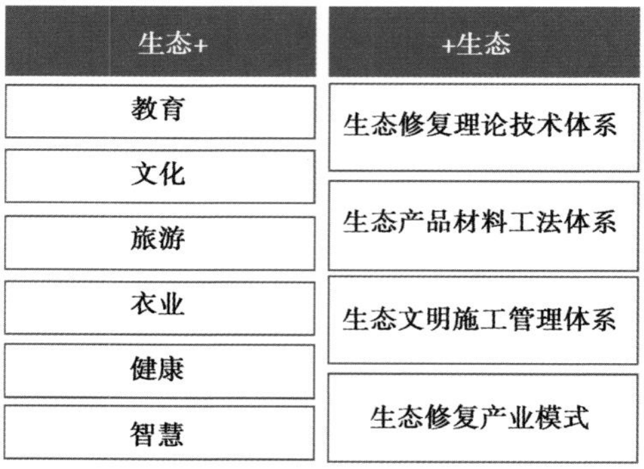

生态+	+生态
教育	生态修复理论技术体系
文化	
旅游	生态产品材料工法体系
农业	
健康	生态文明施工管理体系
智慧	生态修复产业模式

图 1-14 广阳岛"生态产业群"模式

1）以"生态+"演绎生态产业化

生态产业化让"绿水青山"实现"金山银山"的价值。根据岛上自然禀赋和生态条件确定合理的产业结构，因地制宜发展生态绿色产业，创新孵化了一大批"生态＋"产业集群，形成一批资源消耗低、环境污染少和经济效益好的产业。

①"生态＋教育"。生态修复形成的"护山、理水、营林、疏田、清湖、丰草"等场景已经形成"生态大课堂"，连同长江生态文明干部学院、长江生态环境学院，必将带动生态教育产业的发展，打造"生态教育岛"。

②"生态＋文化"。精心建设国际会议中心、大河文明馆、长江书院和广阳营等一系列生态文化设施，紧扣山、水、林、田、湖、草生态文化内涵及历史人文内涵营造广阳岛十二景，推行用动物命名湖泊、植物命名溪流、二十四节气命名生态驿站等生态命名技术，诠释天人合一价值追求和知行合一人文境界，形成生态文明的全社会思想自觉、行动自觉，打造"生态文化岛"。

③"生态＋旅游"。建设千里广大文旅综合体，展现巴渝版现代"富春山居图"，打造"生态旅游岛"。

④"生态＋农业"。挖掘广阳坝农场、园艺场历史基因，建设国际山地农业创新地、中国生态农业实践地、重庆现代农业展示地，打造"生态农业岛"。

⑤"生态＋健康"。挖掘利用国家体育训练基地历史基因，开展全民健身活动、趣味体育运动、国际体育赛事，打造"生态运动岛"。

⑥"生态＋智慧"。以生态为核心，以智慧为手段，实现生态与智慧"双基因融合、双螺旋发展"，打造"生态智慧岛"。

2）以"＋生态"演绎产业生态化

产业生态化让"金山银山"保有"绿水青山"的颜值。大发展需要大生态，"＋生态"加出绿水青山，也加出金山银山，围绕"重庆生态岛"，适应"长江风景眼"的功能需求，规划了一批特色鲜明、内涵丰富、影响力大的生态项目，将优美的生态环境作为基本公共服务和产品，提升生态价值、满足人民的美好生活需要。

"生态产业群"的建立，使"生态＋""＋生态"找到着力点，迸发出强大的发展潜力，广阳岛片区已成为重庆环境招商的"新名片"和市民打卡的"网红地"，为实现经济效益与生态效益同步增长，促进"两山"转化提供了可参考、能推广和有价值的实践经验。

（4）生态大课堂

习近平总书记指出，要加强生态文明宣传教育，增强全民节约意识、环保意识、生态意识，营造爱护生态环境的良好风气。广阳岛片区以天人合一的价值追求和知行合一的人文境界，精心打造"长江风景眼、重庆生态岛"，策划建设重大生态文化功能设施，创新开展"生态＋教育""生态＋文化"，精心打造"生态大课堂"，讲述广阳岛由大开发转向大保护的生动故事，展示巴渝文化、长江文化的独特魅力，与世界就大河文明开展交流互鉴对话，推进江河生态文化保护传承。

1）筑好生态文化魂

从广阳岛片区本底出发，聚焦生态、聚焦风景，处理好经济与文化、区域个性文化与流域共性文化、继承与创新三大关系，在岛内岛外统筹布局长江生态保护展示、大河文明国际交流、巴渝文化传承创新、生态环保智慧应用、城乡融合发展示范五大功能，彰显生态文化内涵。

2）打好生态文化牌

将生态文明理念贯穿于项目建设全过程，将长江生态文明干部学院、长江生态环境学院定位为"生态梦工厂"，生态酒店定位为"生态生活营"，千里广大文旅综合体定位为"生态嘉年华"，长江书院定位为"生态点易洞"，广阳岛国际会议中心定位为"生态高峰会"，广阳营定位为"生态文化营"，大河文明馆定位为"生态北斗星"，系统形成包含思想文化、哲学价值、历史传承、遗产保护、文创开发等在内的生态文化矩阵。

3）讲好生态文化课

岛内抓住生态修复一期完工及有序开放参观的契机，在生态修复现场精心布置生态展示牌，直观传达生态修复方法、修复前后对比等信息，让广大市民潜移默化接受生态教育"第一课"；以大河文明馆为展示载体，建设可广泛连接、智能感知、高维表达、自我生长的大河生态文明中心，培育生态大脑和行为准则。岛外依托长江生态文明干部学院和长江生态环境学院，加强习近平生态文明思想理论体系研究，建立生态文化宣传教育长效机制，持续推进生态理念的培训学习，努力打造成为习近平生态文明思想学习研究、教育培训、宣传推广的示范基地，高层次生态文明人才培养基地、高质量生态文明科技成果研发示范基地和高水平生态文明决策咨询中心。

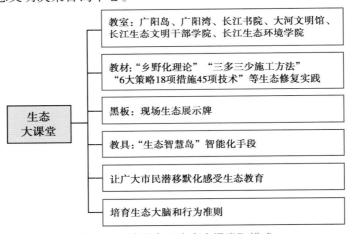

图 1-15　广阳岛"生态大课堂"模式

通过以整个片区为教室，两个学院为讲台，生态修复实践为教材，"生态智慧岛"智能化手段为教具，打造独具特色的"生态大课堂"，以自然而然的空间组织、技术应用方式，实现自在而在的内容表达和游憩体验，让公众从思想感悟和行为约束都升华到自觉而觉的境界，为传播习近平生态文明思想、传承江河生态文化提供了样板。

（5）生态法治网

习近平总书记强调，要坚持和贯彻新发展理念，正确处理经济发展和生态环境保护的关系，像保护眼睛一样保护生态环境，像对待生命一样对待生态环境。广阳岛片区深入落实总书记指示要求，结合片区涉及多个行政区域、多个责任主体的实际，坚持用最严格制度最严密法治保护生态环境，编织了全方位、立体化、多维度的"生态法治网"。

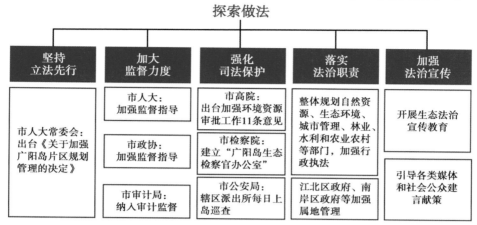

图 1-16 广阳岛"生态法治网"模式

"生态法治网"的织密织紧，从立法管控、司法保护、责任监督和全员参与等层面，加快推动生态环境保护共抓、共管、共治，实现了环境保护、经济发展与人民群众环境权益之间的有机平衡，为各地加强生态环境保护特别是跨区域环保监督和公益诉讼提供了有价值的参考。

（6）生态岛长制

习近平总书记强调，要从体制机制和政策举措方面下功夫，做好区域协调发展"一盘棋"这篇大文章。广阳岛片区 168 km²，长江以北属江北区，部分区域划归两江新区开发建设；广阳岛及长江以南区域属南岸区，部分区域由重庆经开区开发建设。为统筹推进片区长江经济带绿色发展示范工作，结合片区分属 4 个区政府、管委会各自一部分的实际情况，重庆市委市政府创新设立"生态岛长制"。

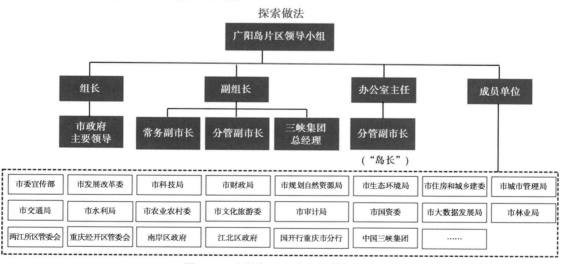

图 1-17 广阳岛"生态岛长制"模式

"生态岛长制"构建了跨区域协调机制，有效调动了市区两个积极性，实现岛内岛外联动推进绿色发展示范，系统开展生态修复和环境治理，优化生产、生活、生态空间，按下片区建设"快进键"。"岛长制"与"河长制""林长制"有异曲同工之妙，对于跨区域保护长江流域江心岛屿和特殊生态敏感区域，推进长江经济带共抓大保护、不搞大开发，实现生态优先、绿色发展具有借鉴意义。

1.3.2 6个"生态+"产业模块

在学好用好"两山论"、走深走实"两化路"过程中，将广阳岛片区在"生态+教育""生态+文化""生态+旅游""生态+农业""生态+健康""生态+智慧"等方面的实践创新，打造成为可借鉴应用的"两山"转化产业模块，助力其他地区提升绿水青山"颜值"，做大金山银山"价值"。

广阳岛项目坚持用好"绿水青山就是金山银山"实践创新基地、国家绿色产业示范基地等金字招牌，岛内依托生态修复实践和成效，以"生态+"演绎生态产业化，大力发展"生态+教育""生态+文化""生态+旅游""生态+农业""生态+健康""生态+智慧"，加快推进生态修复理论技术体系、生态产品材料工法体系、生态文明施工管理体系等生态修复产业发展，通过"生态+"加出金山银山。

（1）生态+教育

生态修复形成的"护山、理水、营林、疏田、清湖、丰草"等场景已经形成"生态大课堂"，连同长江生态文明干部学院、长江生态环境学院，必将带动生态教育产业的发展，打造"生态教育岛"。

（2）生态+文化

精心建设国际会议中心、大河文明馆、长江书院和广阳营等一系列生态文化设施，紧扣山、水、林、田、湖、草生态文化内涵及历史人文内涵营造广阳岛十二景，推行用动物命名湖泊、植物命名溪流、二十四节气命名生态驿站等生态命名技术，诠释天人合一价值追求和知行合一人文境界，形成生态文明的全社会思想自觉、行动自觉，打造"生态文化岛"。

（3）生态+旅游

建设千里广大文旅综合体、巴渝乡愁体验园，展现巴渝版现代"富春山居图"，打造"生态旅游岛"。

（4）生态+农业

挖掘广阳坝农场、园艺场历史基因，建设国际山地农业创新地、中国生态农业实践地、重庆现代农业展示地，打造"生态农业岛"。

（5）生态＋健康

挖掘利用国家体育训练基地历史基因，开展全民健身活动、趣味体育运动、国际体育赛事，打造"生态运动岛"。

（6）生态＋智慧

以生态为核心，以智慧为手段，实现生态与智慧"双基因融合、双螺旋发展"，打造"生态智慧岛"。

1.3.3　6个生态服务包

通过广阳岛片区绿色发展示范建设的实践锤炼，形成真正适应于生态文明建设领域的绿色发展策划规划、全过程工程咨询、EPC工程总承包、智慧生态管理、生态科技创新、绿色投资6个生态服务包，打造覆盖前期规划、中期建设和后期管理的完整产业链条，为江心岛链治理和其他地区生态修复提供示范。

（1）规划策划

通过对广阳岛自然本底、人文本底、发展本底的全面梳理，高起点编制广阳岛片区总体规划。在编制过程中，重庆市人大常委会出台《关于加强广阳岛片区规划管理的决定》，实现了立法与规划同步。2020年以来，启动了广阳湾智创生态城规划研究，以广阳岛片区带动主城东部槽谷地带发展，推动与西部科学城、中部智慧城共同构建重庆城市发展新格局和成长新坐标。

（2）全过程工程咨询

作为全过程工程咨询的牵头单位，同炎数智科技（重庆）有限公司定位为工程项目全生命期数智化服务首选集成商，公司以实现"数智赋能美好生活"为企业使命，在全国率先提出数智化全过程工程咨询创新模式。通过自主研发的企业信息化平台、项目协同管理平台、运营管理平台，提供涵盖多专业全阶段、强融合的数智化服务整体服务解决方案。

同炎数智作为广阳岛生态朋友圈成员，联合林同棪国际和求精造价为项目提供13个重点项目的数智化全过程工程咨询服务，是目前重庆业态最丰富、服务内容最多的全过程工程咨询项目，同炎数智广阳岛全过程工程咨询服务项目如图1-18所示。探索创新"护山、理水、营林、疏田、清湖、丰草"等6大策略的生态数智化全过程工程咨询体系，总结提炼"三多三少"等生态数字密码的项目管理方法。遵循建筑本体与建造运行绿色、低碳、循环，统筹管理绿色建筑新技术运用，将建筑生长于大自然中。为智慧与生态的双基因融合，双螺旋发展，提供数智化全过程工程咨询，助力广阳岛项目顺利开展。

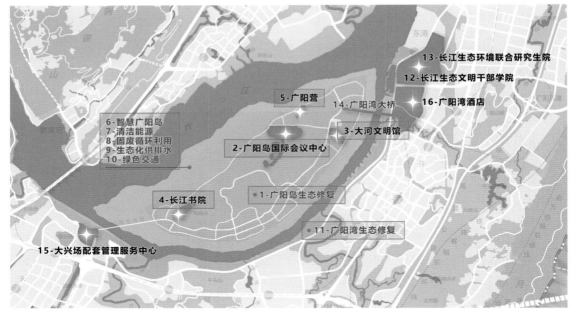

图 1-18　同炎数智广阳岛全过程工程咨询服务项目

（3）EPC 工程总承包

新时代在国家生态文明建设宏伟蓝图及更高质量发展要求下，作为重庆市标志性重大民生工程，重庆广阳岛生态修复工程创新采用设计引领的 EPC 工程总承包模式。

EPC 模式中的设计不只是单纯的设计工作，还可能包括项目整体策划，以及实施项目管理的策划和协调工作。采购也不是单纯的材料与设备采购，更多的是专业设备的选型和材料的采购、协调等工作。而与设计、采购一体化的施工工作则包括前期准备、施工、安装、试运行、技术培训、移交等全周期的施工工作。

（4）智慧生态管理

广阳岛片区抢抓产业数字化、数字产业化机遇，以生态为核心、以智慧为手段，深入推进智慧广阳岛应用场景建设，打造"生态智慧岛"，助力建设"智造重镇""智慧名城"。

1）完善顶层设计

从广阳岛本底出发，联合相关科技企业、科研院所等 20 余家单位，坚持智慧与生态深度融合、用智慧的手段推进生态发展、用生态的理念来推进智慧广阳岛建设，深入推进智慧广阳岛顶层设计，实现生态与智慧"双基因融合、双螺旋发展"，打造"生态智治、绿色发展、智慧体验、韧性安全"的广阳岛。

2）开展新基建

建立 EIM 数字孪生平台，打造智慧广阳岛坚实数字底座；共建 5G 通信网络，满足广阳岛各类传感与通信需求；组建物联感知网络，对广阳岛全空间数据进行物联传感，动态信息实时掌握；搭建云数据中心，满足智慧广阳岛数据存储和计算需求；构建 AI 生态应用，以人工智能技术赋能智慧应用，提升业务智慧化管理水平。

　　3）建设四大应用场景

　　智慧生态以生态中医新思维，探索"智慧科技的手段推进生态改善策略"的新模式，赋能生态中医院；智慧建造以 BIM 技术为依托，构建"全过程、全参与方、全要素集成"的智慧建造新模式，打造生态建设营；智慧观光以"一部手机知广阳"的思路，打造"观光与科普融合，线上线下一体化"的智慧观光新模式，服务生态粉丝团；智慧管理以人工智能技术为依托，打造"细胞级、多方联动的精细化管理"新模式，管好生态风景眼。

　　4）建设智慧广阳岛管理中心

　　基于 EIM 平台，集成各应用系统数据，构建广阳岛智慧生态大脑，实现广阳岛生态运行指标实时反馈，根据问题实时预警和数据层层追溯，支持科学决策、应急指挥和联动处置，达到虚实映射、数字孪生、智能决策，形成生态仪表盘和领导驾驶舱。

　　"智慧生态管理"以小切口作出大文章，为打造生态智慧融合发展提供了新样板，为建设"智造重镇""智慧名城"提供了新路径，为经济高质量发展插上智能化"翅膀"。

　　（5）生态科技创新

　　广阳岛生态修复创新运用生态集成技术，实现生态智慧化、智慧生态化。智慧生态是广阳岛生命共同体价值落地的重要抓手。借助智能化手段改善广阳岛生态要素的监测、规划、设计和建设途径，最终实现生态修复全过程智慧化。深入应用海绵理水、土壤改良、生态疏田等一系列集成化的智慧技术到生态场景之中，融合催生了"上田下库 + 智慧灌溉""无人机 + 宜机化"等一系列新技术，破解农业耗水大、面源污染广的难题，提高生产效率。同时，"智慧 + 生态 + 文旅""智慧 + 生态 + 教育"等智慧生态产业，进一步丰富了智慧技术的生态应用场景。同时加快建设智慧广阳岛、长江模拟器等科技创新项目，组建运行广阳岛生态文明创新中心，引领广阳湾智创生态城产业布局实体经济向高端化、智能化、绿色化方向发展。

　　（6）绿色投资

　　广阳岛片区良好的生态和产业环境，成为了重庆招商引资的"新名片"，环境招商换来金山银山已成为广阳岛片区发展的新趋势。以"+ 生态"演绎产业生态化，大力推进企业循环式生产、产业循环式组合和园区循环式改造，大生态、大数据、大健康、大文旅、新经济"四大一新"生态产业群逐渐成形，片区发展的科技含量、就业容量、环境质量和经济效益、社会效益、生态效益稳步提升。

　　广阳岛已成为重庆共抓大保护、不搞大开发的典型案例，重庆生态优先、绿色发展的样板标杆，重庆筑牢长江上游重要生态屏障的窗口缩影，重庆在长江经济带绿色发展中起示范作用的引领之地，重庆践行习近平生态文明思想的集中体现，落实总书记对重庆殷殷嘱托重要的承载地、展示地、体验地，城市功能新名片的"名片效应"逐步显现。

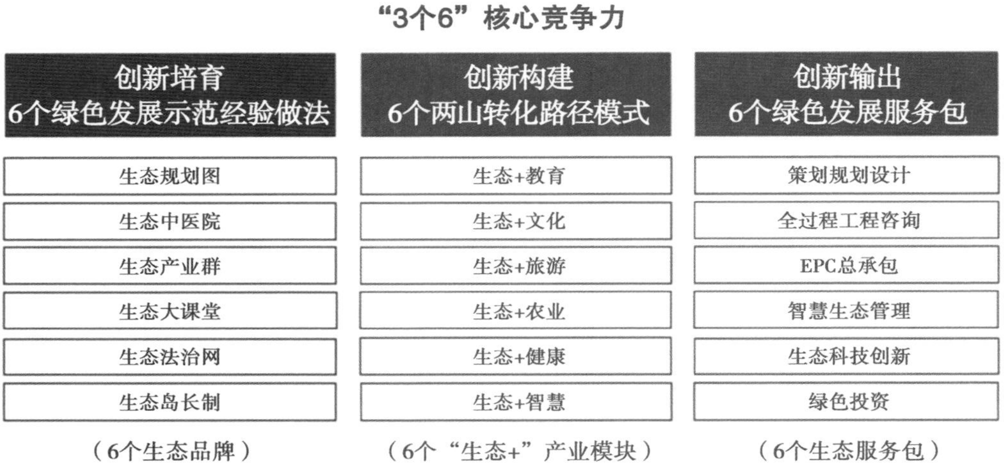

"3个6"核心竞争力

创新培育 6个绿色发展示范经验做法	创新构建 6个两山转化路径模式	创新输出 6个绿色发展服务包
生态规划图	生态+教育	策划规划设计
生态中医院	生态+文化	全过程工程咨询
生态产业群	生态+旅游	EPC总承包
生态大课堂	生态+农业	智慧生态管理
生态法治网	生态+健康	生态科技创新
生态岛长制	生态+智慧	绿色投资
（6个生态品牌）	（6个"生态+"产业模块）	（6个生态服务包）

图 1-19　广阳岛生态文明实践创新"3 个 6"核心竞争力

重庆市委、市政府深入践行习近平生态文明思想，全面落实长江经济带座谈会精神和总书记视察重庆重要讲话精神，以生命共同体理论为指导，积极探索生态系统修复的新模式、新路径、新机制，推动"长江风景眼、重庆生态岛"变现落地，把广阳岛片区建设成为西部大开发重要战略支点、"一带一路"和长江经济带联结点的承载地，内陆开放高地、山清水秀美丽之地的展示地，推动高质量发展、创造高品质生活的体验地，以广阳岛片区引领全市在推进长江经济带绿色发展中发挥示范作用。

第 2 章　数智咨询

2.1　全过程工程咨询概述

从 2017 年 2 月 21 日国务院办公厅印发《关于促进建筑业持续健康发展的意见》（国办发〔2017〕19 号）到 2019 年 3 月 15 日国家发展改革委、住房和城乡建设部联合印发《关于推进全过程工程咨询服务发展的指导意见》（发改投资规〔2019〕515 号）以来，全国范围内出台全过程工程咨询实施方案、操作指引、咨询合同和招标文件示范文本等相关政策文件，积极推动全过程工程咨询落地。2021 年，国务院印发《关于开展营商环境创新试点工作的意见》（国发〔2021〕24 号），要求"探索在民用建筑工程领域推进和完善建筑师负责制"。

以打造"数智化全过程工程咨询标杆项目"为目标，广阳岛全过程工程咨询坚持高水平、高质量、高效率，全过程、全方位、全要素以及业主思维、专业思维、底线思维的"三高三全三思维"的工作要求，注重顶层设计，统筹计划，协助业主完成广阳岛项目总体组织架构策划、合同包划分、进度策划和造价策划等工作。以严谨的审计思维，统筹的系统思维以及数智化 BIM 集成的运维思维，结合业主思维着重建设程序、工作管理界面、BIM 应用和质量安全四大要点。按业主的要求构建完善的建设程序和建设模式，制订工作程序，依据参建单位合同分析，合理划分工作界面并形成清单式工作任务。在建设过程中，深度融合 BIM 应用减少设计变更，减小项目安全、质量管控风险，提高决策效率，把控项目进度，同时注重质量和安全，对设计和施工全过程实行技术把控等手段。以项目管理为核心，形成"1+8"的合同服务内容，充分将广阳岛项目建设模式和"同炎数智"融合模式，提升项目的价值，为智慧建设类项目树立标杆。2022 年，重庆在推动建筑师负责制试点的工作中，重庆市住建委印发《重庆市全过程工程咨询建筑师负责制试点工作实施意见（试行）》（渝建勘设〔2022〕27 号），广阳岛生态文明建设全过程工程咨询作为重庆首批全过程工程咨询建筑师负责制试点项目，在开展"1+8"专项咨询集成服务的同时，对全过程工程咨询与建筑师负责制的融合进行了创新试点。

2.1.1 全过程工程咨询相关概念

根据目前国家和有关省市的最新政策文件，并参考国际咨询工程师联合会（FIDIC）等有关国际专业组织惯例，本书对全过程工程咨询的相关概念定义如下。

（1）全过程工程咨询

全过程工程咨询是指对项目从前期决策至运营全过程提供组织、管理、经济、技术和法务等各方面的工程咨询服务，包括全过程项目管理以及前期决策咨询、规划、勘察、设计、造价咨询、招标代理、监理、运行维护咨询以及BIM咨询等专业咨询服务。全过程工程咨询服务可采用多种组织方式，由投资人委托一家单位负责或牵头，为项目前期决策至运营持续提供局部或整体解决方案以及管理服务。

（2）全过程工程咨询单位

全过程工程咨询单位是指建设项目全过程工程咨询服务的提供方。全过程工程咨询单位应具有国家现行法律规定的与工程规模和委托工作内容相适应的工程咨询、规划、勘察、设计、监理、招标代理、造价咨询等一项或多项资质（或资信），可以是独立咨询单位或咨询单位组成的联合体。

（3）总咨询师和专业咨询工程师

总咨询师是指全过程工程咨询单位委派并经投资人确认的，应取得工程建设类注册执业资格或具有工程类、工程经济类高级及以上职称，并具有相关能力和经验为建设项目提供全过程工程咨询的项目总负责人。总咨询师应具有良好的职业道德和执业信用记录，遵纪守法、廉洁奉公、作风正派和责任心强，有承担项目全过程工程咨询任务相适应的专业技术管理、经济和法律等知识体系。

专业咨询工程师是指具备相应资格和能力、在总咨询师管理协调下，开展全过程工程咨询服务的相关专业人士。专业咨询工程师包括（但不限于）：注册建筑师、勘察设计注册工程师、注册造价工程师、注册监理工程师、注册建造师、咨询工程师（投资）等及相关执业人员。

本书认为，全过程工程咨询是"咨询型代建"，应以全过程项目管理为核心，以项目策划为灵魂，以总咨询师为负责人，以资源整合为抓手，全面集成前期决策咨询、规划咨询、勘察、设计、造价咨询、监理、招标代理、运行维护咨询以及BIM咨询等专业咨询服务，为建设项目提供全方位、全要素的咨询服务，实现项目增值和目标达成。

2.1.2　工程项目管理模式的辨析

从全过程工程咨询上述定义可以看出，全过程工程咨询与代建制、项目管理承包（PMC）、工程总承包（EPC）、工程监理等项目管理模式虽有近似之处，但也有一定的差别。

（1）代建制

代建制主要强制适用于政府投资项目实施全过程项目管理，而全过程工程咨询可适用于一般项目而由项目投资人自行选用；代建项目单位主要是提供全过程的项目管理服务，一般不提供专业咨询服务；而全过程工程咨询单位即可提供全过程项目管理服务，也可提供各专业解决方案；代建项目单位可直接与建设项目的承包人签订合同，并负有直接监督合同履行的责任，全过程工程咨询单位不直接与承包人签合同，而是协助投资人与承包人签订合同，并根据投资人的委托监督合同的履行；代建项目单位交付的是建设项目实体，对全部项目管理行为和项目成果承担责任，因而风险较大，而全过程工程咨询单位主要提供的是项目解决方案，就项目管理和专业咨询方案对投资人负责，风险比代建单位要小。

（2）项目管理承包

项目管理承包（PMC）是指承包人担保投资人对建设项目进行全过程、全方位的项目管理，包括项目的总体规划、项目定义、工程招标，选择设计、采购、施工，并对设计、采购、施工进行全面管理。PMC 是受投资人委托对项目进行全面管理的项目管理承包，一般不直接参与项目的设计、采购、施工和试运行等阶段的具体工作；而全过程工程咨询既对项目进行全过程项目管理，也可直接负责项目的前期决策咨询、勘察设计、招标采购、工程监理、竣工验收等具体工作，并且可提供项目运行维护的咨询服务；PMC 交付的最终成果是建设项目实体，而全过程工程咨询交付的主要成果是项目管理和各专业咨询费的专业意见和解决方案，供投资人决策和采纳实施。

（3）工程总承包

工程总承包（EPC）是指从事工程总承包的企业受投资人委托，按照合同约定对建设项目的勘察、设计、采购、施工、试运行（竣工验收）等实行全过程或若干阶段的承包。在 EPC 模式下，投资人将包括项目勘察设计、设备采购、土建施工、设备安装、技术服务、技术培训直至整个项目建成投产的全过程均交由独立的 EPC 承包人负责。EPC 承包人将在"固定工期、固定价格及保证性能质量"的基础上完成项目建设工作。EPC 不是咨询服务方式，而是承包人责任划分与风险承担的一种模式，在 EPC 模式下，全过程工程咨询单位仍具有自己的投资人顾问及项目管理的角色。EPC 承包人与投资人是合同甲乙方关系，EPC 承包人按合同约定履行乙方责任，承担项目管理和建设工程，向投资人交付项目实体；而全过程工程咨询单位与投资人是委托代理关系，全过程工程咨询单位根据投资人的委托，代行投资人的职责。

2.1.3 全过程工程咨询基本原则

（1）独立性

独立是指全过程工程咨询单位应具有独立的法人地位，不受其他方面偏好、意图的干扰，独立自主地执业，对完成的咨询成果独立承担法律责任。全过程工程咨询单位的独立性，是其从事市场中介服务的法律基础，是坚持客观、公正立场的前提条件，是赢得社会信任的重要因素。

（2）科学性

科学是指全过程工程咨询的依据、方法和过程应具有科学性。全过程工程咨询要求实事求是，了解并反映客观、真实的情况，据实比选，据理论证，不弄虚作假；要求符合科学的工作程序、咨询标准和行为规范，不违背客观规律；要求体现科学发展观，运用科学的理论、方法、知识和技术，使咨询成果经得住时间和历史的检验。全过程工程咨询科学化的程度，决定全过程工程咨询服务的水准和质量，进而决定咨询成果是否可信、可靠、可用。

（3）公正性

公正是指在全过程工程咨询工作中，坚持原则，坚持公正立场。全过程工程咨询的公正性，并非无原则的调和或折中，也不是简单地在矛盾的双方保持中立。在投资人、全过程工程咨询单位、承包人三者关系中，全过程工程咨询单位不论是为投资人服务还是为承包人服务，都要替委托方着想，但这并不意味盲从委托方的所有想法和意见。当委托方的想法和意见不正确时，全过程工程咨询单位及其咨询工程师应敢于提出不同意见，或在授权范围内进行协调或裁决，支持意见正确的另一方。特别是对不符合国家法律法规、宏观规划、政策的项目，要敢于提出并坚持不同意见，帮助委托方优化方案，甚至做出否定的咨询结论。这既是对国家、社会和人民负责，也是对委托方负责，因为不符合宏观要求的盲目发展，不可能取得长久的经济和社会效益，最终可能成为委托方的历史包袱。因此，全过程工程咨询是原则性、政策性很强的工作，既要忠实地为委托方服务，又不能完全以委托方满意度作为评价工作好坏的唯一标准。全过程工程咨询单位及总咨询师、专业咨询工程师要恪守职业道德，不应为了自身利益而丧失原则性。

2.1.4 全过程工程咨询实施特点

全过程工程咨询的特点主要表现在以下方面：
①每一项全过程工程咨询任务都是一次性、单独的任务，只有类似而没有重复。
②全过程工程咨询是高度智慧化服务，需要多学科知识、技术、经验、方法和信息的集成及创新。

③全过程工程咨询牵涉面广，包括政治、经济、技术、社会、环境和文化等领域，需要协调和处理方方面面的关系，考虑各种复杂多变的因素。

④投资项目受相关条件的约束较大，全过程工程咨询结论是充分分析、研究各方面约束条件和风险的结果，可以是肯定的结论，也可以是否定的结论。结论可以是项目可不可行的评估报告，也可以是质量优秀的咨询报告。

⑤全过程工程咨询成果应具有预测性、前瞻性，其质量优劣除了全过程工程咨询单位自我评价外，还要接受委托方或外部的验收评价，要经受时间和历史的检验。

⑥全过程工程咨询提供智力服务，咨询成果（产出品）属非物质产品。

2.2　数智化全过程工程咨询策划

2.2.1　数智化全过程工程咨询模式协同理念

同炎数智科技（重庆）有限公司秉持"创新专业服务"精神，坚持"以数智服务为基础、以科学管理为抓手、突破服务场景、融合多维技术"，在 2017 年率先提出数智化全过程工程咨询，核心在融合流程、模型和数据。

从产业研究、规划、设计到建设和运营的全过程咨询到多专业综合技术能力保障前期策划、规划设计能实际落地，遵循全过程项目管理的思想理念，结合数智化全过程工程咨询模式的数据化、标准化、可视化，以数智化全过程工程咨询模式全面改造项目管理、生产协同、管理服务和决策支持，从而实现项目一体化、生产协同化、管理平台化、决策智慧化和业务生态化。同炎数智打造重庆广阳岛全岛建设及广阳湾片区数智化全过程工程咨询项目的服务标杆，紧跟重庆市生态发展战略充分发挥自身在数智化和全过程咨询融合的全域优势，为客户提供一体化、数智化和国际化的整体解决方案。

2.2.2　数智化全过程工程咨询模式创新实践

"专业技术＋项目管理＋数智化"的综合能力，是全过程工程咨询企业应当具备的基本能力，这也是未来工程咨询企业的发展趋势。

（1）综合专业技术能力是全过程工程咨询企业的核心优势能力

具备综合专业技术能力包括项目管理、招标策划、设计咨询和工程监理等专业的技术能力、统筹能力、数智化能力，能够很快赢得业主的信任，可随时向业主和项目提供多专业的技术咨询，确保项目的品质，这是提供全过程工程咨询服务的有效切入点，也是其核心优势能力所在。

（2）项目管理能力是全过程工程咨询服务的有效整合能力

发改投资规〔2019〕515 号文特别提出："全过程工程咨询服务酬金可按各专项服务酬金叠加后再增加相应统筹管理费用计取。"实际上，这是对统筹工作的存在和价值的认可，特别是对那些很难具备所有企资质的工程咨询企业采用联合体的形式是目前较常采用的方式。但是联合体的服务效果参差不齐，联合体牵头单位的统筹能力至关重要。

广东省住房和城乡建设厅发布的《建设项目全过程工程咨询服务指引（咨询企业版）（征求意见稿）》和《建设项目全过程工程咨询服务指引（投资人版）（征求意见稿）》，明确指出"1+N"模式，"1"是指全过程工程项目管理（必选项），"N"包括但不限于：投资咨询、勘察、设计、造价咨询、招标代理、监理和运营维护咨询等专业咨询（可选项）；给出了《全过程工程项目管理费参考费率表》，其中涉及的费率比通常项目管理收费参考的《基本建设项目建设成本管理规定》（财建〔2016〕504 号）文件的标准进行了较大水平的提高。

秉承"国际本土化、本土国际化"的做法，通过国内外项目的人员交流，借鉴国外在管理理念和方法上的一些优秀经验和做法，同炎数智实现了培养具有国际视野工程师的目的。按照 PMI（美国项目管理协会）的管理方法，严格做好工作分解结构（Work Breakdown Structure，WBS）分解，用好项目管理软件。鉴于当前中国内地监理制度的实施，主要是描述性的工作内容，程序性的工作表格的实际情况，借鉴海外的监造制度，在海外工程师的协作参与下，根据项目分类，编制了质量控制点表格，使得工作有据可查、有利于赢得业主的认可。

2.2.3　数智化全过程工程咨询模式能力需求

具备综合专业技术能力和项目管理能力，是做好全过程工程咨询的基本能力。但是，对于未来的工程咨询来说，具备这些能力还远远不够，同时还需要具备信息化融合的能力，发改投资规〔2019〕515 号文指出："大力开发和利用建筑信息模型（BIM）、大数据、物联网等现代信息技术和资源，努力提高信息化管理与应用水平，为开展全过程工程咨询业务提供保障"，把信息技术的应用提到了"保障"的高度，其重要性可见一斑。

"全过程工程咨询 +BIM"的服务模式，专注业主需求，强调与项目管理、与运营的融合，作为项目管理方，在项目策划阶段和服务供货商招标阶段将 BIM 的各项招标要求（技术和管理）写入招标文件，真正实现整个项目全过程应用的统筹。

2.3　数智化全过程工程咨询内容

2.3.1　项目概况

广阳岛全岛建设及广阳湾区域的生态修复建设项目主要包括：广阳岛生态修复二期（含便民配套服务设施）、广阳岛国际会议中心、大河文明馆、长江书院、广阳营、清洁能源、固废循环利用、生态化供排水、绿色交通和广阳湾生态修复（含便民配套服务设施）共 10个项目，具体内容如下所述。

（1）广阳岛生态修复二期（含便民配套服务设施）

以自然恢复为主，积极探索基于自然的解决方案，系统开展生态修复，丰富生物多样性，融合综合管网及便民配套服务设施，聚焦生态、聚焦风景，建设生动表达山水林田湖草生命共同体理念的生态大课堂，呈现原生态的巴渝乡村田园风景画卷。

（2）广阳岛国际会议中心

定位为大河文明国际峰会场馆、国家重要外事活动承载地，按照"论生态文明、讲中国故事、看长江风景、品重庆味道"的理念，打造"生态高峰会"。布局在岛内东部山体采石尾矿区域，占地 18 公顷，建筑面积约 7.5 万 m^2。

（3）大河文明馆

定位为展示"世界流域文明的兴衰演进大势、中华大河文明的传承发展之道、长江生态文明的交流互鉴之眼"，按照"大河文明、数字科技、智能创新、知识工厂、覆土建筑、生态北斗"的理念，打造长江版"史记"。布局在岛内东部平场遗留土堆处，占地 5.99 公顷，建筑面积约 1.9 万 m^2。

（4）长江书院

定位为长江流域文化展示、学术文化沙龙活动、国际合作会晤接待重要场所，按照"生态文明的精神家园、长江文化的价值圣地、传统书院的现代表达、千年文脉的上游贡献"的理念，打造"长江流域文化重要地标"。布局在岛内西部山顶原采石尾矿处，占地 6.63公顷，建筑面积约 2.2 万 m^2。

（5）广阳营

保留修缮广阳岛机场抗战遗址群建筑 0.46 万 m^2，巧妙利用为"生态文化营"，为上岛参观的市民提供一处公共文化艺术空间，享受一段美好的休闲游憩时光。

（6）清洁能源

引入天然气能源，以及太阳能、地热能、江水源热泵的利用。

（7）固废循环利用

新建固废收集、降解、消化吸收和循环利用建构筑物及配套设施。

（8）生态化供排水

全岛供水体系建设，分布式雨水收集设施、分布式污水处理及循环利用设施。

（9）绿色交通

绿色交通道路交通工程主要有新建道路、改建现有道路及其人行步道工程、新建附属景观、交通标识工程、交通基础设施等内容。道路总长约 27.9 km，其中新建车行道路总长 3.2 km，改建道路总长 24.7 km。

（10）广阳湾生态修复（含便民配套服务设施）

广阳湾片区生态修复 EPC 工程总占地 245.65 公顷，工程包含广阳湾生态修复项目（大兴场段、牛头山段、回龙桥段、河口场段）、广阳湾乡土驿站保护与利用项目、登台岗生态修复项目以及广阳湾生态修复项目土石方工程等子项目。建设内容包含消落带治理、植树造林、整改梯田、景观崖壁、草甸补植、步道建设、建筑新建及改造、水系整改等工程。

2.3.2 咨询范围

广阳岛项目建设范围内全过程工程咨询，包括但不限于投资决策综合性咨询（建设条件单项咨询等）、设计咨询、施工图审查、项目管理咨询、全过程 BIM 集成应用、全过程造价咨询、工程监理共 7 项服务内容及其他工程专项咨询。各分项项目详细服务内容见表 2-1。

表 2-1 广阳岛数智化全过程工程咨询范围

项目编码	项目名称	服务内容
01	广阳岛生态修复（二期）	项目管理咨询
		全过程 BIM 集成应用
		全过程造价咨询
		工程监理
		设计咨询
		施工图审查
02	广阳岛国际会议中心	水土保持方案报告书
		运营咨询
		项目管理咨询

续表

项目编码	项目名称	服务内容
02	广阳岛国际会议中心	全过程 BIM 集成应用
		全过程造价咨询
		工程监理
		设计咨询
		施工图审查
03	大河文明馆	水土保持方案报告书
		运营咨询
		项目管理咨询
		全过程 BIM 集成应用
		全过程造价咨询
		工程监理
		设计咨询
		施工图审查
04	长江文化书院	水土保持方案报告书
		运营咨询
		项目管理咨询
		全过程 BIM 集成应用
		全过程造价咨询
		工程监理
		设计咨询
		施工图审查
05	广阳营	项目管理咨询
		全过程 BIM 集成应用
		全过程造价咨询
		工程监理
		设计咨询
		施工图审查
06	清洁能源	水土保持方案报告书
		环境影响评价报告表
		项目管理咨询
		全过程 BIM 集成应用
		全过程造价咨询
		工程监理

续表

项目编码	项目名称	服务内容
06	清洁能源	设计咨询
		施工图审查
07	固废循环利用	水土保持方案报告书
		环境影响评价报告表
		项目管理咨询
		全过程 BIM 集成应用
		全过程造价咨询
		工程监理
		设计咨询
		施工图审查
08	生态化供排水	水土保持方案报告书
		环境影响评价报告表
		取水论证
		项目管理咨询
		全过程 BIM 集成应用
		全过程造价咨询
		工程监理
		设计咨询
		施工图审查
09	绿色交通	项目管理咨询
		全过程 BIM 集成应用
		交通规划咨询
		交通影响评价
		全过程造价咨询
		工程监理
		设计咨询
		施工图审查
10	广阳湾生态修复	项目管理咨询
		全过程 BIM 集成应用
		全过程造价咨询
		工程监理
		设计咨询
		施工图审查

2.3.3　服务内容

（1）投资决策综合性咨询

①水土保持方案报告书。根据项目需要填报水土保持方案报告书，包含广阳岛国际会议中心、大河文明馆、长江书院、清洁能源、固废循环利用、生态化供排水。

②环境影响评价报告表。根据项目需要填报环境影响评价报告表，包含清洁能源、固废循环利用、生态化供排水。

③取水论证。项目范围内水资源论证报告及报批。

（2）设计咨询

1）勘察设计管理

①计划管理。协助建设方编制勘察计划、设计计划。

②勘察管理。勘察准备(编制勘察任务书、技术要求，项目相关资料)、审查工程勘察纲要、勘察成果文件复核。

2）技术咨询

①方案设计阶段。方案设计过程管控、方案评估（建筑、景观、精装）、专项方案经济性评估（土石方、基坑支护、地下车库、结构、机电设备）、专项设计技术评估（绿建、海绵城市、人防、防雷、交通）。

②初步设计阶段。初步设计准备（编制任务书、技术要求）、初步设计过程管控、初步设计评估（全专业及各专项）。

③施工图设计阶段。施工图设计准备（编制任务书、技术要求、技术标准）、施工图设计过程管控、施工图设计成果评估（建筑、景观、精装等专业）、专项设计技术咨询（立面、幕墙、泛光照明、标识标牌、基坑支护、人防、门窗百叶、栏杆、智能化、雕塑小品、生化池、电梯、保温、停车画线）、施工图经济性评估（边坡挡墙、基坑支护、基础、结构、机电设备）。

3）组织勘察设计现场服务

组织勘察设计现场服务包括项目"绿色化""智能化"技术标准管控、重大技术问题设计咨询及优化、设计变更技术咨询。

4）绿色交通设计咨询

绿色交通设计咨询应包含岛内绿色交通全过程评估，具体服务内容为针对岛内绿色交通体系提供全过程交通咨询：

①对既有规划系统及网络提供后续优化设计建议。

②针对绿色交通工程设计，提供设计阶段交通评估及优化建议，包括已建道路改造、交叉口改造及渠化、路内停车、交通转换节点、交通运营、交通管理、应急交通组织等建议。

（3）施工图审查

施工图审查包括但不限于以下服务内容：按照有关法律、法规和规章，对施工图涉及公共利益、公众安全和工程建设强制性标准等内容进行审查。

（4）项目管理咨询

①组织项目总体策划。

②组织完成的各种审批手续。

③招标咨询。

④协助委托人与工程项目的总承包企业或勘察、设计、供货、施工等企业签订合同，并监督合同的履行。

⑤协调参建各单位之间的关系，各单位与外环境之间的协调。

⑥编制工程实施的用款计划、进度计划。

⑦根据工作大纲编制详细的工作细则。

⑧每月月底前向委托人提供详细的管理工作月报。包含月工作内容、存在问题、问题处理、款项使用情况。质量、进度、投资实际与计划的对比及偏离计划的修正措施。

⑨组织竣工验收和竣工结算审核。

⑩组织各种资料的整理归档工作。

⑪办理交接手续，处理回访问题，协调保修期内各方面关系。

（5）全过程 BIM 集成应用

1）BIM 管理服务

①确定 BIM 建模标准充分研究并借鉴国内外现行优秀的 BIM 案例和技术标准，结合广阳岛工程建设特点以及重庆市住房和城乡建设委员会要求，编制 BIM 实施相关标准及指导性文件，为后期项目 BIM 实施提供标准依据、深化依据、管理依据等，作为本项目 BIM 实施的基石文件。相关标准体系编制需要做到结合项目管理特点、项目管理思路、BIM 落地等方面因素，具有可执行性及领先性，并基于编制文件建立各阶段 BIM 样板文件。

② BIM 总体管理及实施协调。

③组建 BIM 总体小组，代表委托人对项目所有 BIM 相关方进行统筹管理，包括建立项目管理部门组织架构、规定职务或职位，明确各方、各岗位的工作内容、权责关系、设计有效的 BIM 应用实施程序，并在项目实施全过程中代表委托人协调 BIM 应用的各方关系。

④ BIM 能力考查、BIM 培训及应用指导实施过程中，应对各参与方 BIM 技术人员 BIM 能力进行考查，确保满足项目 BIM 实施要求。同时对建设单位、设计单位、EPC 单位、全过程工程咨询单位、施工单位、监测单位等项目参与方组织相关的 BIM 教学培训，宣传贯彻 BIM 应用技术标准，确保项目实施各阶段相关的管理人员和技术人员能快速掌握 BIM 应用技术，在 BIM 项目实施过程中各司其职，充分发挥 BIM 技术应用的价值。

⑤成果审查及应用考核在项目实施过程中，应负责对照本项目编制的标准体系和相关

的国家、地方标准，对各阶段参建方提交的 BIM 模型及 BIM 应用成果进行质量审查，并提供相应的审查报告。

⑥ BIM 协调会议解决设计阶段、施工阶段各单位间信息交互圈问题，解决图纸及模型问题，跟踪落地形成成果。

2）BIM 集成应用服务

BIM 集成服务包括 BIM 设计阶段管理、BIM 施工监管、BIM 运维交付。BIM 设计阶段管理包含性能分析、方案比选和设计优化等内容。BIM 施工管理包括质量、安全、进度和成本管理等内容。BIM 交付管理包括竣工模型交付、竣工 BIM 资料档案交付等内容。

① BIM 设计阶段审查设计院完成施工图设计阶段全专业 BIM 建模的完整性与可用性。BIM 方案设计运用：各阶段技术经济指标验证、方案比选、方案展示。BIM- 初步设计运用：性能分析、BIM 审图、方案报审辅助。

② BIM 施工阶段负责房屋建筑部分项目的 BIM 模型深化、整合与维护。BIM- 施工图设计运用：多专业碰撞检查、规范辅助审查、管线综合及优化、精装设计辅助、施工构件工程量辅助、报审辅助。BIM- 施工阶段运用：场地布置、三维交底、施工模型创建（房屋建筑部分）、模拟施工、方案模拟、质量管理、安全管理、进度管理。

③ BIM 交付阶段负责竣工 BIM 模型的移交（房屋建筑部分），保证 BIM 模型与现场一致，并包含物业运维所需的相关属性信息。

3）BIM 协同管理平台

① BIM 轻量化应用。BIM 轻量化平台用户无需安装 BIM 软件，直接查看 BIM 模型的完整信息；BIM 模型在线浏览操作，支持 Revit、3DSMax、Tekla、SketchUp 等多格式 BIM 模型上传，支持 BIM 模型在线轻量化浏览，支持模型构件树设置，按专业查看所需模型构件，可对 BIM 模型进行在线旋转、移动、缩放、剖切，对 BIM 模型在线审核并进行批注。

② BIM 族库管理（房屋建筑部分）。支持内外部族文件的上传、审批、下载、查找及删除操作，并对已上传族文件进行分类管理。

③设计管理。设计管理中新建组织、权限管理、流程管理、文档管理、版本管理、文件追溯。

④施工管理。基于 BIM 模型，对质量、安全、进度、成本、信息、文件做管理，同时对接智慧工地，实施施工做好监控。

⑤驾驶舱。通过平台对各项数据分析、挖掘、展示，包括进度、质量、安全等数据，最终以柱状图、饼图、趋势线等图表的方式呈现在大屏幕上。

⑥移动应用。支持移动应用和 App 对接。

⑦平台架构。支持集团公司、（子）公司、项目部 3 级管理架构；根据不同管理维度实现不同管理层级数据应用；支持内外部数据对接。平台架构搭设（小前端、大后台、移动端）。

（6）全过程造价咨询

全过程造价咨询服务内容包括投资估算审核、设计概算审核、审核工程量清单及组价、审核招标控制价、全过程造价控制、设计变更经济审核、重大设计变更投资影响咨询、竣工结算审核等。具体内容如下：

1）投资决策阶段的造价控制

项目规划阶段的投资估算的审核；项目建议书阶段的投资估算的审核；项目可行性研究阶段的投资估算的审核。

2）设计阶段的造价控制

方案阶段建安造价估算书的审核；初步设计阶段概算编制的审核；施工图设计阶段预算编制的审核。

3）招标阶段的造价控制

招标控制价的审核。

4）施工阶段的造价控制

①编制详细造价控制工作流程图。

②编制核定各项施工图预算。

③明确进行施工跟踪的造价控制人员、具体任务及管理职能。

④对设计变更进行技术经济比较。

⑤继续通过设计挖潜寻求节约造价进行造价控制。

⑥根据施工承包合同价、进度计划，编制各承包合同的明细工程款现金流量图表，根据工程进度编制工程用款计划书。

⑦负责对施工单位上报的每月完成工作量月报表进行审核，并提供当月付款建议书，经业主认可后作为支付当月进度款的依据。

⑧对已完工程计量复核，复核工程付款账单，在施工进展过程中进行造价跟踪，收集实际值，进行计划值和实际值比较。

⑨双方提出索赔时，为双方提供确认、反馈索赔等咨询意见。

⑩收集工程施工的有关资料，了解施工过程情况，协助业主及时审核因设计变更、现场签证等发生的费用，相应调整预算控制目标。

⑪根据施工阶段的每月工作量与付款，核定各项变更费用，会同业主办理工程总结算，编制合同执行情况专题报告，提供整套合同、结（决）算报告及各项费用汇总表交业主归档。

⑫对分阶段竣工的分部工程，对其完工的结算及时进行核定，并向业主提供造价控制分析报告。

5）竣工结算审核阶段的造价控制

审核竣工结算，整理完善竣工结算资料，对工程量、定额套价、取费标准、建筑材料用量及价差以及隐蔽工程记录、变更、签证单进行审核。

6）其他工作

向业主提供国内和本市工程项目的造价咨询业务有关法律、法令、条例、规定、标准、规范和一般惯例的咨询服务；向业主提供涉及委托工程项目的金额、材料、设备等造价信息和规定的咨询服务。

（7）工程监理

完成设计施工图范围内所有内容的施工监理及缺陷责任期阶段监理。对该项目质量、投资、进度实施有效控制，施工组织协调，进行工程安全管理、合同管理、信息管理和技术咨询等。包括施工准备阶段监理、施工阶段监理、竣工验收阶段监理和质量保修阶段监理等。

1）施工准备阶段

组织监理团队进场，编制监理规划、监理细则、熟悉项目设计要求、图纸和施工合同、审核施工组织设计、专项方案、参与设计交底、图纸会审、协助质监、安监备案和施工许可资料准备。

2）施工阶段

对项目建设程序进行监督管理、对项目建设的质量、安全、投资、进度、环保等进行监督管理，对项目资料的真实性、及时性进行管理，对项目设计变更提出监理意见，计量支付管理，定期召开监理例会和专题会议，解决项目有关问题、根据合同对施工单位的履职情况进行监理管理、组织或参与工程的分部分项工程验收，加强隐蔽工程的质量管理。

3）竣工验收阶段

组织项目预验收、参与项目竣工验收、协助完成项目竣工备案、移交等工作、出具质量评估报告、完善和整理项目全过程归档资料。

4）工程质量保修期

按照保修期要求对项目提供监理服务。

（8）其他工程专项咨询

①广阳岛国际会议中心：运营咨询。
②大河文明馆：运营咨询。
③长江书院：运营咨询。

第 3 章　总控管理

3.1　全过程总控管理基本概述

3.1.1　基本含义

对全咨总控管理是建立在统筹策划管理理论基础上的，通过对项目进行策划、组织、协调和控制，运用专业的知识、技能、工具和方法对项目进行统筹管理，以实现项目整体利益目标的活动。在全过程咨询管理模式下，总控管理将依据项目特点、规模、环境、技术复杂程度、建设目标等因素，编制全咨管理总体规划和实施总体计划，建立一整套全过程咨询管理的制度体系，包括项目目标、组织构架设计、管理范围、管理任务及职能分工、制度与流程、成效考核等方面的内容，并对管理资源进行统筹安排和管理，使项目全过程管理和实施形成有机整体，高度融合，最终实现建设目标，为工程项目创造更好的效益。

3.1.2　目标价值

（1）有利于项目总体目标的实现

项目建设的目标涉及多个维度，对广阳岛生态文明建设项目而言，既有传统意义上的质量、安全、进度、投资控制等可量化目标，也有生态价值、社会价值、技术价值、数智化应用、管理经验等非量化目标，项目的成功一定是建立在多个目标达成的基础上的成功。总控管理能够站在项目总体建设高度去定位、策划和统筹管理项目方方面面的工作，围绕总体目标进行目标分解，在组织、制度、程序上实现统筹管理，建立高效的工作机制和沟通协调机制，明确各方职责和工作界面，确保分解目标的达成，更加有利于项目总体目标的实现。

（2）有利于项目群之间的协调管理

广阳岛生态文明建设项目是由多个子项目组成的项目群，子项目由不同的施工方承建，项目间不可避免地存在各种矛盾，比如作业面的交叉，交通组织的影响，资源的分配，竞争的影响等。同时，项目间需要协调融合的关系也会随之增加，如组织机构之间的关系，供求关系、协作关系、法律关系以及其他可能发生的关系，且需要协调的关系面更广，层次更多，比单一项目协调难度更大。通过总控管理，以管理制度和管理流程建立为基础，各项目方均按照统一的要求开展工作，减少协调沟通工作量，提高资源共享率，有效地协调解决产生的矛盾，提高项目的整体效益。

（3）有利于发挥各专项咨询间的融合价值

全过程工程咨询由多个专项咨询服务内容组成，广阳岛项目包括了项目管理、招标代理、设计咨询、施工图审查、造价咨询、工程监理、运营咨询、BIM 咨询应用等 9 个模块。全咨模式的特点或者优势之一就是将传统的相对独立的各单项咨询整合在一起，通过融合管理来实现 1+1＞2 的价值。而要发挥融合管理的最大价值，总控管理就是核心和基础，是关键的方法和手段。通过总控管理，既有各自明确的工作范围和职责分工，又在同一责任主体下开展工作，有利于相互间沟通和协调，使方案更全面，决策更合理，有效避免了责任不清产生的管理风险，咨询价值得到更大体现。

（4）有利于项目资源的整合利用

项目资源是指对于项目来说，一切具有使用价值，可以为项目接受和利用，且属于项目发展过程所需求的客观存在。项目资源管理是针对项目资源的利用、协调和往来交流所开展的活动。资源的有效整合和使用是考核项目管理成效的重要指标之一。通过总控管理能够将有限的资源进行有效的整合和合理的分配，采用计划、统计、分析、报表等管理方法，做到人尽其才，物尽其用，提高资源使用率，降低管理成本，实现效益产出比最大化。

3.2　全过程总控管理实施策划

3.2.1　组织架构

①进行子项目分解及项目集归集化，界定不同项目的管理深度和管理内容，作为委托人任务分解、进度计划编制、招投标、合同管理、投资控制和信息管理等各项工作的依据，

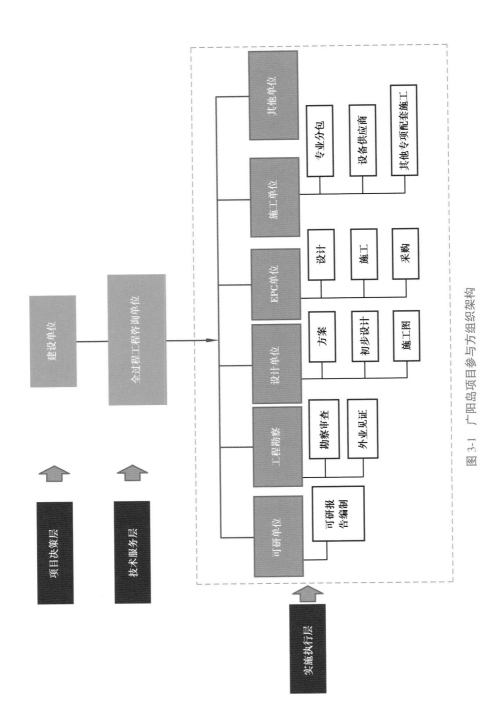

图 3-1 广阳岛项目参与方组织架构

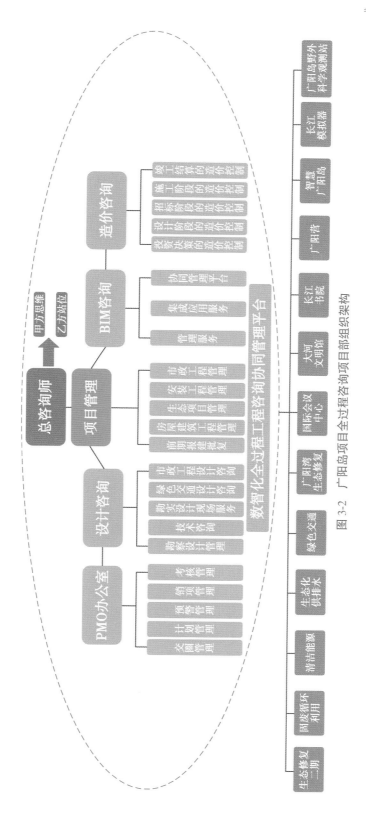

图 3-2 广阳岛项目全过程咨询项目部组织架构

并及时进行更新及调整。

②根据项目群的建设任务，结合建设管理模式和建设时序的安排，提出项目群总体组织架构设置的建议。

③根据项目建设的指导原则以及各参建单位、职能部门的划分特点，协助委托人制订各参建单位、职能部门的具体分工和工作界面，以使其协同工作。

④提出各参建单位、职能部门的指令关系，明确各指令路径，防止出现矛盾指令或指令不清晰现象。

⑤提出各部门各单位的信息关系，包括信息报送、信息传递、报告报送、图纸分发、信息反馈和建议提出等，防止信息的错误传递。

3.2.2　职责制订

（1）总咨询师

①组建全过程工程咨询机构，明确咨询岗位职责及人员分工，根据咨询工作需要及时调配专业咨询人员。

②组织审核全过程工程咨询服务方案及咨询工作管理制度，确认咨询工作流程和咨询成果文件模板。

③组织审核咨询工作计划。

④代表全过程工程咨询方协调咨询项目内外部相关方关系，调解相关争议，解决项目实施中出现的问题。

⑤监督检查咨询工作进展情况，组织评价咨询工作绩效。

⑥参与全过程工程咨询单位或联合体重大决策，在授权范围内决定咨询任务分解、利益分配和资源使用。

⑦审核确认咨询成果文件，并在其确认的相关咨询成果文件上签章。

⑧审核参建单位付款申请。

⑨参与或配合咨询服务质量事故的调查和处理。

⑩主持全过程工程咨询项目例会、专题会。

⑪定期向委托方和公司报告项目完成情况及所有与其利益密切相关的重要信息。

⑫审核项目预算，报公司审批；控制项目预算的执行并对结果负责。

⑬审核全过程工程咨询项目合同范围内的招标采购结果，报公司审批。

⑭组织收费工作。

⑮完成全过程工程咨询合同范围内的其他工作。

（2）副总咨询师

①全面协助总咨询师工作，负责授权范围内的相应工作。

②协助总咨询师审核全过程工程咨询服务方案及咨询工作管理制度，确认咨询工作流

程和咨询成果文件模板。

　　③协助总咨询师审核咨询工作计划。

　　④协助总咨询师协调咨询项目内外部相关方关系，调解相关争议，解决项目实施中出现的问题。

　　⑤协助总咨询师审核咨询成果文件。

　　⑥参与或配合咨询服务质量事故的调查和处理。

　　⑦协助总咨询师定期向委托方和公司报告项目完成情况及所有与其利益密切相关的重要信息。

　　⑧组织全过程工程咨询项目合同范围内的招标采购工作，报总咨询师审核。

　　⑨协助总咨询师完成收费工作。

　　⑩担任相关板块负责人时，职责见相关板块负责人职责。

　　⑪完成领导交代的其他工作。

（3）PMO 办公室负责人

　　①协助总咨询师工作，负责项目管理板块的全部工作，对项目目标进行总体把控。

　　②负责项目管理板块策划的编制工作，配合 BIM 协同管理平台负责人进行相关策划。

　　③协助委托人进行施工类、材料设备类招标采购。审核材料设备类付款申请。

　　④管理施工创奖创优工作。

　　⑤协助委托人进行施工准备工作。

　　⑥协助委托人进行施工过程管理。

　　⑦协助委托人进行工程变更管理。

　　⑧协助委托人组织竣工验收，工程移交相关的工作。

　　⑨组织项目管理板块会议，负责项目管理板块工作汇报。

　　⑩编写全过程工程咨询周报、月报。

　　⑪组织整理归档项目管理板块的文件资料，统筹管理全过程工程咨询项目资料。

　　⑫参与或配合咨询服务质量事故的调查和处理。

　　⑬按计划完成收费节点工作，确认收费节点。

　　⑭控制项目管理板块的预算并对结果负责。

　　⑮实施全过程工程咨询项目行政后勤等相关的招标采购工作。

　　⑯编制项目管理板块项目总结。

　　⑰完成领导交代的其他工作。

（4）全过程造价咨询负责人

　　①协助总咨询师工作，负责投资决策板块的全部工作。

　　②负责产业定位、投资分析相关的工作。

　　③协助委托人进行招标文件中有关造价条款拟订。

　　④参与全过程工程咨询合同范围内招标采购的造价咨询相关工作。

⑤协助委托人组织投资估算复核工作。

⑥协助委托人组织设计概算复核工作。

⑦组织工程量清单及招标控制价编制工作。

⑧参与限额设计管理，参与设计专项方案经济性评估、施工图经济性评估。

⑨协助委托人组织全过程造价控制管理（包含变更、签证、收方经济性评价，款项支付管理，索赔等）。

⑩组织工程竣工结算审核工作。

⑪组织造价咨询板块会议，负责造价咨询板块工作汇报。

⑫按计划完成收费节点工作，确认收费节点。

⑬整理造价咨询相关文件资料，向 PMO 办公室归档。

⑭协助项目报建报批工作。

⑮组织项目预算编制，控制造价咨询板块预算并对结果负责。

⑯组织编制造价咨询板块项目总结。

⑰负责项目后评价的相关工作。

⑱完成领导交代的其他工作。

（5）设计咨询负责人

①协助总咨询师工作，负责设计咨询板块的全部工作。

②负责勘察、设计工作的相关策划，配合 BIM 协同管理平台负责人进行相关策划。

③协助委托人进行勘察、设计、咨询类的招标采购。审核勘察、设计、咨询类付款申请。

④协助委托人进行工程勘察管理。

⑤协助委托人进行方案设计、初步设计、施工图设计的相关管理工作。

⑥协助委托人进行设计变更管理。

⑦组织设计咨询板块会议，负责设计咨询板块工作汇报。

⑧组织整理设计咨询板块相关的文件资料，向 PMO 办公室归档。

⑨协助完成项目报建报批，协助委托人管理勘察、设计创奖创优工作。

⑩参与或配合咨询服务质量事故的调查和处理。

⑪按计划完成收费节点工作，确认收费节点。

⑫控制设计咨询板块的预算并对结果负责。

⑬编制设计咨询板块项目总结。

⑭完成领导交代的其他工作。

（6）BIM 咨询负责人

①协助总咨询师工作，负责 BIM 咨询板块的全部工作。

②负责 BIM 工作的相关策划，负责协同管理平台运营。

③协助委托人进行设计、施工类的招标采购，拟订相关 BIM 合同条款。统筹参建单位的 BIM 应用。

④负责 BIM 各专业模型的建立、审查、管理。

⑤负责 BIM 相关的专项分析。

⑥负责 BIM 在施工阶段的各种应用。

⑦组织 BIM 咨询板块会议，负责 BIM 咨询板块工作汇报。

⑧组织整理 BIM 咨询板块相关的文件资料，向 PMO 办公室归档。

⑨协助项目报建报批工作，负责 BIM 创奖创优工作。

⑩按计划完成收费节点工作，确认收费节点。

⑪编制 BIM 咨询板块项目总结。

⑫完成领导交代的其他工作。

（7）总监理工程师

①协助总咨询师工作，负责工程监理板块的全部工作。

②负责监理工作的相关策划，配合 BIM 协同管理平台负责人进行相关策划。

③组织编制监理规划，审批监理实施细则。

④组织召开监理例会。

⑤组织审核分包单位资格。

⑥组织审查施工组织设计、专项施工方案。

⑦审查工程开工复工报审表，签发工程开工令、暂停令和复工令。

⑧组织检查施工单位的现场质量、安全生产管理体系的建立及运行情况。

⑨审核施工单位的付款申请，签发工程款支付证书。

⑩审查和处理工程变更。

⑪调解建设单位和施工单位的合同争议，处理工程索赔。

⑫组织验收分部工程，组织审查单位工程质量检验资料。

⑬审查施工单位的竣工申请，组织工程竣工预验收，组织编写工程质量评估报告，参与工程竣工验收。

⑭参与或配合工程质量安全事故的调查和处理。

⑮负责工程监理板块工作汇报。

⑯组织编写监理月报、监理工作总结，组织整理工程监理板块文件资料，向 PMO 办公室归档。

⑰按计划完成收费节点工作，确认收费节点。

⑱控制监理板块的预算并对结果负责。

⑲完成领导交代的其他工作。

3.2.3　总控计划

明确项目群建设计划体系，可分为四级，即总体计划、控制计划、实施计划和周期性计划。编制整体项目里程碑、各项目的基本数据及开竣工时间。根据总体进度目标，在开工、

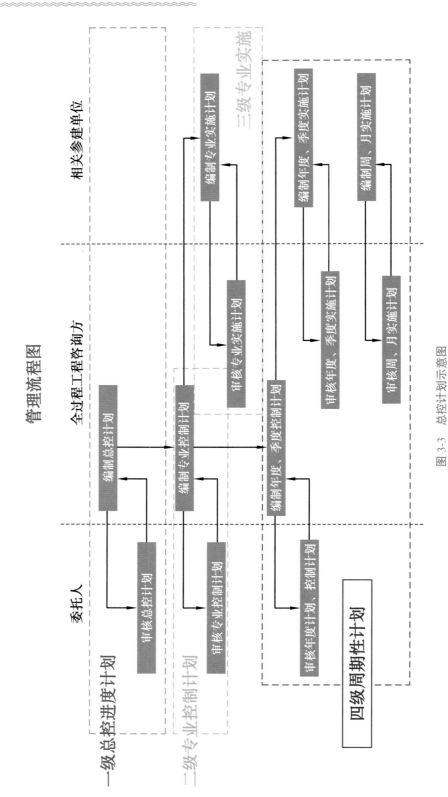

图 3-3 总控计划示意图

竣工及里程碑节点的基础上，根据项目的实际情况制订项目的总进度计划。

①总控进度计划作为项目全过程工程咨询方推进各项工作的一条主线。根据总控进度计划，有序组织报建、设计、招标采购、施工组织等各项工作的开展。

②根据总控进度计划，梳理月度工作重点，并提醒建设单位及时决策，保证项目按计划实施。

③及时分析计划变动原因，尤其是关键线路的变化，并提供咨询意见供建设单位决策参考。

④在过程中组织、落实各方案计划实施，跟踪、核查计划的进展情况，将计划与实际情况进行对比分析，督促各方采取措施跟进计划。

对于关键、重要事件的计划影响，全过程工程咨询单位将进行详细分析，并提出解决咨询建议，供建设单位决策参考。如根据实际情况修订阶段性目标及关键节点，应及时向建设单位汇报，并说明理由，经建设单位批准后调整计划，保证计划的可行性、合理性。

3.3 全过程总控管理实施内容

3.3.1 体系建设

①结合类似工程经验，针对本项目特点，编制一系列管理制度及办法，并配套编制相应的管理流程和标准表式。

②针对各类管理制度编制构想与计划。

③根据工程特点，结合工程实际需要分批次编制，划分编制批次原则是：紧急重要的第一批次；紧急的第二批次；重要的第三批次。

3.3.2 工作分解

表 3-1 全过程总控管理工作分解

序号	类别	工作分解
1.1	整合管理	项目文件与资料移交
1.2		组建项目管理部

续表

序号	类别	工作分解
1.3	整合管理	分析管理文件
1.4		组织内部启动会
1.5		编制 WBS 工作分解结构
1.6		编制《开工前进度计划》
1.7		编制《总控进度计划》
1.8		编制《项目管理规划》
1.9		组织外部启动会
1.10		组织编制《项目管理实施细则》
1.11		项目动态监控
1.12		项目整体变更与控制
1.13		合同风险分析
1.14		风险预控措施表
1.15		编制《信息沟通计划表》
1.16		编制《管理月报》
1.17		编制《项目管理月度目标偏差分析表》
1.18		编制《月工作计划》
1.19		编制《周工作计划》
1.20		收发文登记表
1.21		会议纪要、简报
1.22		组织项目管理周例会
1.23		组织专题会议
1.24		项目管理后评价
2.1	设计	方案设计
2.2		初步设计
2.3		主体施工图设计
2.4		室内装饰方案设计
2.5		室内装饰施工图设计
2.6		智能弱电方案设计

续表

序号	类别	工作分解
2.7	设计	智能弱电施工图设计
2.8		水电暖通施工图调整
2.9		幕墙方案设计
2.10		室外景观施工图设计
2.11		室外市政与管线配套图
2.12		电梯条件图与土建图修改
2.13		高低压变配电设备条件图与土建配套图
2.14		空调主机条件图与土建配套图
2.15		市政供电接入图纸设计
2.16		市政供水接入图纸设计
2.17		市政燃气接入图纸设计
2.18		通信配套图纸设计
3.1	设计管理	功能策划书
3.2		方案设计任务书
3.3		初步设计功能区调研
3.4		初步设计内审
3.5		功能房间点位调研
3.6		施工图设计任务书
3.7		施工图内审
3.8		装饰设计任务书
3.9		装饰施工图内审
3.10		智能化设计任务书
3.11		智能弱电施工图内审
3.12		幕墙设计任务书
3.13		幕墙施工图内审
3.14		幕墙施工图设计
3.15		室外景观方案设计
3.16		室外景观设计任务书

续表

序号	类别	工作分解
3.17	设计管理	室外景观施工图内审
3.18		展陈方案设计
3.19		展陈设计任务书
3.20		展陈施工图内审
3.21		厨房工艺施工图内审
3.22		设计变更管理
3.23		参与专题技术会议
3.24		图纸会审及交底
4.1	招标采购	项目建议书、可研编制及修编委托
4.2		设计招标总承包单位招标
4.3		水土保持方案委托（全咨合同已含）
4.4		环境影响评价报告编制委托（全咨合同已含）
4.5		地震危害评估委托
4.6		地质勘察招标
4.7		桩基检测、基坑监测招标
4.8		土石方与基坑单位、桩基招标
4.9		施工单位招标（EPC 合同已含）
4.10		装饰施工单位招标（EPC 合同已含）
4.11		幕墙工程施工招标（EPC 合同已含）
4.12		智能化工程设计招标（EPC 合同已含）
4.13		景观、绿化设计招标（EPC 合同已含）
4.14		三通一平委托
4.15		智能化工程施工招标（EPC 合同已含）
4.16		室内二次装饰施工招标（EPC 合同已含）
4.17		室外市政配套工程施工招标（EPC 合同已含）
4.18		室外景观绿化施工招标（EPC 合同已含）
4.19		标识工程招标（EPC 合同已含）
4.20		电梯（垂直梯、扶梯）设备招标（EPC 合同已含）

续表

序号	类别	工作分解
4.21	招标采购	空调设备招标（EPC 合同已含）
4.22		厨房设备招标（EPC 合同已含）
4.23		变压器设备招标（EPC 合同已含）
4.24		展陈招标
4.25		高低压变电柜设备招标或委托（EPC 合同已含）
4.26		发电机组设备招标（EPC 合同已含）
4.27		水、电、燃气、通信、有线电视、银联等接入协议
5.1	招标管理	编制《招标规划》
5.2		编制《招标计划》
5.3		组织规划与计划讨论会
5.4		编制《单项招标方案》
5.5		各单项招标文件审查
5.6		材料品牌推荐、市场调研书
5.7		各合同审查
5.8		协助投诉处理
5.9		编制《招标管理台账》
6.1	办证报批	项目建议书
6.2		建设用地预审和项目选址
6.3		建设用地规划许可证
6.4		日照分析报告
6.5		地震危害影响评价
6.6		环境影响评价
6.7		水土保持分析
6.8		可行性研究报告
6.9		建设工程规划许可证办理
6.10		初步设计、概算报批
6.11		雷击风险评估
6.12		用地批准书

续表

序号	类别	工作分解
6.13	办证报批	国有土地使用证
6.14		施工图审查
6.15		施工图专项审查（消防、气象、卫生、交通）
6.16		规费缴纳（白蚁、散装水泥、新墙体等）
6.17		土石方桩基工程施工许可证
6.18		建设工程施工许可证
6.19		临时出入口申请
6.20		质安监备案
6.21		施工许可证办理
6.22		规划放线、验线
6.23		幕墙施工图审查
6.24		装饰图纸消防审查
6.25		防雷检测
6.26		室内环境空气检测
6.27		消防水压测试
6.28		自来水水质检测
6.29		消防通道检测
6.30		消防检测
6.31		污水排水水质检测
6.32		竣工测绘
6.33		建设工程档案移交
6.34		退墙改费用
6.35		产权证办理
6.36		办证报批沟通计划
6.37		办证报批进度计划
7.1	现场施工	三通一平
7.2		临时设施
7.3		开工典礼

序号	类别	工作分解
7.4	现场施工	桩基施工
7.5		桩基检测
7.6		基坑围护、降水
7.7		土方开挖
7.8		垫层施工
7.9		桩基检测（小应变等）
7.10		桩基子分部验收
7.11		基础施工
7.12		基础结构验收
7.13		主体结构施工
7.14		主体结构验收
7.15		屋顶蓄水试验
7.16		屋面施工
7.17		外装饰施工
7.18		幕墙化学螺栓抗拉拔试验
7.19		幕墙、铝合金窗三性试验
7.20		内装饰及水电施工
7.21		智能化施工
7.22		通风与空调施工
7.23		电梯安装
7.24		污水处理施工
7.25		变配电设备安装
7.26		发电机组安装
7.27		市政配套施工
7.28		市政水、电、电信、有线电视、天然气接入
7.29		室外景观绿化施工
7.30		标识标牌施工
7.31		防雷验收

续表

序号	类别	工作分解
7.32	现场施工	电梯验收
7.33		人防专项验收
7.34		消防专项验收
7.35		单位工程预验收
7.36		单位工程竣工验收
7.37		环保专项验收
7.38		交通专项验收
7.39		卫生专项验收
7.40		规划专项验收
7.41		园林绿化专项验收
7.42		档案验收
7.43		综合验收
7.44		试运行
7.45		投入使用
8.1	移交培训	建筑设备进场计划
8.2		专业系统进场计划
8.3		机电设备预留预埋计划
8.4		工程款支付管理
8.5		工程变更管理
8.6		工程材料进场验收管理
8.7		组织工程验收管理
8.8		组织工程现场会议
8.9		建筑物使用说明书
8.10		服务手册编制
8.11		移交培训

3.2.3 工作界面

全过程总控管理相关工作的工作界面见表3-2。

表 3-2　全过程总控管理相关工作的工作界面

序号	工作内容	建设单位	全过程咨询	专项咨询	勘察单位	EPC 设计	EPC 施工	其他	主管
1	投资决策咨询								
1.1	可行性研究报告	组织	协助	编制					审批
1.2	环评、水保等专项	组织	编制						审批
1.3	地灾、能评等专项	组织	协助	编制					审批
2	项目管理策划								
2.1	项目总体策划	审定/组织	策划/执行	执行	执行	执行	执行		
2.2	项目目标	审定/组织	策划/执行	执行	执行	执行	执行	执行	
2.3	组织架构	审核	策划/实施						
2.4	招采	审定/组织	策划/协助	配合	配合	配合	配合	实施	审批
2.5	报建	审定/实施	策划/协助	配合	配合				审批
2.6	合同	审定/实施	策划/协助						备案
2.7	工作界面	审定	策划						
2.8	管理制度	审核	策划						
2.9	总进度	审定/组织/管理	策划/管理	执行	执行	执行	执行	执行	
3	工程管理								
3.1	协调管理	审核/组织	策划/协助	配合	配合	配合	配合	配合	

续表

序号	工作内容	建设单位	全过程咨询	专项咨询	勘察单位	EPC 设计	EPC 施工	其他	主管
3.2	施工管理	审核/组织管理	策划/参与				配合	配合	监督
3.3	场地组织	审定/组织	策划/协助					实施	
3.4	风险分析	审核	策划						
3.5	总平布置	审批	审核				编制/实施		
3.6	七通一平	审定/组织	策划					实施	
3.7	工程配套	申请	协助					实施	
3.8	外部环境协调	组织	参与				参与	参与	
3.9	场地移交	参与	组织				接收		
3.10	设计交底、图纸会审	组织	参与			参与	参与		
3.11	质监、安监、施工许可	组织	协助		配合	配合	配合		备案/审批
3.12	项目建设的质量、安全、投资、进度、环保等	组织/管理/监督	管理/监督		参与	参与	实施		监督
4	资料管理								
4.1	项目资料	管理	实施/管理				实施		监督
4.2	设计变更	审批	审核			实施	实施		

序号	工作内容								
4.3	计量支付	审批	审核/申请	申请	申请	申请	申请	申请	
4.4	施工合同	管理	监督管理				实施	实施	
4.5	分部分项工程验收	参与	组织		参与	参与	参与	参与	参与
4.6	隐蔽工程的质量管理	参与	组织		参与	参与	实施	实施	参与
5	竣工验收及支付								
5.1	项目预验收	参与	组织实施	实施	参与	参与	参与		
5.2	项目竣工验收	组织	参与		参与	参与	参与		参与
5.3	竣工备案	组织实施	协助		配合	配合	配合		备案
5.4	项目移交	组织	协助			参与	参与		
5.5	质量评估报告		编制						
5.6	项目全过程归档资料	参与	实施/组织	实施	实施	实施	实施	实施	审核
5.7	保修期服务	监督	组织		参与		实施		

3.4 全过程总控管理沟通机制

3.4.1 沟通原则

项目沟通管理包括为确保项目信息及时且恰当地生成、收集、发布、存储、调用并最终处置所需的各个过程。项目经理的大部分时间都用在与团队成员和其他项目相关方的沟通上。有效的沟通能在项目各方的相关人员间架起一座桥梁，把人员和项目信息有效连接。

3.4.2 沟通方式

全过程总控管理沟通方式见表 3-3。

表 3-3　全过程总控管理沟通方式

沟通方式	信息内容	沟通范围
项目日报	日完成工作、动态图片	建设单位、全过程咨询单位
项目周报	周计划、周完成工作、动态图片	建设单位、全过程咨询单位
项目月报	月工作计划、资金使用计划、项目进展动态、存在困难	建设单位、设计单位、全过程咨询单位
项目专报	项目重大节点、重大活动、重大事件	建设单位、全过程咨询单位
项目管理例会	周计划、周完成工作、动态图片	建设单位、全过程咨询单位、设计单位、施工单位
专题会议	重大问题专题研讨	建设单位、全过程咨询单位、设计单位
专项日报	设计、施工管理、计量	建设单位、全过程咨询单位、施工单位
面谈汇报	项目动态进展	建设单位、全过程咨询单位
微信平台	信息发布、通知、汇报	建设单位、全过程咨询单位、各参建单位

3.4.3 沟通工具

①项目管理内部沟通管理，采用 BIM 协同平台，共享项目管理文件、监理文件、咨询成果。
②项目管理部涉及公司管控范围的管理文件，通过 OA 系统及智慧工程向公司沟通汇报。
③建设单位全过程咨询管理文件，通过微信平台、邮件等方式，按建设单位要求上传。
④现场安全质量管控信息，通过建设局智慧监管系统及时上传。

3.4.4　沟通措施

项目参与方包括建设单位、运营单位、总包、分包、供应商、设计、政府监管机构等。在项目早期，就识别这些参建方，分析他们的利益、期望、重要性和影响力，这对于项目的成功非常重要。

①全咨单位进场之后，在业主、设计、采购、顾问公司和承包商之间建立沟通、报告和授权程序，并获得公司和业主批准。召集、主持、出席、编制会议纪要并建立会议记录和发行的制度。

②根据项目的需求和参建方的信息需求，建立沟通管理计划，规划正式或非正式的沟通。正式的沟通包括报告、会议纪要、备忘录、简报等。非正式的沟通包括电子邮件、即兴讨论、微信讨论等。项目的沟通协调方法主要包括：

a. 组织召开全过程咨询管理启动会议。

b. 组织召开周设计管理协调会。

c. 组织召开工程例会（讨论施工进度、质量、安全）。

d. 组织召开变更会议。

e. 组织周工地质量巡查。

f. 组织周安全工地巡查。

g. 建立和政府监管机构沟通机制。

h. 组织召开全过程咨询管理例会。

i. 建立不同主题的微信群沟通。

j. 沟通的信息需及时并正确发布。

k. 纸质文件、手工归档系统、共享电子数据等（文件归档系统参见文档管理章节）。

l. 电子通信和会议工具，如电子邮件、传真、语音邮件、电话、视频会议、网络会议等。

m. 项目管理电子工具，如进度计划的网络界面、项目管理软件、会议和虚拟办公室支持软件和协同工作管理软件等。

③项目展开后，建设单位指定现场代表，并授权。

④为便于沟通，参建单位应指定项目代表，作为沟通协调的渠道，并建立所有参建单位管理人员的通讯录，并定期更新。

⑤信息及技术问题的沟通。

a. 总包／分包提出的问题以书面联系函的形式提交，表格由项目管理部接收，并由项目助理进行存档。表格将在 24 h 之内由项目经理指定的人员进行回复。所有表格均应以复印件的形式发给业主代表（项目总监）。

b. 任何不能现场回复的问题提交给设计师或业主代表处理，并注明提及的人员及要求回复的日期，项目负责人有责任跟踪此回复。

c. 所有回复将被记录在案并通过项目负责人签字确认后回复给总包／分包，完整版的文件原件及其复印件分类存档。

⑥现场指令

a."现场指令"由项目工程师提出，项目负责人审核，业主代表批准后，由 PMO 部门发布总包执行。

b.所有现场指令均应获得业主签字确认，如果涉及额外的费用，指令应当伴随批准文本提前发出。批准文本包括图纸、计算书、费用清单、材料表等，费用文件需要造价师审核批准。

c.PMO 部门建立指令分发台账，并将原件分类存档。

3.5 全过程总控管理专项策划

3.5.1 招采策划

完整、系统的招采策划，是招标工作乃至合同签订、项目实施得以顺利进行的必要前提。招采策划工作主要包括以下内容：

①确定招标方式。

②提出招标计划，根据项目进度计划，编制配套的招标进度计划，包括调研、预审、编制招标文件、发标、答疑、评标、合同谈判、合同签订等时间安排。

③投标人资格建议。根据项目的建设规模、建设内容，以及委托人的要求，提出投标人的准入资格。

④招标标段的划分，并反映合同关系。

⑤招标内容及界面划分。准确描述招标工作内容以及各标段的工作界面划分，确保标段划分的合理性，工作任务分配的完整性、不漏不重。

⑥招标技术要求。

⑦项目建设目标。包括项目的建设工期要求、质量要求、安全文明要求等。

⑧合同主要条款，至少应明确：合同范围和内容；合同计价模式，合同变更费用处理原则，合同结算约定；合同付款方式；合同履约及担保方式；总包对专业分包及甲购、甲控设备的管理与服务。

⑨评标、定标的建议。

3.5.2 合同策划

根据招采策划的成果，划分合同包，形成初步合同结构方案。合同结构方案既确定了项目各参与方的合同关系和项目主要合同的数量，也从侧面反映了各参与方的组织关系。

①合同策划依据主要包括：业主对项目目标的要求、工程特点和外部环境、全过程工程咨询合同、可行性研究报告、全过程工程咨询单位对项目总目标系统的论证与确定、项目总体风险分析、招采策划文件、建设工程相关的法律和法规、项目相关的合同示范文本、历史经验和数据库。

②合同策划具体内容包括：策划合同结构方案、划分合同包、合同范围（明确界面）、明确合同计价形式、合同文件选择和重要条款的确定。

3.5.3　档案管理

全咨管理团队建立基于 BIM 的协同管理平台，可实现信息共享、快速沟通、同步办公、同步存档。

（1）信息管理的内容

①项目沟通与信息管理：制订沟通与信息管理方案与程序，以满足工程项目全过程咨询管理的需要。

②充分利用现代信息及通信技术，以 BIM 协同平台为技术支撑，对项目全过程所产生的各种信息，及时、准确、高效地进行管理，为项目提供高质量的信息服务。

③利用信息化数据平台，实现信息协同，提倡无纸化办公，编辑、审核、批准、存档、发布全部在云端实现，绿色高效。

④以 BIM 协同为平台，以手机、iPad、网络、钉钉、微信为手段，在项目实施全过程，与项目关系人以及在项目团队内部进行充分、准确、及时的信息沟通，及时采取相应的组织协调措施，以减少冲突和变更，保证工程信息通畅。

⑤项目信息包括但不限于数据、表格、文字、图纸、音像、电子文件等，保证项目信息能及时地收集、整理、共享，并具有可追溯性。

⑥全过程咨询项目部同步建立纸质文件管理体系，保存在项目资料室，纸质文件主要包括：周报、月报、会议纪要，施工蓝图、设计变更，建设单位归档的资料，工程监理归档的资料，其他过程咨询管理文件。

（2）信息分类

本工程所生成的咨询报告、管理报告、函件、会议纪要以及项目日志等，既是项目管理的主要工具，又是全过程管理班子的主要工作成果。

①项目管理报告。分为定期报告和专题报告两大类。定期报告由设计管理日报、周报、全过程管理周报、月报、年度报告和总结报告组成。专题报告和咨询报告是在项目实施过程中对控制和决策进行跟踪的情况报告，对项目管理过程中出现的偏差或潜在的技术风险进行分析并提出如何解决问题的建议。

②项目管理函件。在提供项目管理服务过程中要签发的函件主要包括申请函、邀请函、批复、指令和通知单等。

③项目管理会议纪要。在项目实施全过程中各参与方［包括相关政府部门、建设单位方、项目管理方（含监理）、承包商、分包商和供货商等］内部或相互之间需要召开各种各样的会议，以对实施过程中所遇到的各种问题进行及时、准确的决策和执行。

④项目管理日志。日志是完整记录部门和成员开展日常工作的有效文件，记录当天自己工作范围内重大问题及处理情况。

（3）职责分工

全过程工程咨询管理部必须指导、监督、检查各参建单位和相关部门，就竣工档案的收集、整理、归档及验收工作进行交底。

项目竣工档案管理应做到"三同时"，即项目开工时，施工单位要同时落实档案人员；平时检查工程质量时，各单位档案人员要同时参与查看档案资料编制情况；项目竣工验收时，各单位要同时对档案进行全面验收。

全过程工程咨询管理部须认真监督和指导勘察、设计、施工等单位做好档案的收集、整理、归档工作。

对施工单位：整理施工技术文件材料（至少要编制3套竣工档案）。

对设计单位：应提交设计计算书，如设计单位需暂留，可出具代保管证明并指明代保管年限。

对工程监理部：做好文件材料收集、整理、归档，并对施工单位的竣工图、施工文件材料按工务署管理标准进行严格检查和签证。

工程声像档案和电子档案报送规定：根据《重庆市城市建设档案管理规定》，建设单位在向城建档案管理机构移交纸质建设工程档案的同时，还应当按照规定向建设单位档案部门移交电子档案和声像档案。

第 4 章　项目管理

4.1　全过程项目管理概述

4.1.1　全过程项目管理概念

全过程项目管理作为全过程工程咨询服务的核心板块，是全咨服务"1+N"模式中的"1"，其服务贯穿项目全生命期。具体是指由全咨服务单位根据全咨服务合同及有关约定，在项目全生命期内的各个阶段，运用系统的理论和方法，对建设工程项目进行的计划、组织、指挥、协调和控制等专业化活动，以实现项目全过程的动态管理和项目目标的综合协调与优化。

4.1.2　全过程项目管理内容

工程项目全生命期大致可分为投资决策、工程建设准备、工程建设、项目运维四大阶段，各个阶段根据开展工作的不同，又可进一步细分。在这些不同的建设阶段，全过程项目管理均有相应重要的服务内容及管理目标。

表 4-1　全过程工程项目管理内容明细表

服务内容	投资决策	工程建设准备		工程建设		项目运维
	项目决策阶段	勘察设计阶段	招标采购阶段	建设施工阶段	竣工验收阶段	运营维护阶段
全过程工程项目管理	策划管理、报批报建管理、勘察管理、设计管理、投资管理、合同管理、招标采购管理、施工阶段管理、参建单位管理、验收管理、风险管理、人力资源管理等					

4.1.3 全过程项目管理目标

全过程工程项目管理一直遵循以目标为导向的原则，在全过程项目管理介入项目的初期，就必须要分析并明确项目目标。首先制订项目总体目标，再对总体目标进行分解并明确阶段目标，以此类推，从上至下，最终将目标分解至单项工作任务。

对于建设工程项目，项目管理目标均建立在满足投资人及利益相关各方需求的基础上，无论项目处于全生命期的任何阶段，其阶段目标均主要包括质量、投资、进度、安全、信息、运维、创优等几大方面。在阶段目标均达到的前提下，最后通过项目后评价来考核项目总体目标是否最终实现。

表 4-2　全过程工程项目管理目标明细表

目标＼阶段	投资决策	工程建设准备		工程建设		项目运维
	项目决策阶段	勘察设计阶段	招标采购阶段	建设施工阶段	竣工验收阶段	运营维护阶段
质量	符合规划	符合规范	满足法规	满足规范	满足规范	满足需求
投资	合理估算	概不超估预不超概	清单限价投资条款	投资过程控制	结算控制	运营成本
进度	合理的建设工期	满足建设需求	满足建设需求	满足施工工期	工期考核	—
安全	专项评估	合法合规	—	合法合规无事故	安全评价	运营安全
信息	合法合规	合法合规	合法合规	及时完整真实有效	档案移交	信息共享
运维	—	—	—	—	—	实现效益
创优	—	合法合规	竞争优选	过程控制	合法合规	—

4.1.4 全过程项目管理组织

根据全过程工程咨询服务内容的多样性，全咨服务团队既可由一家单位组成，也可由多个联合体单位共同组成，无论组成单位的多少，依据合同约定或联合体协议书，均能明确全过程工程项目管理的首要责任单位。全过程工程项目管理单位作为全咨服务组织架构的一部分，同时也是策划全咨服务组织架构的主体，需要认真分析全咨服务内容，结合项目实际建设情况，统筹参与全咨服务的单位，合理确定组织形式，设置组织部门，配置人力资源。

全过程工程项目管理组织模式主要直线式、职能式、直线职能式以及矩阵式几种。无论采用哪种组织模式，要做好全过程工程咨询服务，就必须重视全咨服务各板块之间的融合，全过程工程项目管理应统筹各服务板块间的融合工作。

4.1.5　全过程项目管理工具

全过程工程项目管理在履行五大管理职能，即计划、组织、指挥、协调、控制时，需要借助相应的管理工具，包括组织工具、技术工具等。通过管理工具的使用，能提前分解管理内容、明确管理职责、统筹管理资源、预测管理效果、制订管理措施、保障管理目标。

全过程工程项目管理的组织工具包括：项目结构图、组织结构图、工作任务分工表、管理职能分工表、工作流程图等。

全过程工程项目管理的技术工具包括：进度管理、合同管理、风险管理、信息管理、投资管理等方面的技术软件。

4.2　全过程项目管理策划

在实施全过程工程项目管理前，首先要根据全咨服务合同内容对项目管理工作进行全面策划，包括明确服务范围、搭建管理机构、制定管理制度、梳理管理流程、实施总控策划、管理风险分析等。

4.2.1　全过程项目管理范围

项目管理范围就是服务阶段与服务内容的组合。根据全咨服务合同约定明确服务周期及服务内容，即在项目全生命期的哪些阶段实施项目管理中的哪些工作内容（图 4-1）。

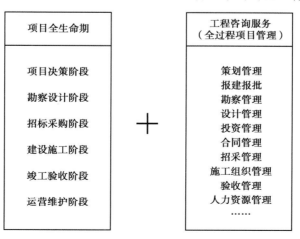

图 4-1　项目管理范围图

4.2.2 全过程项目管理机构

①项目管理机构是受全咨单位书面授权委托，具体统筹实施全咨服务内容的组织。

②项目管理机构应在项目具体实施前组建完成，相关人员应符合合同约定，有相应授权文件。

③项目组织形式的确定，应根据项目规模、工期、管理难度等客观因素，以解决实际问题为原则，综合考虑资源配置、融合管理；组织结构应包括决策层、管理层、执行层、操作层几个层次。

④对有多个专业服务内容的项目管理机构，应设置总咨询师、各专业负责人、专业工程师等岗位，明确分工，并制订相应的工作职责。

4.2.3 全过程项目管理制度

①全过程工程咨询单位应建立全咨服务管理制度，规范公司全咨项目管理行为。

②全过程工程项目管理机构应根据公司规章制度，结合全咨服务合同约定、建设项目特点，编制有针对性的全过程工程咨询管理制度，规范全咨团队管理行为。管理制度应报公司及委托人进行审核。

③全过程工程项目管理主要管理制度：

a. 安全管理制度。

b. 质量管理制度。

c. 进度管理制度。

d. 投资管理制度。

e. 合同管理制度。

f. 信息管理制度。

g. 档案管理制度。

h. 设计管理制度。

i. 勘察管理制度。

j. 招采管理制度。

k. 报批报建管理制度。

l. 其他管理制度（根据全咨服务内容确定）。

4.2.4 全过程项目管理流程

①为保证全过程工程项目管理行为在项目全生命期各阶段都合法合规，在具体实施管理工作前，需制订各项工作流程。

②工作流程的制订，需在满足建设项目基本建设程序的基础上，结合各参建单位合同约定的权利及义务，明确各单位的工作权限。

③全过程工程项目管理流程与管理制度相对应，流程是制度的进一步分解细化，制度规范人的行为标准，流程规范人的行为顺序。

④根据建设项目基本建设程序，项目管理流程主要有：

a. 报批报建流程。

b. 勘察设计管理流程。

c. 招标采购管理流程。

d. 施工阶段质量管理流程。

e. 施工阶段安全管理流程。

f. 施工阶段进度管理流程。

g. 施工阶段造价管理流程。

h. 竣工验收管理流程。

i. 其他管理流程。

4.2.5　全过程项目管理总控

①全过程工程项目管理主要职能为计划、组织、指挥、协调、控制，而计划作为第一职能，承担了项目管理首要任务，即对项目总体控制进行策划管理。

②在进行项目管理总控策划前需要对项目资料进行全面收集、充分分析后，结合委托人对项目建设的各项目标需求去开展总控策划。

③项目总控策划主要内容包括：

a. 项目结构分解 / 产品结构分解（PBS）。

b. 工作任务分解（WBS）。

c. 组织结构分解（OBS）。

d. 合同结构分解（CBS）。

e. 工作界面划分。

f. 项目总体进度计划。

g. 数智创新创优策划。

h. 沟通协调机制策划。

i. 全咨融合策划。

j. 其他策划。

4.3　生态文明建设项目管理实践

以"广阳岛全岛建设及广阳湾生态修复全过程工程咨询"为案例，从生态修复项目、绿色建筑项目的管理要点以及管理成果等方面进行实践分析。

4.3.1　生态修复项目管理要点

（1）生态修复项目策划

为帮助业主策划好生态修复项目，全咨单位从技术上如何落实乡野化、方向上如何实施两山转化展开了专业调研和实地走访并形成了一系列调研报告，供业主决策使用。

自山水林田湖草工程试点以来，国内围绕生态保护修复总体思路、土地/景观综合体保护、科学内涵、理论基础、推进路径等方面，开展了系列理论研究和实践探索，为试点工程提供典型经验及对策和建议。整体上，实施山水林田湖草生态保护修复工程尚属首次，目前仍处于试点示范阶段，如何通过生态保护修复，打通两山转化路径，仍在实践中探索。

根据对江苏省苏州市开展"生态农文旅"促进生态产品价值实现案例、福建省南平市光泽县"水美经济"案例、河南省淅川县生态产业发展助推生态产品价值实现案例、湖南省常德市穿紫河生态治理与综合开发案例、江苏省江阴市"三进三退"护长江促生态产品价值实现案例进行分析，对生态产品价值实现路径可以作出如下总结：

生态产品根据公益性程度和供给消费方式，可分为3种类型和价值实现路径：

①公共性生态产品的价值实现依靠财政转移支付、财政补贴等形式。

②经营性生态产品通过市场交易实现价值。

③准公共性生态产品价值通过政府管控创造价值、市场交易实现价值的路径实现。

（2）生态修复项目报建

1）生态修复项目报批报建政策梳理

党的十八大以来，生态文明建设纳入中国特色社会主义建设"五位一体"总体布局，提出 尊重自然、顺应自然、保护自然的生态文明理念和坚持节约优先、保护优先、自然恢复为 主的方针。党的十九大报告提出"坚持人与自然和谐共生"的基本方略，正式确立建设美 丽中国战略。各省、自治区、直辖市乃至下辖区、县在深入贯彻落实国家、自治区营商环境和深化工程建设项目审批制度改革决策部署的基础上，以"最多跑一次"的改革目标，制订生态修复工程报批规则，如自然资源部办公厅下发的《全国重要生态系统保护和修复重大工程总体规划（2021—2035 年）》（发改农经〔2020〕837 号）及《关于开展省级国土空间生态修复规划编制工作的通知、（自然资办发〔2020〕45 号）》、自然资源部办公厅、财政部办公厅、生态环境部办公厅联合发文《山水林田湖草生态保护修复工程指南（试行）》

以及其他省区市发文等。

自然资源部、生态环境部和部分地方政府发布了一系列关于生态修复的报建政策，指出生态修复项目的申报、立项与审批（审批单位、审批事项、审批流程和审批材料等）、项目实施管理、项目施工管理、项目资金管理、项目验收、评审以及监督检查及责任追究的责任部门。其中审批单位一般涉及发展改革部门、住建部门、财政部门、自然资源部门、生态环境保护部门等。部门各司其职，对生态项目进行协同管理，实现生态空间的统筹管理和保护。

2）生态修复项目报批报建工作策划

组建各专业联合报建小组，跟踪生态修复项目立项与申报。立项规划许可阶段需提交下述资料：

①项目可行性报告，含初步规划布局和概算（包括项目可行性报告、项目建议书、初步设计）。

②市、县（区）级农业农村、水利、环保等相关部门对申报项目区是否存在部门项目重叠的意见。

③土地权属调查报告及项目实施后的调整方案。

④市、县（区）自然资源管理部门出具的符合土地利用总体规划或者矿山地质环境治理总体规划的审核意见。

⑤由于生态修复项目立项与申报涉及农业、林业、建筑、经济等多专业内容，因此需要组织多专业联合小组，协同负责生态项目申报。通过提交上述资料后，获得项目用地预审与选址意见书、政府投资项目立项审批、建设用地规划许可证，进入工程建设与施工许可阶段。

3）确定生态设施建设项目红线

广阳岛生态修复项目除了包括山水林田湖草的系统修复之外，还包括生态设施、绿色交通两大方面。由于当前生态设施建设项目红线划定尚未有具体规定，因此该项工作是生态修复报建过程需要重点跟踪协调的工作。项目红线划定的顺利与否决定是否能取得规划许可等后续一系列证明。根据生态环境部 2015 年颁布的《生态保护红线划定技术指南》规定，生态保护红线须依据生态服务功能类型和管理严格程度实施分类分区管理，做到"一线一策"。生态保护红线一旦划定，应满足以下管控要求：

①性质不转换：生态保护红线区内的自然生态用地不可转换为非生态用地，生态保护的主体对象保持相对稳定。

②功能不降低：生态保护红线区内的自然生态系统功能能够持续稳定发挥，退化生态系统功能得到不断改善。

③面积不减少：生态保护红线区边界保持相对固定，区域面积规模不可随意减少。

④责任不改变：生态保护红线区的林地、草地、湿地、荒漠等自然生态系统按照现行行政管理体制实行分类管理，各级地方政府和相关主管部门对红线区共同履行监管职责。

4）编制报批流程，控制报批关键工作

生态修复项目整体审批流程如图 4-2 所示。

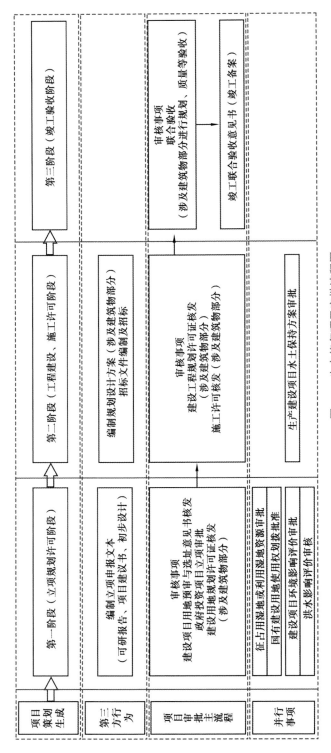

图 4-2 生态修复项目审批流程图

其中，总投资 1 500 万元以下的政府投资项目，审批项目初步设计；总投资 1 500 万 ~ 5 000 万元的政府投资项目，审批可行性研究报告、初步设计；总投资 5 000 万元以上的政府投资项目，审批项目建议书、可行性研究报告、初步设计。对设计建筑物且符合施工图免审的项目，免于施工图设计文件审查，实行告知承诺制。不含建筑物的生态修复项目仅办理第一阶段项目审批流程及并行办理事项。

综上所述，本书首先梳理国家部委和地方政府颁布的生态修复项目政策条文，为广阳岛项目生态修复报建工作提出指引，明确广阳岛报批报建的关键内容。其次，针对广阳岛项目报批报建各项关键工作制订相应的对策和责任人，主要从组建报建小组、制订关键工作节点一览表和召开协调会议 3 个方面解决关键问题。

（3）生态修复进度管理

1）生态修复项目进度影响因素

相对于影响一般工程进度的因素，生态修复项目进度影响因素具有其特殊性。首先体现在其进度管理的阶段与内容上，具体见表 4-3。

表 4-3　生态修复项目进度管理阶段划分

阶段划分	进度名称	主要内容
初期	准备阶段	包括资金准备，邻舍修建，施工人员的组织安排，施工机械进场，材料准备，水、电、路三通，施工场地围挡等
前期	场地整理	清理建筑垃圾、石头瓦块等，按照设计要求整理地形，改良土壤或换土
中期	绿化施工	按照设计图纸放线定位；包括乔、灌、草、花栽植与种植
后期	场地清理	按照文明施工、安全施工规范与要求清理场地，包括施工垃圾的清运、邻舍拆除、水电机械以及剩余材料的撤出等
末期	日常养护	包括施肥、浇水、支撑固定、整形修剪、喷雾、遮阴、防治病虫等

根据广阳岛项目实践总结发现，影响生态修复项目的主要因素如下：

①季节的影响。生态修复项目与其他建设工程的最大区别在于，施工材料是有生命的，提高花木成活率是生态修复项目成功的重要保障。由于绿化植物种类繁多，各类乔木、灌木、地被、草坪等对季节气候的需求有所差异，使其建设复杂性大大提高。一般而言，对大规格苗木如果不能在适宜季节进行栽植，应将之调整到适宜的种植季节再进行种植，避免无效施工。

②天气的影响。生态修复项目进度受天气因素的影响也很明显，如汛期的暴雨、春季的春寒阴雨、冬季的寒冻天气等，都会影响植被的种植进度，甚至是造成已栽植被的损失和死亡。根据历史经验总结，降雨与刮风对生态修复项目的进度影响较为普遍和显著，风力过强，一方面会延误苗木的栽植进度，另一方面还可能将已栽植的苗木刮倒、刮歪等，

71

对刚种植的树木花草也有一定的影响和伤害，从而给工程造成损失；过强、过久的降雨会影响生态修复项目土方的整理和苗木栽植及已栽苗木的死亡，进而导致工期延误。

③现场施工条件的影响。施工现场条件、环境的不适宜，同样会影响工程的进度和质量。如土壤是园林植被生长的主要介质，施工现场土壤质地的优劣，能否满足所栽植被的养分、水分、温度需求，直接影响到植物的生长和存活。另外，如果施工现场环境较差、土质恶劣，土壤中有建筑垃圾等废弃物，就需要在施工过程中购置土质良好的种植土来进行更换等处理，以避免因此造成的植被损失。

④交叉施工的影响。为了提高施工效率，建设单位、施工单位往往会要求进行交叉施工，但在交叉施工过程中往往因建设单位组织不力、施工单位投机取巧等，造成交叉施工各单位之间的施工场地占用、施工交通的阻碍等问题，出现分项工程的延期和施工问题，而生态修复项目因为其综合性特点，使得无论绿化、土建、水景等任何一项工程出现问题，都会造成工程总工期的延误，从而影响整个工程的顺利开展。须加强施工单位之前的沟通协调，合理安排施工内容和顺序，才能确保工程的顺利进行。

⑤频繁工程变更的影响。生态修复项目具有艺术性、施工对象多为生命体的工程特点，决定了生态修复项目施工过程往往较其他工程在设计上的变更更为频繁，如设计出的景观效果不能达到预期，不能满足甲方需要；甲方对景观的需求有所调整；植物受到环境、气候等因素的影响需要调整等。工程变更频繁必然会对工程施工进度造成一定制约，或是因此而造成施工材料、资源的浪费、施工内容不必要的重复等。

2）生态修复项目进度管理策划

构建生态修复项目进度管理运行机制。对整体工程进行 WBS 分解、分项排序、编制进度计划，在进度计划的控制过程中引入风险管理理论，针对季节、天气的影响，采取相应的措施和方案，从而完成对工程进度的有效控制。具体包括：

①根据园林绿化工程特点，编制工程进度计划方案。通过项目 WBS 分解确定工程施工工序排定从而列出工程任务工作时间估计。

②依据风险管理理论思想，针对季节影响因素进行分析处理。判断计划是否符合园林绿化工程季节施工需要，选择是否需要采取反季节施工措施；在不影响工程整体进度的情况下，调整工程施工计划最大限度地满足工程需要。

③依据干扰管理思想，针对天气影响因素进行分析处理。结合天气系统划分，主要针对中小尺度天气影响情况进行识别处理；针对中小尺度天气影响的具体表现，制订并实施应急处置预案；针对延误工期情况，结合绿化种植工程实际选择并实施恢复方案。详细流程如图 4-3 所示。

3）制订生态修复项目进度计划编制与调整原则

①园林绿化工程进度计划编制原则。

第一，按照合同约定工期制订计划；

第二，遵照园林绿化工程规范要求，合理安排各项工程顺序与衔接；

第三，采用科学、先进的工程技术；

第四，科学安排冬、雨季施工，保证整个施工过程的连续性。

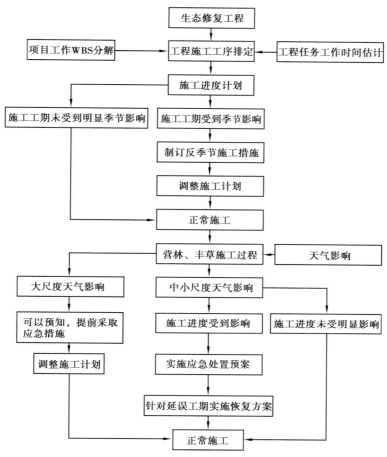

图 4-3　生态修复工程进度管理运行机制系统图

②生态修复项目进度计划的编制与调整。

结合项目进度管理的实践经验，生态修复项目施工进度计划的编制一般可以分为以下4 个步骤：

第一，信息收集。施工图、施工内容、施工条件；园林绿化工程相关规程、标准；各项工程资源配置情况；工程资金配置情况。

第二，确定工程项目进度计划目标。一般而言要在确定工程时间目标的基础上，确定工程资源目标（资源有限，工期最短；工期固定，资源均衡），工程成本目标。

第三，工程总体 WBS 分解及详细 WBS 分解。

第四，合理确定 WBS 分项内容的施工顺序。

4）不同因素影响下的园林绿化工程进度管理措施

①季节因素影响下的进度管理措施。就重庆地区气候而言，从经验上讲适宜的绿化种植季节是春季和秋季，在春、秋季节进行种植施工，苗木成活率高，而其他时间进行施工，植被的成活率将大大降低，而且需要采取的措施也较多，操作也相对复杂困难，施工进度在变缓的同时还会加大施工成本。当无法避免必须要在反季节种植时，苗木的选择、栽植

处理、栽后管理措施可减少反季节环境对绿化种植成活率的影响。

②天气因素影响下的施工调整与措施。大尺度天气可以通过天气预报提前调整施工内容安排施工工期，但中小尺度天气系统目前尚不能准确预测，一般表现为短时的降水和强风影响，由于其不可预测性，需制订临时应急处置预案，绿化种植工程受到天气影响多产生的状况主要有两种：一是对已经或正在栽植的苗木造成破坏，二是延误未栽植苗木的工期进度。

5）制订生态修复项目三级进度管理制度

进度管控分为3个层次，即总体进度计划、控制性进度计划和实施性进度计划。由全咨方编制或由全咨方协助发包方编制项目总体进度计划即一级进度计划，明确项目里程碑等重要节点，EPC总承包方/施工总包方在开工前编制控制性进度计划和实施性进度计划报全咨方、发包方审批后实施，且作为进度考核的依据之一。在进度管控中要重视以下几点：

①进度计划审核。

②进度动态管理。

③进度控制协调。

④进度控制专题报告。

综上所述，本书从广阳岛生态修复项目实际出发，分析影响广阳岛生态修复项目的5种因素，其中包括季节、天气、现场施工条件、交叉施工、频繁变更。针对这5种因素进行进度管理策划，根据生态修复项目的五大阶段分别制订其相应的对策。例如在准备阶段，需要做好协调工作，与业主和行政机构领导做好沟通，协商办理相关手续。在场地整理阶段，需要构建科学合理的进度管理运行机制、编制项目进度计划与调整原则、制订项目进度管理制度等工作。根据上述分析，可归纳出本阶段关键工作一览表，具体见表4-4。

表4-4　生态修复项目进度管理关键工作一览表

项目阶段	关键工作	责任方	对策
准备阶段	取水证办理	业主、全咨、设计、施工	协助业主与经开区建管局领导沟通，协商审批需要的各类手续
	农林地用地手续办理		
	施工许可证办理工作		
	草坪地形设计工作	业主、全咨、设计	配合BIM技术审查、督促设计单位设计进度
	地形景观设计工作		
	植被方案设计工作		
	溪流径流造型方案设计工作		
场地整理	场地清理	业主、全咨、施工	科学构建生态修复项目进度管理运行机制；制订生态修复项目进度计划编制与调整原则；制订不同因素影响下的园林绿化工程进度管控措施；制订生态修复项目进度管理制度
	管网综合		
	土壤改良		
	水塘生态预处理		
	植草沟整理		
	苗木进场统计及管理		

续表

项目阶段	关键工作	责任方	对策
绿化施工	乔灌木及地被种植	业主、全咨、施工	科学构建生态修复项目进度管理运行机制； 制订生态修复项目进度计划编制与调整原则； 制订不同因素影响下的园林绿化工程进度管控措施； 制订生态修复项目进度管理制度
	水生态植物栽植		
	花卉及农作物栽植		
场地清理	园路边坡清理及修正	业主、全咨、施工	
	驿站、花田入口处理及路缘石处理		
日常养护	苗木养护、农作物养护	业主、全咨、施工	
	搭建遮阳网		

（4）生态修复投资管理

广阳岛项目投资控制主要分为生态修复和绿色建筑两大类。生态修复项目体现了生态学的基本原理及规律，强调区域生态系统的森林、草地、湿地、河流、湖泊、农田等要素间存在相互依存、相互制约的关系。生态修复项目体现了对生态系统整体性和系统性的尊重，反映了山水林田湖草系统各生态系统之间的协同性和有机联系。

1）生态修复项目投资控制的影响因素

①区域环境影响。

②施工成本影响。

③设计方案影响。

④后期维护保养影响。

2）生态修复项目投资控制的关键措施

①组织措施。总咨询师牵头，进行融合管理。通过总咨询师牵头，形成统一目标、统一理念的工作团队。建立完善的组织保障体系，从而打破各专业技术壁垒、信息壁垒，实现对生态修复项目高水平、高效率管控。

建立完善的造价管理体系，强化规范服务。根据项目建设的不同阶段，及时调整组织机构以适应阶段建设的不同特点。规范工作流程，工程开工前，在充分调研的基础上，结合本项目实际情况，编制了工程经济活动类规章制度及实施细则37项，收集整理项目建设中各类招标、合同、经济表单200余项，规范了各项经济活动，提高了工作效率，降低了不确定性风险与管理成本。

②技术措施。认质核价制度。广阳岛项目全咨单位通过认质核价制度合理管控生态修复各类材料价格，控制价差从而实现结算不超概算的整体目标。对于生态修复项目投资管控工作而言，认质核价制度的核心在于"核价"。"认质"工作主要由监理工程师完成，通过"认质"达成对工程质量的事前控制。在"认质"工作结束后，则需要由造价板块完成"核价"工作。如遇争议，由全咨单位组织召开争议解决会。

材料进场验收制度。需要在材料进场前进行质量验收，从而控制材料成本。验收合格后方可进入施工区域；检验不合格原材料立即清退出场。

③收方管理制度。收方管理的范围包括合同范围内需要收方的内容、合同外需要现场计量确认的内容及其他需要收方的内容。对于工程量收方管理制定了量价分离原则、时间限制原则、权力限制原则。

④信息保障措施。建立多级调度系统，将生态修复项目建设过程中工作层关注的零散碎片化信息进行遴选，并且利用统一的数字化交班与决策支持系统等手段，整合出建设管理层最为关注的工程进度、质量安全、作业总览、红线预警、投资完成等信息提取，便于管理层在海量数据中获取关键信息，满足最短时间内掌握最关键信息的愿望，实现指令、信息、统计、报告等的电子化上传下达和应急事件信息的及时传递。

综上所述，本书分析得出影响生态修复项目投资控制的四类因素，包括区域环境、施工成本、设计方案、后期运营维护等。并且按照项目实施流程将项目划分为 5 个阶段并确定各阶段的关键工作内容。针对关键工作内容从组织措施、技术措施、信息保障措施 3 个方面制订相应的对策。具体见表 4-5。

表 4-5　生态修复项目投资控制一览表

项目阶段	关键工作	责任方	对策
决策阶段	协助业主完成概算审批	业主、全咨、设计	1. 组织措施 总咨询师牵头，进行融合管理；建立完善的造价管理体系，强化规范服务 2. 技术措施 认质核价制度、材料进场验收制度、收方管理制度、图纸会审制度、竣工验收审核制度 3. 信息技术保障 通过 BIM 技术模拟微地形设计等结余土方开挖，从而控制投资；基于项目协同管理平台传递投资控制数据，实现四方协同管理
决策阶段	完成生态设施概算及清单限价审核	业主、全咨、设计	
决策阶段	审核生态修复二期概算	业主、全咨、设计	
设计阶段	微地形设计方案技术经济优化	全咨、设计	
设计阶段	协助完成立项变更	业主、全咨、设计	
设计阶段	设计方案会审	业主、全咨、设计	
设计阶段	登台岗边坡危大设计方案编制	业主、全咨、设计	
招标阶段	工程量清单编制工作（针对山水林田湖草的工程量清单编制需要准确描述项目特征）	业主、全咨、设计	
招标阶段	控制价编制与审核（苗木、花卉等价格控制）	业主、全咨、设计	
实施阶段	完成标识标牌等相关认质核价工作	业主、全咨、施工	
实施阶段	完成苗木进场认质核价工作	业主、全咨、施工	
实施阶段	完成进度款支付的工程量确认工作	业主、全咨、施工	
实施阶段	完成进度款支付审核工作	业主、全咨、施工	
实施阶段	工程变更审核工作	业主、全咨、施工	
实施阶段	对可能引起索赔的事件提前管理，注意索赔证据存档	业主、全咨、施工	
竣工结算审计阶段	完成竣工结算报告审核工作	业主、全咨、施工	

（5）生态修复质量管理

1）前期策划阶段

前期策划阶段的质量控制是决定项目质量的最关键阶段，针对广阳岛生态修复项目而言，其质量目标为达成生态修复"三景"，即独木成景、片林成景、片色成景。具体到工程项目而言，则是达成以下质量目标：

①园林景观小品工程合格率 100%。

②农作物成活率达到 90% 以上。

③水系工程合格率 99%。

④道路及园路铺装工程合格率 100%。

2）设计阶段

通过组织本项目设计交底会议，确保该项目的设计理念及规划需求能够符合需求，包括对设计是否符合规范、设计图纸资料是否完备、施工方法及工艺是否契合生态修复、道法自然的要求，材料是否符合标准等问题进行详细研究。

3）实施阶段

实施阶段是质量目标及质量计划付诸实施的过程。就修复项目而言，绿化种植作为重中之重，因此全咨单位应在遵循广阳岛自然本底情况基础之上，详尽地记录分析现存绿植情况，并对不同植被的分布特点、布置景点加以分析，从而对设计单位方案予以优化，对施工单位实施质量予以控制。

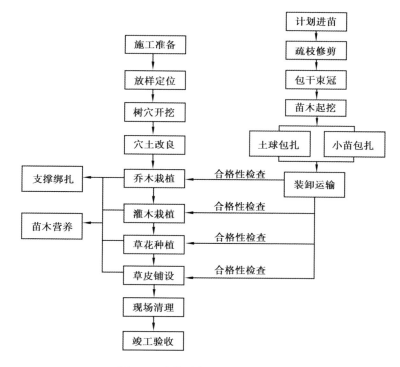

图 4-4　实施阶段质量管理流程

4）竣工验收阶段

植物是有生命的，种植后需要经过定根、缓苗、发芽、长出枝条的养护过程才能成活，所以景观工程验收是要经过一定的生长时期，保证植物成活后方可进行。针对生态修复项目的验收，主要包括以下几个方面：

①对园林景观项目的验收。主要包括测量、目测、实验共计3种方法。

②隐蔽工程的验收。隐蔽工程因其施工完成后即看不到的特殊性，对山水林田湖草的中间验收，应当遵循以下原则：种植植物的定点、放线应在挖穴、槽前进行；种植的穴、槽应在未换种植土和施基肥前进行；更换种植土和施肥，应在挖穴、槽后进行；工程中间验收，应分别填写验收记录并签字。

③检查竣工验收相关文件。施工单位应在工程竣工验收一周前提供下列有关文件：土壤、有机肥及水质等化验报告；工程中间验收记录；设计变更文件；竣工图和工程决算；外地购进苗木检验报告；附属设施用材合格证或试验报告；施工总结报告。

5）生态修复项目质量管理措施

①"设计师负责制＋专业小分队考核制"。设计师负责制。建筑师负责制要求建筑师不单是一位设计人，更多的是履行管理和监督权利，结合全面质量管理的思想，对建筑项目进行全程监督，从而真正达到实现设计理念、监督施工过程、提高项目质量的三重目的。此外，这既是对现行工程建设管理流程和组织模式的创新，也是优化该领域营商环境的重要举措。

专业小分队考核制。在项目前期应组建项目质量管理专业小分队，在设计阶段逐步介入，全过程工程咨询师作为主要负责人总体把控项目建设质量，项目各专业设置一名技术负责人严把质量关，小组成员由设计单位和其他相关专业工程师组成。在施工过程中项目质量小分队应定期联合监理单位开展项目建设质量自检工作，对检查中存在的问题及时商议解决，以确保实现项目工程质量目标。

②制订质量管理体系。针对广阳岛项目生态修复，全咨单位提出了五大重点关注点：适地适树、合理密植、配置得当、比例尺寸、地域景观。通过制定质量管理体系，将上述五大关注点落到实处，结合（ISO 9001：2015）或（GB/T 19001—2016）标准中的要求及广阳岛生态修复项目质量控制依据，全咨单位制定了质量管理体系，从而使各个环节的控制有章可循。

根据上述标准对项目所有苗木进行分类统计，分析研究苗木的生长习性，针对不同的苗木类型配制不同的种植土、有机肥等，保证苗木的成活率及生长状况处于最佳良好状态。同时，增加有经验的绿化种植、管养人员，采取"二维码"信息管理、采用智能喷淋管养系统、建立可视化监控设备等智慧化管理手段，对苗木实施动态管理，在苗木处于最佳浇水、施肥、除草等条件时进行管养。

综上所述，本书首先明确生态修复项目质量管理内容，其中包括策划阶段明确质量管理目标、设计阶段完成设计交底工作和设计评审工作、施工阶段乔、灌、苗、草等植物种植的合规性检查、种植物、隐蔽工程的竣工验收、运营设施数量的供应等。针对上述问题制订相应的对策，例如明确广阳岛项目质量管理目标、图纸会审把控各节点工程质量、适当调整设计方案使其满足质量要求、创新性地提出"设计师负责制 + 专业小分队"考核的质量管理体系等。

4.3.2　绿色建筑项目管理要点

（1）绿色建筑项目策划

1）传递生态文明建设价值追求

近年来，重庆深学笃用习近平生态文明思想，全面落实习近平总书记殷殷嘱托，持续筑牢长江上游重要生态屏障，加快建设山清水秀美丽之地，努力在推进长江经济带绿色发展中发挥示范作用。作为重庆生态文明建设的试点项目——广阳岛生态文明建设，全咨单位协助业主从认识论、实践论、方法论上充分贯彻生态文明建设理念，调研浙江等省份生态文明建设经验，为业主谋划广阳岛全岛建筑的建设提供决策支持。

2）呼应生态文明建设内在逻辑

广阳岛全咨单位通过提交相关调研报告，协助业主布局了广阳岛绿色建筑群：大河文明馆、国际会议中心、长江书院及广阳营。由于绿色建筑带来额外的要求和内容，对建筑的一个简单的策略或修改都可能会影响到建筑性能的其他方面，从而影响绿色评估体系分数的获取。因此，需要更多的专家来讨论或举行更多的研讨会，讨论解决方案。由此，广阳岛全咨单位整合国内外优质智库资源，协助业主围绕广阳岛绿色建筑项目群召开了多场专家咨询会议。本次调研了箕笤书院、古田干部学院、贵阳孔学堂、湖畔大学等项目。

3）通过专家咨询会议，分别确立了各分项建筑定位

大河文明馆是"长江风景眼、重庆生态岛"重大功能设施，定位为展示"世界流域文明的兴衰演进大势、中华大河文明的传承发展之道、长江生态文明的交流互鉴之眼"，聚焦"生态兴则文明兴"、融合内容形式空间技术，为重庆贡献一个启迪践行习近平生态文明思想的场馆样本。未来，大河文明馆将通过 5G、大数据、物联网人工智能技术等，打造成为沉浸式体验长江生态知识的长廊，重庆的生态文化展示窗口。

国际会议中心项目以"讲中国故事、看长江风景、品重庆味道、论生态文明"为设计理念，依循台地高差，叠加立体山水生态园林，塑造"广阳山水"的格局，营造"山水礼乐"的独特会客场景。遵循绿色、低碳、循环、智能、人文的原则，充分展示绿色低碳健康建筑的亮点，建成后的广阳岛国际会议中心将承担国家重要外事活动。

广阳营定位为"广阳坝历史文化风景眼、生态岛休闲游憩体验地"，近可观抗战文化遗址凭古吊今，远可观消落带水肥草美，鸟语花香的生态环境和巴风渝韵的峡江风景。

长江书院作为广阳岛统筹整合赋能生态文明创新资源的重要项目之一，旨在打造长江文化高地，助力文化强国建设。长江书院选址于广阳岛上高峰山西部山顶采石尾矿区域，山体原貌和植被已被破坏，拟通过项目建设同步对已破损场地进行生态修复。书院设计方案将运用传统山地理景手法，聚焦生态和风景，营造富有重庆地域和人文特色的文化书院。

4）落实生态文明建设具体路径

被动式建筑节能技术。被动式建筑节能是以非机械电气设备干预手段实现建筑能耗降低的节能技术。具体来说，广阳岛绿色建筑采用建筑外遮阳、自然通风、自然采光等被动式节能技术，改善室内环境，提高居住品质，减少资源消耗。

综合节水技术体系。采用节水器具、节水系统，统筹、综合利用多种水源，充分开发雨水收集利用，中水回用技术。

健康舒适的环境体系。设置室内环境实时监测系统，并与空气净化处理装置和通风系统联动，保证室内环境健康舒适。

装配式快速建设体系。主体结构竖向构件采用预制技术，如框架柱、剪力墙等；主体结构水平构件采用预制技术，如叠合梁、叠合板等；非主体结构采用预制技术，如楼梯板等。

绿色建筑能源技术。探索广阳岛可利用的绿色能源技术。通过调查发现，广阳岛可采用"浅层地热能＋降水热能＋分布式光能"能源主体结构形式向岛内提供日常供冷、供热等能源。充分利用长江水天然优势，建设能源站，对区域内进行集中供热和供冷。利用江水作为系统的冷热源，不须冷却塔和锅炉等设备，集约土地利用，无废气废热排放，可大幅度降低冬夏季空调能耗，缓解电网及燃气的供应高峰，达到高效、节能、环保效应。对于地标性建筑，如大河文明馆、长江书院等项目采用建筑光伏一体化系统，为建筑提供电能，展示广阳岛绿色发展理念。

（2）绿色建筑项目报建

项目报建一般分为立项阶段、规划许可阶段、施工许可阶段和竣工验收阶段。

报建工作的顺利开展是保障后续工程进度的关键，因此全咨单位通过下述几方面措施为报建工作保驾护航。

①选择经验丰富的咨询人员组成报建小组。

②编制"广阳岛绿色建筑工程项目报建流程表"。

③编制"广阳岛绿色建筑工程项目流程图"。

④动态跟踪流程图节点及时完成报建工作各项内容（图4-5）。

（3）绿色建筑进度管理

广阳岛项目全咨单位——同炎数智公司发挥"数智化"优势，以BIM、5G、物联网、大数据、无人机等新型信息技术构建数智化管理体系，通过数据、流程和模型的深度融合构建基于BIM的项目协同管理平台，项目各参与方可通过三维可视化数据库，对项目全生命期的设计、招投标、施工、运维等实施全过程管控。同时有机结合"小前端、大后台"的管理模式，实现项目管理一体化、信息化、去中心化。

根据广阳岛全咨单位进度管理实践，同时总结出了如下的绿色建筑进度管理关键工作一览表，见表4-6。

表 4-6　绿色建筑进度管理关键工作一览表

项目阶段	关键工作	责任方	对策
决策阶段	确定进度管理总体目标	业主、全咨	基于 BIM 技术的整体进度管控；以 BIM、5G、物联网、大数据、无人机等新型信息技术构建数智化管理体系，通过数据、流程和模型的深度融合构建基于 BIM 的项目协同管理平台，项目各参与方可通过三维可视化数据库，对项目全生命期的设计、招投标、施工、运维等实施全过程管控；构建三级进度管理 + 预警管理 + 销项管理的进度管理体系
设计阶段	景观设计进度管控	业主、全咨、设计	
	配合确认厨房工艺等设计	业主、全咨、设计、运营	
	专项设计进度管控	业主、全咨、设计	
	室内设计进度管控		
施工阶段	施工许可办理	业主、全咨、施工	
	现场临时道路整备		
	场地移交		
	办公区、现场围挡搭设		
	现场排水问题		
	驳岸及挡墙施工进度管控		
	基坑开挖		
	地下结构施工		
	地上结构施工		
	钢结构深化、加工		
	绿色建筑屋面材质确定		
	幕墙样品打样		
	景观 BIM 模拟		
	景观水环境优化		
竣工验收	竣工验收资料准备		
	道路清理		
	组织联合验收		

（4）绿色建筑投资管理

本项目由于复杂工程动态性、系统性的特点，如参与方多级工程复杂、工期长等特点增加了复杂工程投资管控难度。

1）基于 WBS+CBS 的复杂工程合同体系构建

广阳岛项目作为复杂工程，同样面临投资管控难度大的特性。因此针对这一问题，全咨单位提出基于项目治理理论的投资驱动柔性合同管理理念，从投资人视角出发，通过 WBS 及 CBS 方法构建复杂工程合同体系，对复杂工程从决策、启动、计划实施、竣工验收到项目交付、运营维护整个生命周期的投资进行合同体系监测控制管理，实现投资管控的整体性与系统性，避免割裂项目执行阶段间的联系。合同体系图如图 4-6 所示。

一般政府投资房屋建筑和市政工程建设项目审批服务流程图

（审批时限：70个工作日）

建设管理审批（主流程）

立项用地规划许可阶段

（国土房管部门牵头 审批时限：20个工作日）

审核部门	审核事项	办结时限
国土房管部门	建设项目选址意见书核发	第5个工作日
规划部门	建设项目用地预审	第10个工作日
投资主管部门	建设项目可研审查	第20个工作日
规划部门	建设用地规划许可	第20个工作日

工程建设许可阶段

（规划部门牵头 审批时限：22个工作日）

审核部门	审核事项	办结时限
规划部门	规划设计方案审查	第22个工作日
规划部门	建设工程规划许可	第22个工作日

注：1.本阶段提供水、排水、供水、供气、燃气通信等市政公用服务单位，由规划部门根据需要通信等市政公用服务单位和单位意见，相关部门和单位提供技术指导服务。2.审查设计方案时，不再进行单独审查。

施工许可阶段

（城乡建设部门牵头 审批时限：16个工作日）

审核部门	审核事项	办结时限
城乡建设部门	初步设计审批	即办
城乡建设部门	施工图审查	第11个工作日
消防部门	消防设计审核确认	第11个工作日
人防部门	人防设计审核确认	第11个工作日

审核部门	审核事项	办结时限
城乡建设部门	建筑工程建设工程施工许可	第16个工作日
投资部门		

注：1.建设单位凭施工图审查机构出具的施工图审查合格书，即可向消防、人防部门办理消防设计审核确认，与施工许可同步、与质量安全监督手续合并办理。2.核发施工许可后，直接办理质量安全接受报告。

竣工验收阶段

（城乡建设部门牵头 审批时限：12个工作日）

审核部门	审核事项	办结时限
城乡建设部门	质量验收监督	第5个工作日
消防部门	建设项目消防验收	第7个工作日
人防部门	人防验收	第7个工作日
规划部门	建设工程规划核实	第9个工作日
城乡建设部门	建设工程档案专项验收	第11个工作日
城乡建设部门	建设工程竣工验收备案	第12个工作日

办结时限
各20个（通信10个工作日）

注：1.对于验收涉及的测量工作，实行"一次委托、统一测绘、成果共享、通信等共建在项目竣工验收后直接办理申接入事宜。2.供水、排水、供电、供气、燃气、通信等报装。

牵头部门	办理事项	办理部门
城管部门	供水、排水、燃气、通信等报装	市政公用服务单位、供电、供水、供气、通信等部门

组织施工

建设管理审批辅助流程（与主流程同步进行，不影响总时限）

审核部门	审核事项	办结时限
水利部门	水土保持方案审批（报告书、报告表）	1.报告书：15个工作日 2.报告表：5个工作日
环保部门	环境影响评价审批（报告书、报告表）	1.报告书：20个工作日（不含法定公示时间）2.报告表：10个工作日（不含法定公示时间）
发改或经信部门	节能审查（新增年耗能大于等于1 000标准煤或年电力消费量大于等于500万kW·h的项目需进行）	5个工作日

建设单位及中介服务工作（与主流程同步进行，不影响总时限）

- 编制项目可研报告
- 编制地灾评估报告
- 编制水土保持方案设计招标文件
- 编制环境影响评价报告
- 编制矿产压覆报告
- 编制方案设计招标文件
- 编制工程勘察报告
- 编制水土方案报告
- 编制初步设计
- 编制概算
- 编制人防方案设计方案
- 编制施工图
- 审图施工图15个工作日
- 审核概算概算审查
- 编制施工、监理招标清单
- 编制工程量清单
- 编制施工、监理招标文件
- 组织施工

承诺时限：15个工作日

用地审批

审核部门	审核事项
市政府或国务院	农转用与土地征收
国土房管部门	地灾评估
国土房管部门	矿产压覆
村委会	征地告知书及会议记录、征地告知书和社保审查
社保部门	农民代表会议记录

- 编制地灾评估报告
- 编制矿产压覆报告
- 征收事项批复 公示及房屋征收公告
- 政府组织集体土地房屋征收，出具完成征收证明，迁移补偿征收完成
- 核发建设用地划拨决定书、用地批准书

审核部门	审核事项
国土房管部门	核发建设用地划拨决定书、用地批准书

图4-5 广阳岛绿色建筑报批报建流程图

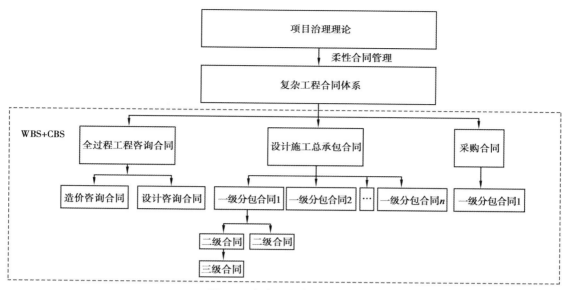

图 4-6　复杂工程合同体系图

合同体系下投资管控的目标是保证项目投资目标顺利达成，即在历经全生命期动态环境影响后的最终投资额处在合理的范围内，避免出现投资超支及投资严重不足的现象，且尽可能提升项目的投资效率，从而为投资人赢得更多的项目投资回报。

2）基于合同体系的监测要点识别

通过 WBS+CBS 构建出广阳岛项目合同体系后，则基于该体系可以梳理出合同管理投资控制点，从而实现对项目全生命期的投资监控，结合决策阶段、实施阶段、运维阶段设置合同监测控制点。

识别出合同管理的关键点后，全咨单位通过制订"风险识别一览表""工作责任一览表""工作程序一览表"规范各方行为，实现以投资管控为核心的项目合同管理。

（5）绿色建筑质量管理

项目的高风险性和工程师缺乏经验等特点使建设团队难以预测项目所有可能出现的 情况。因此需要发挥全咨单位数智化技术的巨大优势，结合数智化技术实现质量问题的事 前控制，从而做好绿色建筑的质量管理。关键在于找出问题（风险点），针对问题作经验 分析、试验研究，继而舍弃存在隐患的方案，深入研究更有利于保障工程目标实现的新方案，落脚于新方案的实施。从技术角度而言具体包括下述 4 个方面。

1）三维可视化

改变传统的二维图形表达，全咨单位通过建立基于 BIM 以三维可视化模型，快速生成立体实物雏形，从平、立、剖不同角度进行自由切换，协助施工单位、设计单位查摆可能发生质量问题的关键节点，为各方沟通、讨论、决策提供更为准确清晰的平台。

2）设计协同

实现不同专业设计之间的信息共享，各专业设计可从信息模型中获取所需的设计参数和相关信息，无须重复录入数据，避免数据冗余、歧义和错误，为各专业之间的设计协同提供基础。

3）仿真分析

辅助设计进行仿真分析，实现设计碰撞检测、成本检测、能耗分析、日照模拟、地形模拟、风向模拟等。以便在早期设计阶段提前发现后期施工阶段可能会出现的各种问题。

4）设计优化

越来越多的建筑物复杂程度超越了参与人员的专业极限，其中优化工作更因为整合所需的信息、梳理复杂空间关系而付出大量时间，BIM 各种配套软件提供了各项优化功能，为复杂项目的消化与优化带来巨大帮助。

此外，全咨单位还通过制定绿色建筑质量控制一览表（表 4-7），对绿色建筑质量进行"三全"控制。

数智优化贯穿广阳岛项目实施全过程，旨在控制风险、确保施工安全的同时提升工程品质。PMO 统筹重大方案优化，设计咨询部自行完成局部优化调整；充分发挥设计施工总承包模式优势，以设计、施工经验与试验先行获取的结论为支撑，识别风险点，并依托总公司、PMO、设计咨询和 BIM 部门的分工协作，设计、施工、科研联动。总公司与权威专家团队的联动。PMO 与业主的联动确保新方案的形成、论证与实施。消落带方案优化和重要技术方案的优化均源于对既有方案的风险辨识，继而驱动"新方案提出→技术论证→业主方认可、审批→组织实施"的优化过程，驱动对各种资源的整合以及互联互动，成功将新方案付诸实施，更好地保障了工程目标的实现。

广阳岛项目全咨单位充分发挥"数智化＋全过程工程咨询"管理优势，始终秉持"三高三全"的管理理念，通过制订、总结广阳岛项目管理关键工作一览表，实现全过程为业主管控、全生命期为项目增值。

表 4-7　绿色建筑质量管理关键工作一览表

项目阶段	关键工作	责任方	对策
设计阶段	灯光设计：考虑不同灯的色温，模拟集中学习场景	业主、全咨、设计	发挥全咨单位数智化技术的巨大优势，结合数智化技术实现质量问题的事前控制，从而做好绿色建筑的质量管理；关键在于找出问题（风险点），针对问题作经验分析、试验研究，继而舍弃存在隐患的方案，深入研究更有利于保障工程目标实现的新方案，落脚于新方案的实施；
	地面设计：单一空间整体性问题；相邻空间注意协调性和协同性，地面防潮防湿防滑的问题		
	色彩设计：主基调、主色调素雅		
	家具设计：桌椅板凳要符合人体力学和结构和研学特点，注重细节；门窗玻璃品质、性能指标管控		
	大厅设计：地板颜色选取问题；屋顶色调协调		

项目阶段	关键工作	责任方	对策
施工阶段	建筑主材质量管控	业主、全咨、设计、施工	制定质量控制标准与导则，做好事中控制；针对隐蔽工程、危大工程做好质量控制措施
	屋面材质确定		
	屋面瓦、玻璃等材料选样		
	幕墙样品打样	业主、全咨、施工	
	BIM 优化		
	主要乔木、特选树木选样		
	防水卷材质量监控	业主、全咨、施工	发挥全咨单位数智化技术的巨大优势，结合数智化技术实现质量问题的事前控制，从而做好绿色建筑的质量管理；关键在于找出问题（风险点），针对问题作经验分析、试验研究，继而舍弃存在隐患的方案，深入研究更有利于保障工程目标实现的新方案，落脚于新方案的实施；
	现场各项主材质量抽检		
	ALC 板隔墙样板间打造		
	钢结构防火涂料质量抽检		
	隐蔽工程验收		
	危大工程验收		
竣工阶段	整理质量控制相关资料	业主、全咨、施工	制定质量控制标准与导则，做好事中控制；针对隐蔽工程、危大工程做好质量控制措施
	组织联合验收工作		

4.3.3　项目管理成效

　　广阳岛全岛建设工程仅由系列管控措施节省了大量费用；经过一系列数智优化措施，项目工期得到合理控制。以广阳岛全岛建设项目为例，通过日报、周报、月报等措施，及时缩短了协调时间；通过数智化实践，优化综合管网空间碰撞，减少了返工时间。最终形成了一套数字资产，为后续生态文明建设项目提供了建设标杆。

第5章　报批报建

5.1　报批报建理念

5.1.1　建设项目的行政审批制度

（1）建设工程项目行政审批制度

1）建设工程行政审批的概念

建设工程项目的行政审批属于政府行政审批的一种，建设工程项目的行政审批制度是建设工程参与者在项目建设的不同阶段按照国家的法律法规，向政府行政审批部门提出审批的申请，政府部门根据申请对工程建设项目进行审查批复的行为的规程制度。按照我国相关法律法规，没有经过许可就擅自建设的建筑属于违章建筑，必须拆除。建设工程审批的实质就是国家层面对项目建设"解禁"，允许其建设，不再违法。

2）行政审批制度的合法性基础

①建设工程项目行政审批是政府对资源合理配置的必然要求。建设工程的实施主要涉及资金和土地资源的合理配置，其中土地是稀缺不可再生资源，资金是一定时期内的有限资源。不同行业有不同的建设需求，同一行业也有项目建设的轻重缓急之争。例如交通行业的公路建设项目，一个工程动辄占用上百万亩的土地和上百亿元的资金，为了统筹社会经济的协调科学发展，政府必须建立建设工程项目审批制度，对建设工程实施有效管理。

②建设工程项目审批是实现政府对公共安全保障的需要。建设工程不是自然产物，是人工构筑物，是通过人的劳动把水泥、砂石、钢筋等材料按一定规范和工艺形成的产品，是人工产品就必然存在质量安全隐患和对已有环境的影响，特别是建设工程，质量安全和工程与环境的友好程度与公共安全保障更是密不可分。

③建设工程项目审批是制约任意妄为的途径。肆意妄为有两种情况，行政领导人的任

意妄为和行政相对人的任意妄为，严格的审批程序和相互制约的审批分工可以在一定程度上实现项目的理性选择，避免任意妄为造成的损害。

（2）建设工程项目主要建设程序

工程项目是指同时具有投资行为和建设行为的工程建设项目。工程项目建设程序是指工程项目建设从投资意向、选择、评估、决策、设计、施工到竣工验收和投产使用的全部建设环节和先后顺序。它是工程项目建设内在规律的反映，体现工程项目各建设环节内在关系，不可随意减少环节和改变顺序。政府通过行政审批和设立项目法人责任制、项目投资咨询评估制、资本金制度、工程招投标制、工程建设监理制等制度，保证工程项目按建设程序实施，实现工程项目预期目标。工程项目建设各阶段、各环节、各项工作之间存在着固有关系和规律，工程项目建设根据规律和按一定顺序分阶段和步骤依次展开实施，形成工程建设项目规律性的建设程序。

我国现阶段的工程项目建设程序，也称基本建设程序，是根据国家经济体制改革和国务院投资体制改革的要求及国家现行法律法规规定确立的。根据《国务院关于投资体制改革的决定》，工程项目立项实行审批、核准和备案 3 种形式。我国的工程项目建设程序主要包括立项用地规划许可阶段、工程建设许可阶段、施工许可阶段和竣工验收，如图 5-1 所示。

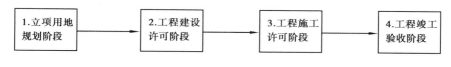

图 5-1 工程建设程序简图

（3）工程项目审批流程

工程项目各阶段都包括许多工作内容和内在环节，从而形成了一个循序渐进的工作流程，也形成了我国工程项目建设程序。我国一般政府投资项目建设审批流程如图 5-2 所示。

5.1.2 广阳岛项目报批报建理念

（1）做好统筹工作，为生态修复项目作出示范

广阳岛项目在建过程中需统筹好广阳岛保护利用与城市提升的关系，统筹好广阳岛与周边区域的关系，统筹好广阳岛与重庆全域的关系，贯彻"共抓大保护、不搞大开发"方针，彰显山水自然之美、人文精神之美，保护青山绿水、留住最美乡愁，谱写百姓富、生态美的精彩篇章，为推动高质量发展、创造高品质生活作出示范。同时要构建科学高效、运转有序的管理体制，完善工作机制，强化协调配合，共同把广阳岛规划建设好。

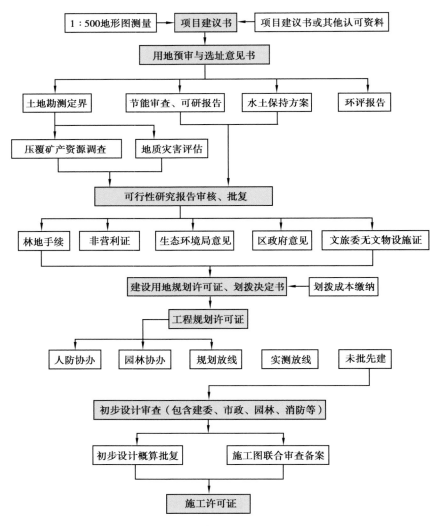

图 5-2　一般政府投资项目工程建设审批流程

（2）构建以广阳岛为核心的放射型、网络化生态格局

广阳岛应明晰蓝绿空间系统，加强滩涂、湿地保护。构建公园体系，形成"园中有城、城中有园"的城市环境。对需要修复的生态环境提出修复措施，对山体、水系等生态廊道提出分级保护要求。有序增加绿地、森林总量，提升生态环境品质。广阳岛片区应加强对水污染、大气污染和固体废物污染环境的防治，实施土壤污染治理和生态修复，推进各类废弃物无害化综合利用，构建资源循环利用体系，发展循环经济。

（3）坚持以人民为中心的发展思想

广阳岛项目始终坚持以人民为中心的发展思想，牢固树立和深入贯彻新发展理念，把项目建设作为加快经济发展的第一抓手，持续优化报批流程，督促项目加快进度，全力推动项目早开工、早建成、早见效。加快建设广阳岛成为山清水秀美丽之地，对重庆在推进长江经济带绿色发展中发挥示范作用具有重要意义。

5.2　过程涉及单位

目前我国建设项目的行政审批事项主要是按专业划分，分属不同的机构管理，各机构之间通过文件传递的方式共享信息，共同管理建设项目。

考虑到各地方政府与建设项目有关的审批机构及审批事项的设置存在一定的差异，本章对建设项目行政审批的研究均以重庆市为背景。下文对建设项目审批所涉及的审批机构及各个阶段审批流程的论述，均是基于对重庆市建设项目行政审批现状的调研。

一个项目从前期策划，经过程施工到最终竣工验收并交付使用，涉及的建设主管部门非常多，每个部门都行使其相对固定的职责，充分了解各部门的管理权限和范围，针对性地制订报批报建策划方案，才能使项目及时、有效、顺利地推进。主要行政主管单位关系见表 5-1。

表 5-1　建设工程项目主要行政主管单位一览表

序号	单位名称	职能范围	与建设单位关系
1	发展改革委员会	政府投资项目建议书审批、政府投资项目可行性研究报告审批、政府投资项目概算审批、综合验收	政府主管部门
2	规划与自然资源局	项目控制性详细规划审批、项目土地转用手续审批、用地预审与选址意见书、用地规划许可证审批、划拨决定书办理、工程规划许可证审批、林地审批、地质灾害评估	政府主管部门
3	住房和城乡建设委员会/住建局	建设工程项目方案设计审批、市政基础设施配套费收费审核、施工图设计文件审查合格书备案、建设工程施工许可证、消防专业审查及验收	政府主管部门
4	生态环境局	建设项目环境影响评价报告表审批、建设项目环境保护设施竣工验收、建筑施工夜间作业许可证核发、排污许可证核发	政府主管部门
5	人防办	人防工程规划审查、人防工程项目建议书审批、人防工程可行性研究报告审批、人防工程初步设计审批、人防工程施工图设计审批、人防工程竣工验收许可	政府主管部门
6	文化和旅游发展委员会	有无文物设施审批	政府主管部门

5.3 报批报建流程

5.3.1 建设工程项目前期工作策划

当前，重庆市政府不断加大力度推进项目报批报建等前期工作，通过发布政策支持，建立"愉快办"线上报建审批快捷通道，各行政管理部门整合审批流程，制订专项规程和时间要求，配备专项负责人员，极大地提高了办件效率，切实为建设工程项目的快速落地提供了强有力的支撑助力。其中《关于加快市级政府投资项目前期工作的通知》〔渝府办发〔2020〕118 号文〕从政府决策层面提出了相关要求：

（1）全面提速项目前期工作

对纳入市级政府投资三年滚动规划的项目，项目法人、市级行业主管部门可提前启动前期研究，深化方案和空间、用地、技术协同论证，确保市级政府投资项目前期技术准备时间平均压减 2 个月及以上。鼓励项目法人、市级行业主管部门带图申报市级政府投资三年滚动规划，提前明确建设规模、意向选址位置及用地范围等基本信息。

（2）进一步优化简化审批流程

各项目审批部门重点对已开展的技术审查成果进行复核。对已经区域评价锁定的控制性条件和要素，可直接作为依据进行审批。合并减少同一部门审批事项，优化跨部门审查事项，实行"平面审批"、快速审批，确保一般项目从立项用地规划许可阶段到施工许可阶段的审批时间严格控制在 65 个工作日以内。

（3）推行技术审查与行政审批适度分离

项目法人、市级行业主管部门在行政审批前先行开展关系项目落地的各项技术论证，推动项目建设需求、技术经济指标与空间边界条件同步论证，通过系统平台共享各种论证结果，寻找项目落地的最优方式。其中，涉及空间和用地等技术问题，由规划自然资源部门负责协同；涉及质量安全、管线迁改等施工准备问题，由住房和城乡建设、交通、水利等行业主管部门负责协同；涉及体制机制、经部门协调推进困难的问题，由发展改革部门负责综合协调。

（4）统筹计划管理和要素保障

市发展改革委汇总下达市级政府投资项目前期工作计划，定期梳理项目前期工作节点任务。同财政、规划自然资源等部门加强"项目池 + 资金池 + 资源要素池"对接，统筹资金、用地等资源要素保障，加快推进项目前期工作。

5.3.2　建设工程前期工作操作规程

（1）工作路径

1）前期研究

对纳入市级政府投资三年滚动规划的项目，项目法人、市级行业主管部门直接开展勘察、设计招标和专项论证单位比选，提前开展方案论证。方案论证包含地勘、环评、城市绿化、水保、地灾、文物、地震、自然资源保护地等相关专项。鼓励项目法人、市级行业主管部门带图申报市级政府投资三年滚动规划。规划自然资源部门无偿提供空间底图技术服务，协助开展前期研究。鼓励采取建筑信息模型（BIM）等新技术，强化项目全生命期管理。

2）组织形式

鼓励项目法人采取全过程工程咨询服务方式，确定 1 家单位或联合体，统筹负责方案、初步设计、施工图等各阶段设计工作。方案及其设计单位（团队）通过公开征集方式确定的，方案经市政府常务会议、市规划委员会会议、市历史文化名城保护委员会会议等审查通过后，项目法人可委托优选产生的方案设计单位（团队）继续承担后续设计工作。

3）经费保障

提前开展研究的经费按项目总投资 5%~8% 预安排，由市级行业主管部门汇总纳入市级政府投资年度计划申报。市发展改革委会同市财政局综合平衡后，下达市级政府投资前期工作计划，动态调度保障。

（2）空间协同

1）空间协同论证

方案达到编制深度后，项目法人申报纳入平台开展空间协同论证。空间协同论证包含生态保护红线、永久基本农田、城镇开发边界等城市规划建设强制性内容、重点领域空间性规划管控条件、城镇空间规划布局、土地权属情况等。市规划自然资源局组织开展空间协同论证，根据情况征求交通、生态环境、城市管理、林业、水利、文物、人防、住房和城乡建设、应急、地震等部门意见。

2）空间论证意见

有关部门通过平台反馈空间论证意见，到期未反馈视为同意，逾期反馈意见不予受理、不予采纳。市规划自然资源局结合征求意见情况，出具"空间协同论证综合意见"，可作为后续开展论证、办理手续的技术要件。

3）规划调整

建设项目涉及规划修改的，由市规划自然资源局按程序完成修改。其中，涉及征求区县、公安交管部门和其他权属单位意见的，市规划自然资源局牵头组织空间协同论证后，由区县政府会同项目法人根据"空间协同论证综合意见"，组织推进权属、征地拆迁等协调工作，完成相关协议签订和执行。

4）区域评审

区域评价已覆盖环评、节能、文物、地震、地灾、压覆矿、气候可行性等专项评审事项的，且符合区域评价成果适用条件的项目，由对应审批部门指导项目法人免于或简化办理相关手续。城市建成区范围内项目，不再办理压覆矿手续。

（3）用地协同

1）选址和预审手续办理

选址意见书、用地预审意见合并办理。方案设计稳定的房屋建筑项目，取得选址及用地预审手续后，可办理用地规划许可手续。

2）用地规划许可办理

市政府批复土地划拨后，规划自然资源部门一并核发用地规划许可和国有土地划拨决定书。

3）征地拆迁

项目方案设计及用地边界基本稳定后，由区县政府会同项目法人结合方案设计确定拟征收范围，开展征收拆迁。项目初步设计批准后，有关区县政府可向市政府申请征地人员安置。

4）用地保障

符合先行用地办理规定的市级以上重大项目，由规划自然资源部门负责办理先行用地手续。用地权属在市、区县属相关单位或企业的，权属单位应按照项目建设时序先行交地。区县政府要提前筹集征地拆迁资金，按计划交地。必须发生的占用、补偿、征地拆迁等费用纳入项目总投资。

5）审批手续

护坡、河道治理、两江四岸治理提升工程，不涉及新增建设用地的，无须办理用地预审与选址意见书、用地规划许可（或者建设用地规划审查意见），非独立占地的项目无须开展用地预审和用地规划许可。总投资 1 000 万元以下的市政维护、修缮工程等项目，建筑面积 1 万 m^2 以下的房屋建筑工程，不再审批初步设计和概算。

（4）技术协同

1）工程规划许可办理

项目法人在取得用地预审与选址意见书、用地规划许可（或者建设用地规划审查意见）后，可申请核发建设工程规划许可。涉及权属关系的，在取得划拨土地决定书、用地规划许可（或者建设用地规划审查意见）后，申请核发建设工程规划许可。探索试点告知承诺方式，加快建设工程规划许可办理。

2）占地和临时开口手续办理

占用、挖掘道路和开设临时路口所需手续，由交通运输部门、城市管理部门和公安交管部门根据产权管理和交通秩序管理方面要求分别办理。

（5）施工准备协同

1）施工图审查

取消建筑面积 1 000 m^2 及以下房屋建筑施工图审查。其他房屋建筑及市政次支道路的施工图审查时间由原来 15 个工作日调整为 10 个工作日。各项行政许可均不得以施工图审查合格文件作为前置条件。

2）施工许可办理

住房和城乡建设、交通等部门可结合建设工程规划许可或"建设工程规划审查意见"办理施工许可。总投资 100 万元以下或建筑面积 500 m^2 以下的房屋建筑、市政基础设施、装饰装修工程，不再办理施工许可。

3）"三通一平"

项目法人根据用地交付情况，可提前开展招标投标工作，分段进场实施"三通一平"。住房和城乡建设、交通等行业主管部门对"三通一平"工程免于办理施工许可证，项目法人作出项目依法合规实施的承诺后进场施工。

4）管线迁改

住房和城乡建设、交通、水利部门按职责分工，督促本行业项目法人会同水、电、气、油、讯等管线权属单位，组建工作专班。工作专班在主体工程的方案设计稳定后，提前开展管线迁改论证。确需迁改的，可纳入可行性研究报告一并审批，其费用计入项目总投资。管线权属单位负责实施管线迁改，力争在开工前完成。涉及市政管线临时迁改的工程建设项目，规划自然资源部门免予办理规划手续。

5）交叉节点工程建设

统筹新开工项目和储备项目建设时序。新开工项目建设可能导致储备项目实施困难或代价巨大的，或导致新开工项目建设后需拆除重建的，同步实施交叉节点工程。具备单独报批条件的，可单独报批并组织实施；不具备单独报批条件的，可采取变更设计方式委托新开工项目法人一并实施。

6）土石方弃渣管理

市城市管理局强化弃渣调配，按月跟踪轨道交通、综合交通枢纽等重大项目出渣情况，协调区县政府优先解决重大项目出渣需求；会同市规划自然资源局等部门，加强中心城区渣场规划布局，指导有关区县加快建设弃渣场地；会同住房和城乡建设、交通等行业主管部门指导项目法人加强本单位所有项目土石方的计划统筹、单个项目土石方的挖填平衡，强化跨项目、跨区域土石方调配。

7）督办考核

①信用管理。市发展改革委牵头建立前期工作参与主体信用台账，重点记录项目法人、设计单位漏项、超概、经多次协同仍无法满足技术标准条件、对前期协同一致意见申请调整，以及有关部门、区县政府推进不力、落实不到位等行为，作为后续安排前期工作任务、经费的重要依据。

项目前期工作操作规程如图 5-3 所示。

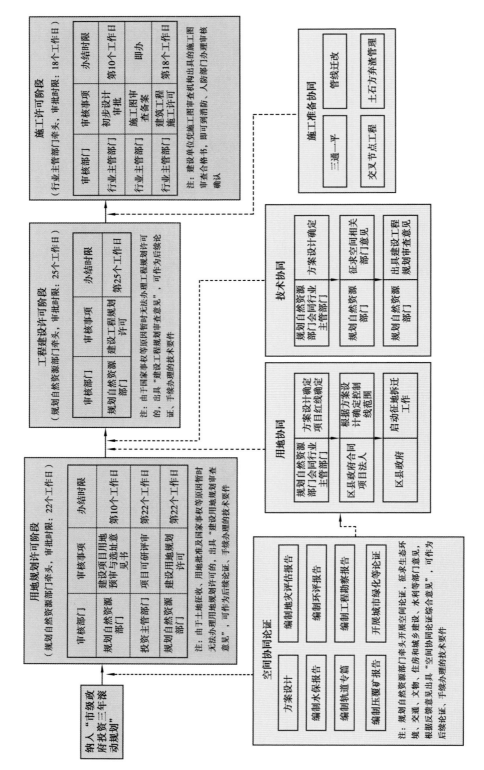

图 5-3 项目前期工作操作规程

②协调督办。市发展改革委会同市级行业主管部门，督促项目法人加快推进前期工作，综合调度市级行业主管部门协调后仍推进困难事项。市政府督查办完善项目前期工作绩效考核机制，结合区县经济社会发展业绩考核和市级部门目标管理绩效考核，加强本规程落实情况的考核督促。

本规程适用于重庆市市级政府投资项目。区县政府投资项目、PPP（政府与社会资本合作）项目，以及涉及功能重置、结构安全的修缮维护项目前期工作，可参照此规程执行。

5.3.3　建设工程项目报批报建流程

建设项目的建设全流程指建设项目从作出投资决定开始到竣工验收为止所经历的所有环节，项目前期工作可以依次划分为立项阶段、可行性研究报告阶段、项目选址意见阶段、用地划拨及用地规划许可证阶段、工程规划许可证阶段、初步设计及概算阶段、施工许可证阶段。市级项目应报送至各市级行政主管部门审批，广阳岛生态文明建设项目部分审批权限在区级。

（1）立项

1）审批依据
①《国务院办公厅关于保留非部分行政许可审批项目的通知》。
②《重庆市政府投资项目管理办法》。
③重庆市发展和改革委员会关于投资项目审批（核准）进一步简化程序下放权限的通知。

2）申请条件
行政区域内可支配使用的财政性资金，以及用财政性资金作为还款来源或还款担保的借贷性资金投资建设的基础性和公益性项目。

3）申请材料
①业主单位的申请报告（原件 1 份）。
②项目建议书（原件 1 份）。
③政府部门相关的会议纪要和文件。
④法律法规需要的其他文件。

4）审批部门
重庆市发展和改革委员会 / 重庆经开区改革发展和科技局。

5）审批结果
《关于 ××××× 项目的项目建议书批复》。

（2）建设项目用地预审与选址意见书

用地预审，是指国土资源管理部门在建设项目审批、核准、备案阶段，依法对建设项目涉及的土地利用事项进行的审查。建设项目需要使用土地的，必须依法申请使用土地利用总体规划确定的城市建设用地范围内的国有建设用地。

1）受理范围

①以划拨方式提供土地使用权的市政工程和管线类市政工程。

②建设项目选址意见书的办理范围为国土部门以划拨方式供地的建设项目，建设项目选址意见书为向发改委申请批准或者核准的前置要件。

③选址论证的办理范围为市政府确定项目成立，但项目尚未定点（无专业、专项规划依据），需要市级规划部门提前介入提出选址意见的建设项目。限军事、安保设施等行政划拨用地的建筑工程项目选址论证。

④建设项目选址包括选址论证和选址意见书的办理。

2）申请材料

①《建设项目规划管理报建申请表》。

②申请人身份证明材料。

③现状地形图及电子文件（含地下管网及地下建（构）筑物）。

④市政道路、管线工程必要时需提供选线总平面图。

⑤设计主城区外区县的规划部门选址初审意见。

⑥项目已被纳入经审批却对外发布的中长期规划的证明文件或者项目建议书批复。

3）审批部门

市、区规划与自然资源局。

4）审批结果

《建设项目用地预审与选址意见书》。

5）办理流程

办理流程如图5-4所示。

（3）可行性研究报告

项目单位应当依法委托有相应资质的机构编制可行性研究报告，取得规划、土地和行业准入等方面的预审意见，报市发展改革主管部门按有关规定征求相关行业管理部门的专业审查意见后审批或转报。

1）适用范围

①符合城市总体规划、土地利用总体规划和相关行业规划。

②投资来源基本确定。

③具有必要性和可行性。

④符合国民经济和社会发展中长期规划。

⑤符合国民经济和社会发展中长期规划。

⑥符合国家产业政策和环境保护规定。

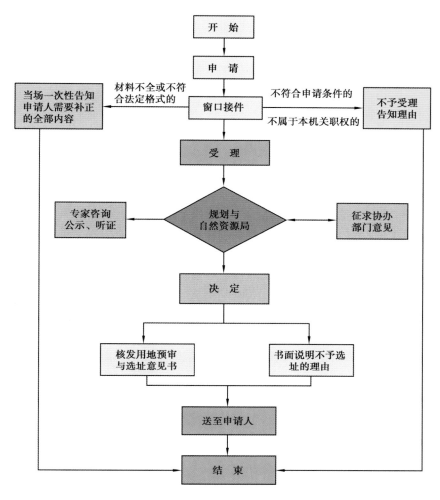

图 5-4　建设项目用地预审与选址意见书办理流程

2）设定依据

根据《重庆市政府投资项目管理办法》市政府令第 161 号第十条：项目单位应当依法委托有相应资质的机构编制可行性研究报告，取得规划、土地和行业准入等方面的预审意见，报市发展改革主管部门按有关规定征求相关行业管理部门的专业审查意见后审批或转报。

3）申请材料

①关于项目建议书的批复。

②关于审批可行性研究报告的函。

③项目可行性研究报告。

④选址意见书（仅指以划拨方式提供国有土地使用权的项目）。

⑤用地预审意见（不涉及新增用地，在已批准的建设用地范围内进行改扩建项目，可以不进行用地预审）。

⑥节能审查意见。

⑦项目社会稳定风险评估报告及审核意见。

⑧航道通航条件影响评价审核意见。

4）审批部门

重庆市发展和改革委员会 / 重庆经开区改革发展和科技局。

5）审批结果

《关于××××项目的可行性研究报告批复》。

（4）建设项目用地规划许可证及划拨决定书

土地权属分类：一种是国有土地，另一种是农民集体所有的土地。我国的土地所有权只属于国家所有，个人只有土地使用权。不管是机关单位还是个体在使用土地时，都需要到土地主管部门办理土地相关使用权。国有土地使用权的取得方式有划拨、出让、租赁、入股等，有偿取得的国有土地使用权可以依法转让、出资抵押和继承。在城市、镇规划区内以划拨方式提供国有土地使用权的建设项目，经有关部门批准、核准、备案后，建设单位应当向城市、县人民政府城乡规划主管部门提出建设用地规划许可申请，由城市、县人民政府城乡规划主管部门依据控制性详细规划核定建设用地的位置、面积、允许建设的范围，核发建设用地规划许可证。建设单位在取得建设用地规划许可证后，方可向县级以上地方人民政府土地主管部门申请用地，经县级以上人民政府审批后，由土地主管部门划拨土地。

1）受理条件

①以划拨方式提供国有土地使用权，并经投资主管部门批准、核准、备案的建设项目。

②签订《国有土地使用权出让合同》并取得投资主管部门批准、核准、备案文件的建设项目。

2）设定依据

《中华人民共和国城乡规划法》第四十四条规定："在城市、镇规划区内进行临时建设的，应当经城市、县人民政府城乡规划主管部门批准。临时建设影响近期建设规划或者控制性详细规划的实施以及交通、市容、安全等的，不得批准。临时建设应当在批准的使用期限内自行拆除。临时建设和临时用地规划管理的具体办法，由省、自治区、直辖市人民政府制定。"规划条件未纳入国有土地使用权出让合同的，该国有土地使用权出让合同无效；对未取得建设用地规划许可证的建设单位批准用地的，由县级以上人民政府撤销有关批准文件；占用土地的，应当及时退回；给当事人造成损失的，应当依法给予赔偿。

在城市、镇规划区内以出让方式提供国有土地使用权的，在国有土地使用权出让前，城市、县人民政府城乡规划主管部门应当依据控制性详细规划，提出出让地块的位置、使用性质、开发强度等规划条件，作为国有土地使用权出让合同的组成部分。未确定规划条件的地块，不得出让国有土地使用权。以出让方式取得国有土地使用权的建设项目，在签订国有土地使用权出让合同后，建设单位应当持建设项目的批准、核准、备案文件和国有土地使用权出让合同，向城市、县人民政府城乡规划主管部门领取建设用地规划许可证。城市、县人民政府城乡规划主管部门不得在建设用地规划许可证中，擅自改变作为国有土地使用权出让合同组成部分的规划条件。

3）申请材料

①《建设项目规划管理报建申请表》。

②申请人身份证明材料，或申请人委托证明文件、被委托人身份证明材料。

③有关主管部门的批准、核准、备案文件。

④各区县（自治县）规划自然资源主管部门初审意见［仅限跨区县（自治县）的政府投资线性工程］。

⑤针对教育、体育等公益项目需提供非营利性组织登记证书或行业主管部门出具的项目非营利性说明材料。

⑥教育、体育等公益项目需提供非营利性组织登记证书或行业主管部门出具的项目非营利性说明材料。

⑦农用地征、转用批文等批准文件。

⑧土地征收部门或房屋征收部门出具的征收补偿安置完毕说明材料。

⑨涉及占用林地的，需提供林业部门出具的林地转用手续文件。

⑩划拨土地成本、征地统筹费发票。

⑪地质灾害危险性评估报告。

⑫生态环境部门提供的土壤环境质量是否满足规划用地要求的意见。

4）审批部门

市／区规划与自然资源局。

5）审批结果

《建设用地规划许可证》及《划拨决定书》。

（5）建设工程规划许可证

为了体现建设用地规划许可证和建设工程规划许可证的法律严肃性，促进城市规划管理工作的规范化，因此，住房和城乡建设部决定制定全国统一的建设用地规划许可证和建设工程规划许可证。

1）申请条件

①以划拨方式取得国有土地使用权和以出让方式取得国有土地使用权的建设项目。

②通过"招、拍、挂"方式取得土地的建设工程。

2）设定依据

根据《中华人民共和国城乡规划法》第四十条："在城市、镇规划区内进行建筑物、构筑物、道路、管线和其他工程建设的，建设单位或者个人应当向城市、县人民政府城乡规划主管部门或者省、自治区、直辖市人民政府确定的镇人民政府申请办理建设工程规划许可证。申请办理建设工程规划许可证，应当提交使用土地的有关证明文件、建设工程设计方案等材料。需要建设单位编制修建性详细规划的建设项目，还应当提交修建性详细规划。对符合控制性详细规划和规划条件的，由城市、县人民政府城乡规划主管部门或者省、自治区、直辖市人民政府确定的镇人民政府核发建设工程规划许可证。"

在城市、镇规划区内进行临时建设的，应当经城市、县人民政府城乡规划主管部门批准。临时建设影响近期建设规划或者控制性详细规划的实施以及交通、市容、安全等的，不得批准。

3）申请材料

①《建设项目规划管理报建申请表》。

②申请人身份证明材料，或申请人委托证明文件、被委托人身份证明材料。

③建设工程设计方案。

④三维仿真精模。

⑤《建设工程技术经济指标计算书》。

⑥国土权属证明及附图。

⑦建设工程建筑面积及计容建筑面积明细表。

⑧属地政府、用地权属单位意见。

⑨《民用建筑配套建设防空地下室申请表》。

⑩《涉及国家安全事项的建设项目方案设计审查申报表》。

⑪能反映周边 500 m 现状的地块规划图，红线图。

⑫《重庆市轨道交通控制保护区范围内建设项目方案设计专项审查申请表》。

⑬建设项目规划方案设计阶段轨道安全保护设计专篇。

⑭建设项目与轨道交通位置关系总平面图。

⑮建设单位申请函。

⑯红线范围内保留铁塔保护方案说明。

⑰委托代为申请的应提供委托协议。

4）审批部门

市/区规划与自然资源局。

5）审批结果

《建设工程规划许可证》。

6）办理流程

办理流程如图 5-5 所示。

（6）建设工程初步设计

初步设计文件应由有相应资质的设计单位提供，若为多家设计单位联合设计的，应由总包设计单位负责汇总设计资料。初步设计文件包括说明、资料和图纸等部分。文件须装订成 A3 文本图册（大图可折成 A3 规格），并加盖建设方、设计方、报建人、注册建筑师、注册结构工程师图章。设计文件上签字、盖章应符合《中华人民共和国注册建筑师条例实施细则》（建设部令第 167 号）、《中华人民共和国注册结构工程师实施细则》的有关规定。按照项目性质、资金来源和事权划分，合理确定中央政府与地方政府之间、国务院投资主管部门与有关部门之间的项目审批权限。

对于政府投资项目，采用直接投资和资本金注入方式的，从投资决策角度只审批项目建议书和可行性研究报告，除特殊情况外不再审批开工报告，同时应严格政府投资项目的初步设计、概算审批工作；采用投资补助、转贷和贷款贴息方式的，只审批资金申请报告。

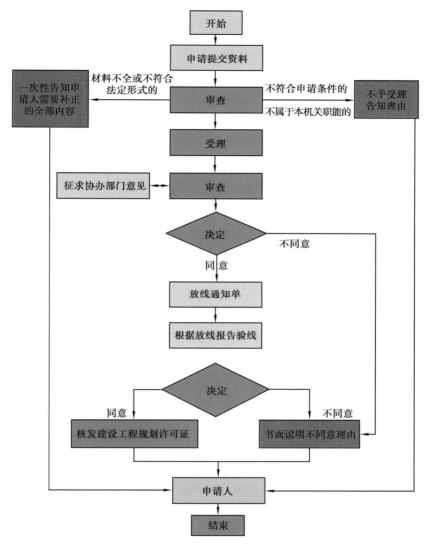

图 5-5 建设工程规划许可办理流程

1）受理条件

①勘察、设计企业符合规定。

②初步设计深度满足要求。

③可行性研究报告经相关主管部门审查合格。

④建设工程规划许可证及附图。

⑤工程勘察报告审查合格。

2）申请材料

①抗震设防专项论证意见。

②建设、勘察、设计单位三方项目负责人《法人代表授权书》、《质量终身责任承诺书》。

③工程勘察报告和审查合格书。

④高边坡项目支护方案设计安全专项论证及可行性评估报告。

⑤勘察、设计合同。

⑥可行性研究报告的批复。

⑦建设工程规划许可证及附图。

⑧设计资料。

⑨超限高层建筑工程抗震设防核准通知书。

⑩初步设计审批申报表。

⑪《重庆市轨道交通控制保护区范围内建设项目初步设计专项审查申请表》。

⑫建设项目与轨道交通位置关系总平面图。

⑬建设项目初步设计阶段轨道安全保护设计专篇。

3）审批单位

重庆市住房和城乡建设委员会 / 重庆经济技术开发区管理委员会生态环境和建设管理局。

4）审批结果

《关于××××工程初步设计的批复》。

5）办理流程

办理流程如图 5-6 所示。

（7）初步设计概算

初步设计概算是确定建设项目在初步设计阶段所需建设费用最高限额的一种费用文件。它是基本建设工程设计文件的重要组成部分。

1）受理条件

①投资来源基本确定。

②项目符合国家产业政策和环境保护的规定。

③符合国民经济和社会发展中长期规划。

④符合城市总体规划、土地利用总体规划和相关行业规划。

⑤项目具有必要性和可行性。

2）设定依据

①根据《国务院关于投资体制改革的决定》，对于政府投资项目，采用直接投资和资本金注入方式的，从投资决策角度只审批项目建议书和可行性研究报告，除特殊情况外不再审批开工报告，同时应严格政府投资项目的初步设计、概算审批工作。

②《重庆市政府投资项目管理办法》市政府令第 161 号文件第十二条第三款，项目初步设计由相关行政管理部门按权限审批。项目总投资概算由市发展改革主管部门商财政部门审批。

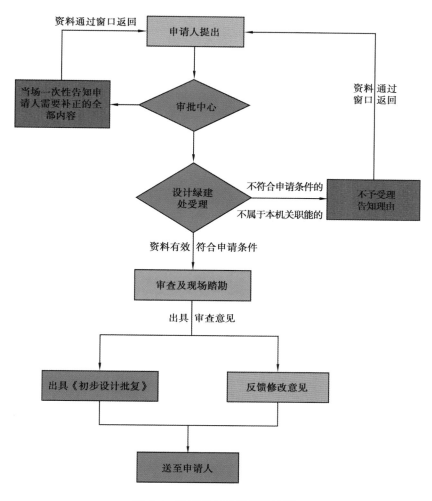

图 5-6　工程初步设计报批流程

3）申请材料

①审批初步设计投资概算的申报文件。

②初步设计文件及相关资料。

③项目投资概算书。

④地勘文件及相关资料。

4）审批部门

重庆市发展和改革委员会 / 重庆经开发区改革发展和科技局。

5）审批成果

《关于 ×× 项目总投资概算的批复》。

6）办理流程

办理流程如图 5-7 所示。

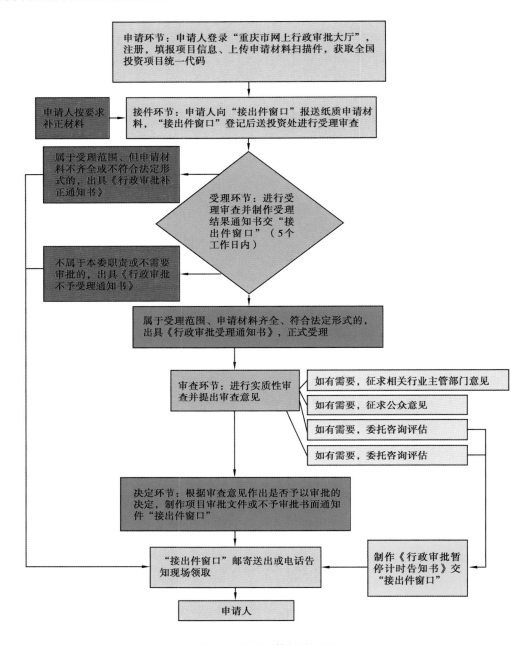

图 5-7　工程概算报批流程

（8）施工图审查备案

1）受理条件
施工图是为审查合格并取得项目施工图审查合格书的施工设计图纸。

2）设定依据
根据《房屋建筑和市政基础设施工程施工图设计文件审查管理办法》（住房和城乡建

设部令第 13 号）第四条相关要求。

3）申请材料

①勘察合同、设计合同、审查合同。

②施工图审查合格书。

③投资主管部门可行性研究报告批复，项目核准书或投资备案证。

④经审查合格的施工图设计文件。

⑤建设行政主管部门初步设计批复。

⑥重庆市房屋建筑工程和市政基础设施工程施工图设计文件联合审查送审表备案申报表。

⑦勘察文件审查合格书。

⑧建设工程规划许可证及附图。

⑨建设、勘察、设计三方项目负责人授权书及项目负责人质量安全责任承诺书。

4）审批部门

重庆市住房和城乡建设委员会/重庆经济技术开发区管理委员会生态环境和建设管理局。

5）审批成果

《关于××项目施工图审查备案的凭证》。

6）办理流程

办理流程如图 5-9 所示。

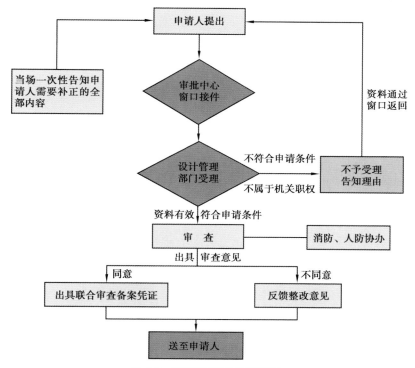

图 5-8　施工图审查备案流程

（9）工程施工许可证

建筑工程施工许可证是 1999 年 12 月 1 日颁发的规定条例。是为了加强对建筑活动的监督管理，维护建筑市场秩序，保证建筑工程的质量和安全。工程投资额在 30 万元以下或者建筑面积在 300 m² 以下的建筑工程，可以不申请办理施工许可证。省、自治区、直辖市人民政府建设行政主管部门可以根据当地的实际情况，对限额进行调整，并报国务院建设行政主管部门备案。按照国务院规定的权限和程序批准开工报告的建筑工程，不再领取施工许可证。

1）申请条件

①依法应当办理用地批准手续的，已经办理该建筑工程用地批准手续。

②在城市、镇规划区的建筑工程，已经取得建设工程规划许可证。

③施工场地已经基本具备施工条件，需要征收房屋的，其进度符合施工要求。

④已经确定施工企业。

⑤按照规定应当招标的工程没有招标，应当公开招标的工程没有公开招标，或者肢解发包工程，以及将工程发包给不具备相应资质条件的企业的，所确定的施工企业无效。

⑥有满足施工需要的技术资料，施工图设计文件已按规定审查合格。

⑦有保证工程质量和安全的具体措施。施工企业编制的施工组织设计中有根据建筑工程特点制定的相应质量、安全技术措施。建立工程质量安全责任制并落实到人。专业性较强的工程项目编制了专项质量、安全施工组织设计，并按照规定办理了工程质量、安全监督手续。

⑧建设资金已经落实。

⑨法律、行政法规规定的其他条件。

2）设定依据

根据《中华人民共和国建筑法》，在中华人民共和国境内从事各类房屋建筑及其附属设施的建造、装修装饰和与其配套的线路、管道、设备的安装，以及城镇市政基础设施工程的施工，建设单位在开工前应当依照本办法的规定，向工程所在地的县级以上人民政府建设行政主管部门（以下简称"发证机关"）申请领取施工许可证。

3）申请材料

①建筑工程施工许可申请表。

②建设工程规划许可证。

③施工企业主要技术负责人签署已经具备施工条件的意见。

④中标通知书或施工合同协议书部分。

⑤施工图图纸（属于施工图审查范围的，须提供经审查合格的图纸）。

⑥危险性较大的分部分项工程清单和安全管理措施。

⑦建设资金已经落实承诺书。

⑧施工单位为该工程办理保险的凭证或承诺书。

4）审批部门

重庆市住房和城乡建设委员会 / 重庆经济技术开发区管理委员会生态环境和建设管理局。

5）审批结果

《中华人民共和国建筑工程施工许可证》。

6）办理流程

办理流程如图 5-9 所示。

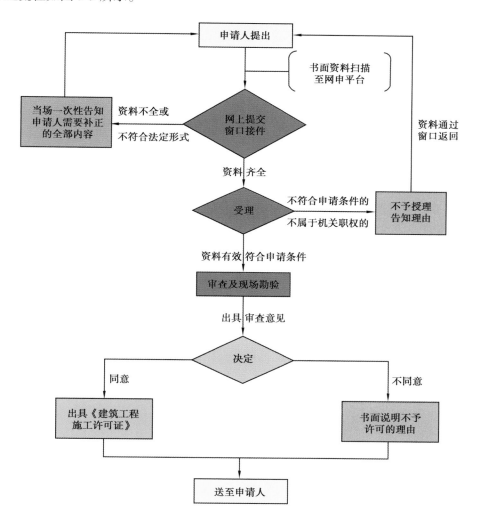

图 5-9　施工许可办理流程

5.4　报批报建举措

5.4.1　建设工程报批报建管理重点

报建管理工作重点是从项目建设到竣工全过程展开的管理，涉及较多的内容和环节，因此对相应的管理成效要求较高，需要积极重视相关管理工作的落实情况，采取合理的方针，保证工程报建成效更加明显，达到相对理想的标准与目的，促使相应的工作成果更尽如人意，达到预期收益。

（1）前期报建工作为后续工程的建设奠定坚实基础

生态类项目工程立项和规划设计等前期报建工作是建设的基础。在生态类工程立项和规划设计之前，建设单位需要对项目定位和使用需求进行系统科学考量，明确项目的可行性及经济效益，并结合国家法律法规以及行业规定，评估工程的节能性和环保性，确保工程能通过政府相关部门的审批。前期工作的落实情况能够直接影响工程项目建设的全过程，因此需要给予高度关注，采取合理的方式，确保前期报建能够有条不紊地展开，为后续相关工作的整体进展提供较为可靠的支持与保障。

（2）报建程序为提高工程管理整体水平提供制度支撑

各项工作的开展均需要相关制度的保障作用，同时还需要相关方针的合理引领，在开展报建工作时，应该积极重视相关的程序，确保程序符合科学合理的流程与规划，以此为工程管理整合竣工验收，可有效地为保证工程的质量和安全提供帮助。工程建设工作依据相关报建程序展开，而报建程序约束了工程建设的管理，使工程建设始终围绕国家相关规章制度进行，规范工程管理行为，提高了工程建设整体管理水平。

5.4.2　报批报建管理水平提高对策

生态类项目报建管理水平的提升离不开科学对策的指导作用，因此应该依照项目的实际建设情况，采取合理的方针对策，保证项目报建管理水平可以明显提升，达到相对理想的成效，为后续项目的投入使用奠定可靠基础，提供有力的参考依据和有效支撑。

（1）应用互联网技术优化报建审批流程

随着信息化时代的全面到来，生态类项目报建管理工作逐步引入互联网技术，进一步优化了报建工作流程，提高了报建工作效率。通过建立一个报建流程网站，能够对工程信息进行及时正确的反馈；通过管理系统进行报建活动，能够严格规范工程建设行为，提高工程管理的整体质量；通过网上流程，方便不同政府部门之间的交流和沟通，实现信息共享，提高审批流程速度。

（2）制订系统完善的报建制度和报建流程

根据实际的项目建设需要，合理运用系统化的流程和模式，保证规范具体的报建工作，让相应的工序扎实推进，为项目建设全过程提供有效的依据与参考。在工程建设前期，建设单位需要结合工程建设的实际情况，确定行之有效的报建制度和报建流程，明确职能部门的规章制度，获得最新的办证表格，厘清项目报建工作各个阶段、各个环节以及各个条件之间的相关性和逻辑关系，保证报建活动可以顺利稳定开展，提高报建工作的可行性和针对性，从而缩短拿证时间，保证工程项目可以顺利稳定地建设。

同时，因工程类型不同，报批环节不尽相同，导致具体的步骤和流程各有不同。在报建开始之前，建设单位需要针对自身工程的特点，明确政府主管部门对报建工作所需资料的具体要求。通过将相应的部门要求加以厘清，才能为相关工作的开展奠定坚实的基础，同时提供较为可靠的保障，以确保报建工作顺利落实到位。

（3）加强报建工程信息化管理

在信息化时代，开展报建工作时应该重视信息化管理模式的重要性，将其合理运用起来，使报建工作能够达到理想化的信息化管理标准，为新时代相关工作的开展提供较为可靠的保障，促使后续工作的开展更加顺利，达到相对理想的目的。要实现建设工程终身制管理，工程的信息化是基础，而工程信息的完整性尤为重要。在数据化时代，工程报建实现了无纸化办公，高效便捷的传输使报建工作效率得到了有效提升。同时，工程竣工后需向档案局归档一份完整纸质版原件，确保了项目信息的完整性。通过工程信息化管理，确保了工程建设程序的完整和规范，从而为报建工作顺利开展提供基础。

（4）加强规划设计管理

为进一步提高报建工作开展的效率和质量，还需要加强对规划设计的管理。生态项目的特点在于每个建设单位的要求和环境标准不一样，各工程都有一套专属于自己的工艺流程和技术标准。因此，生态项目需要以工艺为主要控制条件，结合企业对项目建设的档次定位，合理进行规划设计，确保项目顺利推进。同时，考虑项目规划的前瞻性，为后续市场变化和产业调整留有足够的空间。一个高水平的规划设计既要满足建设单位的使用需求和长远规划，又要满足政府相关规定的要求，为报批工作的顺利推进提供技术保障。

（5）深入法律法规的学习

生态类项目报建的过程是一个执行和落实国家相关政策制度的过程，只有熟悉报建流程中的每个程序所对应的法律法规，才能使报建过程一帆风顺。项目每个阶段的报批紧密依靠在国家法律法规的框架下，对法律法规的熟悉程度直接影响到项目报建工作的推进，应积极重视相关法律法规的基本要求。

（6）重视培训，提高报建人员的管理能力以及业务知识

相关报建策略的实施者是报建工作人，建设单位需要做好对报建工作人员的培训工作，提高工作人员的专业能力和基本素养，做好报建进度计划的编制，保证各个报建环节能够有效衔接，并及时与政府相关部门进行沟通和交流，对单位工程项目进展情况进行及时汇总，提高报建工作效率。

同时，报建的过程是建设单位与政府部门交流的过程，也是报建工作人员与政府公务员之间沟通的过程。一个合格的工程报建工作人员，不但需要精通专业化的业务知识，还需要掌握人与人之间关系的具体管理艺术，以便更好地推进工程报建管理工作，达到事半功倍的成效。

5.4.3　报批报建与全咨工作的联系

（1）报批报建工作的重要作用

报批报建工作是一个工程项目前期的重要环节，始终贯穿于项目的全过程推进过程，在项目总投资、项目选址、整体规划、分区规划、地区发展、项目征用地、实施方案选择、社会效应、招商引资等各方面都起着重要的引领作用，是整个项目能否符合区域战略需要、社会生产发展趋势、提升生活品质、创造实际价值的重要论证环节。

（2）报批报建与全咨工作的融合

全过程咨询单位作为集投资决策咨询、项目管理、设计咨询、监理咨询、造价咨询、BIM咨询等多板块融合（或其中几个板块）的综合性管理服务方，在项目前期就参与到报批报建工作中，不管是经办人员还是其他成员，通过直接接触和间接培训沟通等方式都可以更为深入地了解整个项目的决策过程、战略发展安排、行政主管规划建设思路、投资规模、设计意图、设计方案确定，深刻理解项目建设的必要性和建设意义，更能将项目全方位推进工作融入个人的思想建设中，有利于提升自我的责任感和积极性。并且，通过不同维度的思路和认识，将极大地拓展自己的眼界，在与各行政主管部门的协办、交流、谈话、会晤过程中，提升自己的协调沟通能力，建立一条有效及时的沟通渠道后，在项目建设实施和运营过程中也能够提升工作效率，为项目整体工作的有序推进助力。

（3）报批报建对全咨工作的赋能

全过程咨询单位在积极参与报批报建工作过程中，应与建设单位紧密合作，通过丰富的管理经验和个人能力为建设单位提供强有力的服务支撑，加紧加快推进报批报建各项工作流程，为整个项目建设提速增效。在此过程中，通过工作实践，经过长期与建设单位各部门以及人员的协作沟通，将会极大提升全咨单位与建设单位的紧密联系，有利于展现全咨单位的综合专业能力，加强相互的信任，为项目的后续工作顺利推进打好坚实的基础。

第6章 招标咨询

生态文明建设项目招标采购管理是指根据项目需要，按照国家、省市地方现行有关规定组织建立招标（采购）管理制度，确定招标（采购）流程和实施方式，规定管理与控制的程序和方法，协助项目建设单位开展招标（采购）工作。

招标（采购）管理是通过科学策划，精心组织和严格管理招标（采购）工作，通过实施招标（采购）策划、程序控制和组织协调等管理措施，依法、规范、高效、周密地开展招标（采购），按照项目建设总控计划、招标（采购）总控计划的时间优选技术服务单位、工程总承包和专业工程承包单位，顺利推进项目建设。

6.1 招标策划

6.1.1 招标理念梳理

（1）立足创新、整合国内资源

生态文明建设项目的集群性、建设难度和建设规模，决定了管理者必须站在行业前沿的高度去审视有关招标管理措施，将目光拓展至全国，在全国范围内通过招标寻求优质资源来解决生态文明建设项目遇到的问题。而与此同时，我国生态修复产业尚处于起步发展阶段，唯有自主创新方可推动行业和产业发展，引领带动行业发展。因此在整合国内资源的同时，必须立足自主创新，从而实现生态修复行业的长效发展。

（2）探索实施策划型招标

生态文明建设项目的管理规划及招标策划，是顶层设计的重要组成部分，是构建项目管理模式和指引招标工作的基础。探索实施策划型招标，以需求引导招标，围绕生态文明建设项目的建设目标，在项目管理规划的引领下，站在历史的高度，把握行业的发展方向，在正确认识和理解生态文明建设项目招标工作的基础上，确立生态文明建设项目招标目标，即在国内法律法规框架下，围绕"超前的顶层设计，充分的市场调查，完善的招标策略，细致的工作方法，不断地持续改进"的创新驱动思路，遵循公开、公平、公正和诚实守信原则，择优引入全国最优质的匹配资源，实现资源的有效配置。

（3）数智化手段辅助招标

全岛项目众多，多个项目相互交叉，项目界限、范围、工作面繁杂。3个新建房屋建筑及广阳营历史建筑群以"点"的形式布于全岛东、西、北、中部，绿色交通、生态化供排水以"线"的形式在岛内穿梭、联通，生态修复以"面"的形式覆盖岛内及岛外。招标前期，通过数智化手段，利用无人机技术，精确定位各项目交接边界，辅助划分招标范围，为全岛土石方平衡方案提供了高精度的信息数据、辅助了土石方工程量清单编制，高效赋能生态文明建设项目招标工作顺利开展。

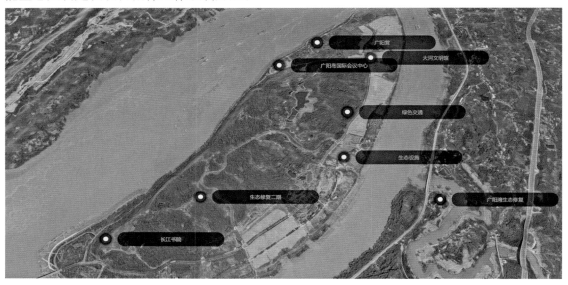

图 6-1　广阳岛招标项目示意

6.1.2　招标范围确定

广阳岛生态文明建设项目中，生态修复根据建设地点分别位于广阳岛内、岛外，划分为广阳岛生态修复二期和广阳湾生态修复两个项目，全阶段设计和施工策划为一个合同包，由一家工程总承包单位完成。

长江书院方案设计和初步设计策划为一个合同包，由一家设计单位完成；施工图设计和施工策划为一个合同包，由一家工程总承包单位完成。

内容＼项目	广阳岛生态修复二期	清洁能源	固废循环利用	生态化供排水	绿色交通	广阳湾生态修复	长江书院	广阳岛国际会议中心	大河文明馆	广阳营
方案设计	工程总承包1					工程总承包2	设计1	设计2	设计3	
初步设计										一
施工图设计										设计4
施工	施工×1				施工×2		工程总承包3	工程总承包4	施工×3	施工×4

注："施工"包含"施工总承包"和"专业工程施工"。

图 6-2　广阳岛生态文明建设项目招标范围

大河文明馆全阶段设计策划为一个合同包，由一家设计单位完成；施工为一个合同包，由一家施工单位完成。

广阳岛国际会议中心方案设计和初步设计策划为一个合同包，由一家设计单位完成；施工图设计和施工策划为一个合同包，由一家工程总承包单位完成。

广阳营为现有历史建筑修缮改造工程，划分施工图设计、施工两个合同包。具体招标范围划分如图 6-2 所示。

6.2　招标方式

6.2.1　招标方式分析

在中华人民共和国境内进行招标投标活动，适用《中华人民共和国招标投标法》，招标必须根据现行法律法规、规章制度进行。目前，对必须招标项目的界定以及与必须招标项目招标方式相关的政策规定如下：

（1）《中华人民共和国招标投标法》

《中华人民共和国招标投标法》规定："在中华人民共和国境内进行下列工程建设项目包括项目的勘察、设计、施工、监理以及与工程建设有关的重要设备、材料等的采购，必须进行招标：（一）大型基础设施、公用事业等关系社会公共利益、公众安全的项目；（二）全部或者部分使用国有资金投资或者国家融资的项目；（三）使用国际组织或者外国政府贷款、援助资金的项目。……法律或者国务院对必须进行招标的其他项目的范围有规定的，依照其规定。"

招标分为公开招标和邀请招标。

公开招标，是指招标人以招标公告的方式邀请不特定的法人或者其他组织投标。

邀请招标，是指招标人以投标邀请书的方式邀请特定的法人或者其他组织投标。

第十一条规定："国务院发展计划部门确定的国家重点项目和省、自治区、直辖市人民政府确定的地方重点项目不适宜公开招标的，经国务院发展计划部门或者省、自治区、直辖市人民政府批准，可以进行邀请招标。"

第六十六条规定："涉及国家安全、国家秘密、抢险救灾或者属于利用扶贫资金实行以工代赈、需要使用农民工等特殊情况，不适宜进行招标的项目，按照国家有关规定可以不进行招标。"

（2）《建设工程勘察设计管理条例》（国务院令第 293 号）

第十二条　建设工程勘察、设计发包依法实行招标发包或者直接发包。

第十三条　建设工程勘察、设计应当依照《中华人民共和国招标投标法》的规定，实行招标发包。

第十六条　下列建设工程的勘察、设计，经有关主管部门批准，可以直接发包：

（一）采用特定的专利或者专有技术的；

（二）建筑艺术造型有特殊要求的；

（三）国务院规定的其他建设工程的勘察、设计。

（3）《中华人民共和国招标投标法实施条例》（国务院令第 613 号）

第八条　国有资金占控股或者主导地位的依法必须进行招标的项目，应当公开招标；但有下列情形之一的，可以邀请招标：

（一）技术复杂、有特殊要求或者受自然环境限制，只有少量潜在投标人可供选择；

（二）采用公开招标方式的费用占项目合同金额的比例过大。

第九条　除招标投标法第六十六条规定的可以不进行招标的特殊情况外，有下列情形之一的，可以不进行招标：

（一）需要采用不可替代的专利或者专有技术；

（二）采购人依法能够自行建设、生产或者提供；

（三）已通过招标方式选定的特许经营项目投资人依法能够自行建设、生产或者提供；

（四）需要向原中标人采购工程、货物或者服务，否则将影响施工或者功能配套要求；

（五）国家规定的其他特殊情形。

（4）《必须招标的工程项目规定》（国家发展改革委 2018 第 16 号令）

第二条　全部或者部分使用国有资金投资或者国家融资的项目包括：

（一）使用预算资金 200 万元人民币以上，并且该资金占投资额 10% 以上的项目；

（二）使用国有企业事业单位资金，并且该资金占控股或者主导地位的项目。

第三条　使用国际组织或者外国政府贷款、援助资金的项目包括：

（一）使用世界银行、亚洲开发银行等国际组织贷款、援助资金的项目；

（二）使用外国政府及其机构贷款、援助资金的项目。

第四条　不属于本规定第二条、第三条规定情形的大型基础设施、公用事业等关系社会公共利益、公众安全的项目，必须招标的具体范围由国务院发展改革部门会同国务院有关部门按照确有必要、严格限定的原则制订，报国务院批准。

第五条　本规定第二条至第四条规定范围内的项目，其勘察、设计、施工、监理以及与工程建设有关的重要设备、材料等的采购达到下列标准之一的，必须招标：

（一）施工单项合同估算价在 400 万元人民币以上；

（二）重要设备、材料等货物的采购，单项合同估算价在 200 万元人民币以上；

（三）勘察、设计、监理等服务的采购，单项合同估算价在 100 万元人民币以上。

同一项目中可以合并进行的勘察、设计、施工、监理以及与工程建设有关的重要设备、材料等的采购，合同估算价合计达到前款规定标准的，必须招标。

（5）《必须招标的基础设施和公用事业项目范围规定》（发改法规规定〔2018〕843号）

第二条　不属于《必须招标的工程项目规定》第二条、第三条规定情形的大型基础设施、公用事业等关系社会公共利益、公众安全的项目，必须招标的具体范围包括：

（一）煤炭、石油、天然气、电力、新能源等能源基础设施项目；

（二）铁路、公路、管道、水运，以及公共航空和A1级通用机场等交通运输基础设施项目；

（三）电信枢纽、通信信息网络等通信基础设施项目；

（四）防洪、灌溉、排涝、引（供）水等水利基础设施项目；

（五）城市轨道交通等城建项目。

（6）关于进一步做好《必须招标的工程项目规定》和《必须招标的基础设施和公用事业项目范围规定》实施工作的通知（发改办法规〔2020〕770号）

（五）关于总承包招标的规模标准。

对于16号令第二条至第四条规定范围内的项目，发包人依法对工程以及与工程建设有关的货物、服务全部或者部分实行总承包发包的，总承包中施工、货物、服务等各部分的估算价中，只要有一项达到16号令第五条规定相应标准，即施工部分估算价达到400万元以上，或者货物部分达到200万元以上，或者服务部分达到100万元以上，则整个总承包发包应当招标。

（7）《重庆市招标投标条例》

第八条　招标方式分为公开招标和邀请招标。国有资金占控股或者主导地位的依法必须进行招标的项目，应当公开招标。

第十条　有下列特殊情形之一的，按照国家有关规定可以不进行招标：

（一）涉及国家安全、国家秘密、抢险救灾；

（二）属于利用扶贫资金实行以工代赈、需要使用农民工；

（三）需要采用不可替代的专利或者专有技术；

（四）采购人依法能够自行建设、生产或者提供；

（五）已通过招标方式选定的特许经营项目投资人依法能够自行建设、生产或者提供；

（六）需要向原中标人采购工程、货物或者服务，否则将影响施工或者功能配套要求；

（七）在建工程依法追加的主体加层工程，原中标人具备承包能力，或者通过招标采购的货物需要补充追加，原中标人具备供货能力，且追加金额不超过原合同金额百分之十；

（八）国家规定的其他特殊情形。

第十一条　国有资金占控股或者主导地位的依法必须进行招标的项目，有下列情形之一的，可以邀请招标：

（一）技术复杂、有特殊要求或者受自然环境限制，只有少量潜在投标人可供选择；

（二）采用公开招标方式的费用占项目合同金额的比例过大；

（三）市人民政府确定的不适宜公开招标的重点项目。

前款第一项所列情形，由招标人申请有关行政监督部门作出认定；前款第二项所列情形，属于应当审核招标内容的项目的，由项目审批、核准部门在审批、核准项目时作出认定。前款第一项、第二项的具体认定办法，由市发展改革部门会同有关行政监督部门制定。前款第三项所列情形，应当经市人民政府常务会议讨论决定。

6.2.2　招标方式选择

在广阳岛生态文明建设项目招标中，广阳营的设计、施工根据政策规定不属于必须招标项目，因此由建设单位自主选择招标方式，分别通过竞争性比选的方式选择设计及施工单位。各项目招标方式见表 6-1。

表 6-1　广阳岛生态文明建设项目招标方式

项目	招标内容	招标方式	备注
广阳岛生态修复二期	设计＋施工	公开招标	含清洁能源、固废循环利用、生态化供排水、绿色交通设计
清洁能源	施工	公开招标	——
固废循环利用	施工	公开招标	——
生态化供排水	施工	公开招标	——
绿色交通	施工	公开招标	——
广阳湾生态修复	设计＋施工	公开招标	——
长江书院	设计＋施工	公开招标	——
广阳岛国际会议中心	设计＋施工	公开招标	——
大河文明馆	施工	公开招标	——
广阳营	设计	竞争性比选	非必须招标项目
广阳营	施工	竞争性比选	——

6.3　招标流程

广阳岛生态文明建设项目招标中，采用竞争性比选方式的项目按建设单位内部流程执行；采用公开招标方式的项目按渝府办发〔2019〕114 号文，根据国家有关法律法规，结合项目招投标行政监督部门要求开展招投标工作。公开招标工作流程、开标流程、评标流程如图 6-3—图 6-5 所示。

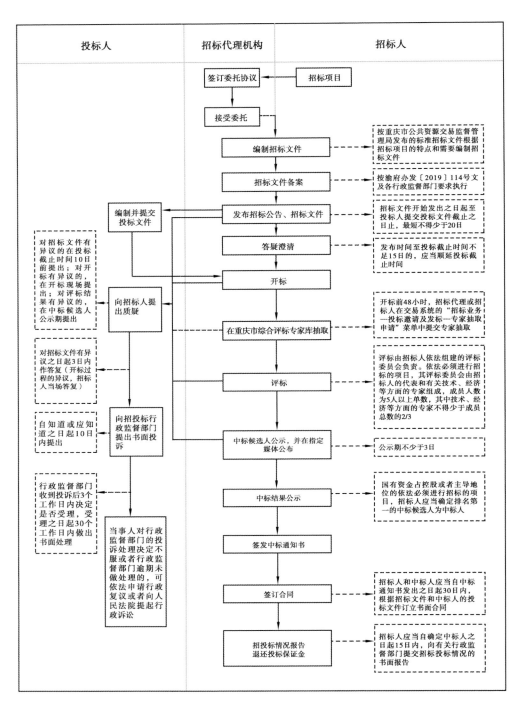

图 6-3　公开招标工作流程

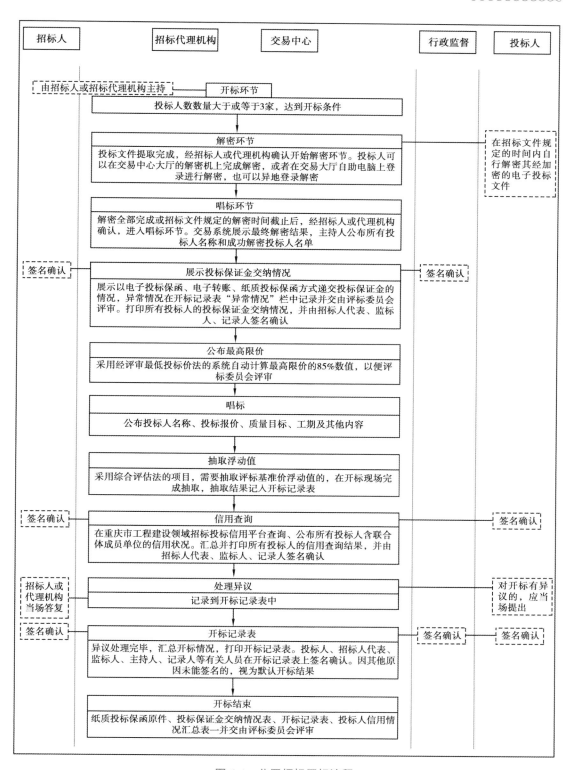

图 6-4 公开招标开标流程

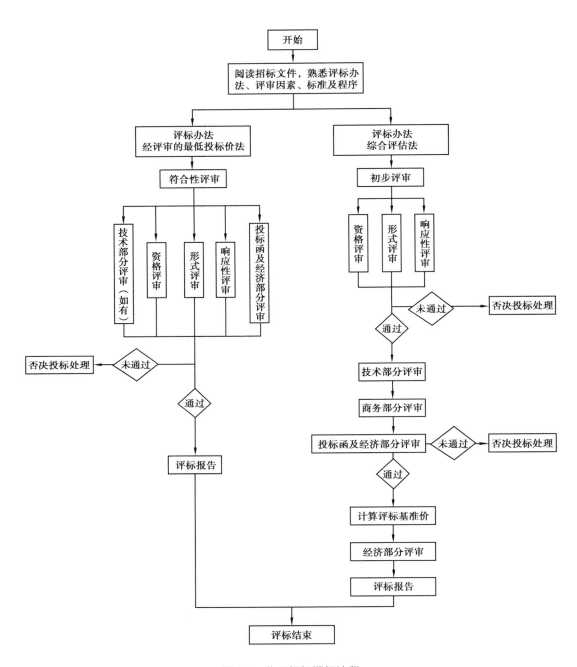

图 6-5　公开招标评标流程

6.4 资格条件

招标资格条件的确定是选择承包单位的关键点之一，资格条件一般包括企业资质、类似工程业绩、财务状况、信用情况、技术人员要求等方面。招标人不得以不合理的条件限制或者排斥潜在投标人，不得对潜在投标人实行歧视待遇。

招标资格条件的设置同时要遵守关于印发《工程项目招投标领域营商环境专项整治工作方案》的通知（发改办法规〔2019〕862 号）及地方关于招投标领域营商环境的相关规定，不得设定明显超出招标项目具体特点和实际需要的过高的资质资格、技术、商务条件或者业绩、奖项要求。

6.4.1 企业资质要求

企业资质要求的设置应根据招标项目规模、类型、特点和品质要求，按《建筑业企业资质管理规定》（住房和城乡建设部第 22 号令）、《住房和城乡建设部关于印发〈建筑业企业资质标准〉的通知》（建市〔2014〕159 号）、住房和城乡建设部关于印发《建筑业企业资质管理规定和资质标准实施意见》的通知（建市〔2015〕20 号）、《住房和城乡建设部关于建筑业企业资质管理有关问题的通知》（建市〔2015〕154 号）、《住房和城乡建设部关于取消建筑智能化等 4 个工程设计与施工资质有关事项的通知》（建市〔2015〕102 号）、《住房和城乡建设部关于简化建筑业企业资质标准部分指标的通知》（建市〔2016〕226 号）等相关规定执行。

工程总承包项目应设定与工程规模相适应的工程设计资质和施工资质。施工资质应设定相应的施工总承包资质，不再设置施工总承包资质已涵盖的任何专业承包资质。工程总承包项目中有设定的资质不能涵盖的工作内容的，应当允许分包。

6.4.2 类似工程业绩

类似工程业绩根据招标项目的规模、类型、特点等要求设置，包括工程业绩的时间范围、工程类别、建设规模、投资金额等条件。按 2021 年 2 月重庆市公共资源交易监管局发布执行《重庆市房屋建筑和市政基础设施项目工程总承包标准招标文件》《重庆市房屋建筑和市政基础设施工程施工标准招标文件》，工程类别的设定原则上应当满足《建设工程分类标准》（GB/T 50841—2013）的要求，其具体要求使用至三级目录为止，具体详见《建设工程分类标准》（GB/T 50841—2013）附录 A、附录 B、附录 C；采用金额为业绩条件的，其类似业绩金额的设定原则上不高于该招标项目估算价或经批准的概算中工程费用金额或最高限价的四分之三；采用工程规模的具体参数为业绩条件的，工程规模的类别设定原则上应当采用《建筑业企业资质标准》（建市〔2014〕159号）中"承包工程范围"中明确设立了的工程规模类别，且工程规模的具体参数原则上不高于招标项目工程规模数值的四分之三（但降低了相关规模标准等级的除外）。

6.4.3　财务状况要求

良好的财务状况可保证投标人经营的顺利发展，也对投标人的履约能力有重要影响。招标时可要求投标人近1~3年内年度财务状况不亏损，提供经会计师事务所或审计机构出具的合法有效的财务审计报告及财务报表，财务报表须至少包括现金流量表、资产负债表、利润表。

6.4.4　信用情况要求

信用情况可要求投标人提供证明材料，也可采取承诺制。证明材料可提供"信用中国"网站相关截图，证明其不在"失信被执行人""异常经营名录""税收违法黑名单"内。重庆市招标投标一般采用承诺制，由投标人自行承诺投标时不存在以下情况：

①被人民法院列入失信被执行人名单且在被执行期内。

②被列入《重庆市工程建设领域招标投标信用管理暂行办法》规定的重点关注名单且记分达到12分且在记分有效期内。

③被列入《重庆市工程建设领域招标投标信用管理暂行办法》规定的黑名单且在有效期内。

④被国家、重庆市（含市或任意区县）有关行政部门处以暂停投标资格行政处罚，且在处罚期限内。

⑤被重庆市市级有关行业主管部门暂停在渝承揽新业务且在暂停期内。

6.4.5　技术人员要求

技术人员要求包括项目负责人职业资格、职称等级、业绩、管理人员资格等。

职业资格是政府认定的考核鉴定机构所授予的有关职业技能水平或职业资格的评价和鉴定结果证明。如房屋建筑项目可根据项目类型和规模大小要求设计负责人具备一级注册建筑师或二级注册建筑师资格，施工负责人具备建筑工程一级建造师或二级建造师资格。

职称等级基于专业技术水平、能力以及成就条件的职业等级称号，是反映专业技术人员的技术水平、工作能力的标志。工程技术人员职称等级分为正高级工程师、高级工程师、工程师、助理工程师、技术员等。应根据招标项目实际情况对主要管理人员设置相应专业的职称等级要求。

管理人员资格及数量需根据行业主管部门要求配置。例如，根据重庆市工程建设标准

《房屋建筑和市政基础设施工程施工现场从业人员配备标准》（DBJ50/T–157—2022），房屋建筑大型Ⅰ类工程（表 6-2）施工总承包单位施工现场专业人员数量配备总数需 20 人（表 6-3）。可在招标文件中明确人员配备资格及数量，要求在招标文件中提供相应证明文件，也可采用承诺制，由投标人自行承诺中标后在签订合同之前，须按照实际工作需要和建设行政主管部门的要求组建项目部，配置项目管理班子，出具任命文件。

表 6-2　《房屋建筑和市政基础设施工程施工现场从业人员配备标准》（DBJ50/T–157—2022）（节选）

类型	小型	中型Ⅰ	中型Ⅱ	中型Ⅲ	大型Ⅰ	大型Ⅱ
规模	< 1 万 m²	1 万 ~3 万 m²	3 万 ~6 万 m²	6 万 ~13 万 m²	13 万 ~23 万 m²	≥ 23 万 m²

表 6-3　《房屋建筑和市政基础设施工程施工现场从业人员配备标准》（DBJ50/T–157—2022）（节选）

工程类别及规模	岗位	项目负责人	技术负责人	质量负责人	安全负责人	施工员	安全员	质量员	测量员	材料员	机械员	试验员	预算员	劳务员	资料员	标准员	信息管理员	小计
房屋建筑工程	小型	1	1	1*	1*	1	1	1	1*	1*	1*	1*	1*	1*	1*	1*	1*	5
	中型Ⅰ	1	1	1	1	1	1	1	1*	1*	1*	1*	1*	1	1	1	1*	9
	中型Ⅱ	1	1	1	1	2	2	1	1*	1*	1*	1*	1	1	1	1*	1*	13
	中型Ⅲ	1	1	1	1	2	2	1*	1	1*	1*	1*	1	1	1	1*	1*	16
	大型Ⅰ	1	1	1	1	2	2	1	1	1	1	1	1	1	2	1*	1*	20
	大型Ⅱ	1	1	1	1	4	2	2	1	2	1	2	2	1	2	1*	1*	23

注 1. * 表示可兼任的岗位。

2. 工程规模划分详见附录 A（此处暂不列出）。

6.5　计价方式

6.5.1　计价方式分类

合同计价方式，是合同条款的重点内容，直接影响合同计价与结算，同时计价方式也决定了大部分工程风险在发包人和承包人之间的分配方式。常见的合同计价方式及适用范围如下：

（1）固定总价

固定总价是指发承包双方当事人约定以工程范围、图纸、已标价工程量清单或预算书及有关条件进行合同价格计算、调整和确认的建设工程合同，在约定的范围内合同总价不作调整。固定总价合同适用于对工程内容和技术经济指标规定明确、对最终产品的要求也非常明确的建设工程。

（2）固定单价

固定单价是指发承包双方当事人约定以工程量清单及其综合单价进行合同价格计算、调整和确认的建设工程合同，在约定的范围内合同单价不作调整。固定单价合同适用范围广，技术要求及图纸完善、使用工程量清单计价的建设工程宜采用固定单价方式。

（3）固定费率

固定费率是指根据发承包双方当事人确认的工程范围，按计量规范、计价文件计算的工程造价乘以固定费率作为合同价，合同固定费率不做调整。固定费率合同适用于工期比较紧、图纸不完善甚至方案阶段就要确定单位的建设工程。

（4）成本加酬金

成本加酬金合同是指发承包双方约定以施工工程成本再加合同约定酬金进行合同价款计算、调整和确认的建设工程合同。成本加酬金合同适用于研究开发性质的工程项目和紧急抢险、救灾的建设工程。

6.5.2　计价方式确定

广阳岛生态文明建设项目中，广阳岛生态修复二期与广阳湾生态修复项目设计费为固定费率，工程费为固定费率＋固定单价的计价方式，其中土石方部分采用模拟工程量清单形式招标，以中标综合单价作为结算价格。

清洁能源、固废循环利用、生态化供排水、绿色交通作为广阳岛生态修复二期项目的专业工程，采用工程量清单招标，计价方式为固定单价。

长江书院、广阳岛国际会议中心设计费为固定费率，工程费为固定费率＋固定单价的计价方式，其中土石方及基础部分采用模拟工程量清单形式招标，以中标综合单价作为结算价格。

大河文明馆设计费为固定费率，施工采用工程量清单招标，计价方式为固定单价。

广阳营项目工期短、投资额较小，设计费为固定总价，施工采用工程量清单招标，计价方式为固定单价。

具体项目合同计价方式如图 6-6 所示。

项目 内容	广阳岛生态修复二期	清洁能源	固废循环利用	生态化供排水	绿色交通	广阳湾生态修复	长江书院	广阳岛国际会议中心	大河文明馆	广阳营
方案设计	设计费：固定费率					设计费：固定费率	固定费率	固定费率	固定费率	—
初步设计							设计费：固定费率	设计费：固定费率	固定费率	—
施工图设计							设计费：固定费率	设计费：固定费率	固定费率	固定总价
施工	工程费：固定费率+固定单价	固定单价			固定单价	工程费：固定费率+固定单价	工程费：固定费率+固定单价	工程费：固定费率+固定单价	固定单价	固定单价

图 6-6 广阳岛生态文明建设项目计价方式

6.6 评标方法

6.6.1 评标方法分析

选择合适的评标方法有利于确定适合的实施单位，保证项目的顺利实施，因此审慎确定评标方法显得尤为重要。目前关于评标方法有如下政策规定：

（1）《中华人民共和国招标投标法》

第四十一条 中标人的投标应当符合下列条件之一：

（一）能够最大限度地满足招标文件中规定的各项综合评价标准；

（二）能够满足招标文件的实质性要求，并且经评审的投标价格最低；但是投标价格低于成本的除外。

（2）评标委员会和评标方法暂行规定（国家七部委第12号令）

第二十九条 评标方法包括经评审的最低投标价法、综合评估法或者法律、行政法规允许的其他评标方法。

（3）《重庆市招标投标条例》

评标方法分为经评审的最低投标价法和综合评估法。

具有通用技术、性能标准或者招标人对其技术、性能没有特殊要求的工程，应当采用经评审的最低投标价法；技术特别复杂或者招标人对其技术、性能有特殊要求的工程，可以采用综合评估法；其他依法必须进行招标的项目，鼓励采用经评审的最低投标价法。

经评审的最低投标价法和综合评估法的具体实施办法，由市人民政府有关行政监督部门依法制定。

（4）《重庆市工程建设项目评标方法暂行办法》

第二条 评标方法分为经评审的最低投标价法和综合评估法。依法必须招标的施工类项目，应当采用经评审的最低投标价法。其中，技术复杂或者招标人对其技术、性能有特殊要求，需要采用综合评估法的，招标人应当取得行业主管部门认定后报同级招标投标行政监管部门同意。招标投标行政监管部门可以采取委托中介机构评估、组织专家评审等方式，对该项目是否属于技术复杂或者招标人对其技术、性能有特殊要求进行论证。其他依法必须进行招标的项目，鼓励采用经评审的最低投标价法。

（5）《重庆市工程建设项目招标投标监督管理暂行办法》

第十五条 评标方法分为经评审的最低投标价法和综合评估法。

依法必须招标的施工类工程建设项目，应当采用经评审的最低投标价法；技术特别复杂或者招标人对其技术、性能有特殊要求，需要采用综合评估法的，招标人应当取得行业主管部门同意后报同级行政监督部门认定。其他项目鼓励采用经评审的最低投标价法。评标方法的具体实施规定由市公共资源交易监管局会同有关部门依法制定。以上规定实际上大体体现了两种评标办法：综合评估法、经评审的最低投标价法，这是目前在投标评审中经过实践应用比较广泛的方法。

1）综合评估法

综合评估法是依照各评标因素在整个评标因素中的地位和重要程度，对竞争性的体现程度，对招标意图的体现程度，通过各因素所占权重的不同，进行综合评估从而确定中标人的评标定标方法。评标因素具体来说通常包括投标报价、技术方案、奖项、业绩及人员资历等。综合评估法赋予每个因素不同的分值，排除了单一因素的片面性，可以较全面地反映投标人各方面的情况，符合市场的竞争规律。综合评估法通常采用百分制方式，总分100分，各项评价指标有规定统一的评价等级或分值范围。综合评估法适合用于无法进行定量分析的指标。

2）经评审的最低投标价法

经评审的最低投标价法是通过资格审查和技术评审后，按投标报价从低到高进行排序，推荐报价最低的投标人中标，但排除评标价低于成本价的投标人。采用经评审的最低投标价法并不等同于投标报价越低越好，而是不能低于成本，且要以满足招标文件的实质性要求为前提。经评审的最低投标价法对投标人进行严格的资格审查至关重要，通过资格审查确定投标文件满足招标的实质性要求和技术条件，包括资质、财务状况、业绩及信誉记录等方面，以确保投标人不仅有资格而且有实力完成招标项目。

每种评标方法都有其适用范围，同一项目的招标可能因评标方法不同而结果不同。厘清评标方法的适用情况，有利于充分发挥各评标方法的优势，从而减少其不利影响。重庆市常用的两种评标方法比较见表6-4。

表 6-4　常用评标方法比较

评标方法 对比项	综合评估法	经评审的最低投标价法
资格条件	符合性评审	符合性评审
技术部分	设置权重，打分	符合性评审
商务部分	设置权重，打分	—
经济部分	设置权重，计算分数	—
确定中标候选人方式	总评分最高排名第一，依次类推	通过符合性审查的报价最低排名第一，依次类推
适用范围	技术特别复杂或者招标人对其技术、性能有特殊要求的项目	具有通用技术、性能标准或者招标人对其技术、性能没有特殊要求的招标项目

6.6.2 评标方法确定

2021 年 2 月，重庆市公共资源交易监管局发布执行《重庆市房屋建筑和市政基础设施项目工程总承包标准招标文件》《重庆市房屋建筑和市政基础设施工程施工标准招标文件》，标准招标文件规定了经评审的最低投标价法和综合评估法两种评标方法供招标人根据招标项目具体特点和实际需要进行选择。依法必须招标的工程总承包项目，建筑安装工程费占经批准的概算中工程费用 50% 以上的应当采用经评审的最低投标价法；技术特别复杂或者招标人对其技术、性能有特殊要求，需要采用综合评估法的，招标人应当取得行业主管部门认定后报同级招标投标行政监管部门同意。依法必须招标的施工类项目，应当采用经评审的最低投标价法。其中，技术特别复杂或者招标人对其技术、性能有特殊要求，需要采用综合评估法的，招标人应当取得行业主管部门认定后报同级招标投标行政监管部门同意。

广阳岛生态文明建设项目招标中，生态修复类项目采用综合评标法；以公开招标方式进行的房屋建筑及市政基础设施项目，均取得行业主管部门的技术特别复杂认定，并报同级招投标行政监督部门同意，评标方法采用综合评估法；广阳营的设计和施工竞争性比选采用经评审的最低投标价法。

第 7 章　设计咨询

7.1　设计咨询概述

7.1.1　设计咨询基本概念

工程设计咨询是全过程工程咨询中的重要板块，它是由工程设计专家顾问组成的团体，对各阶段设计过程中的关键技术、经济问题组织专家研讨，提出咨询意见；对各阶段设计成果文件进行审核，纠正偏差和错误，提出优化建议，出具咨询报告。

生态修复设计咨询重点工作是在专业上从生态、规划、景观、建筑、水暖电等方面为业主提供全专业咨询，是在过程上涵盖生态修复项目的规划、设计、建设及运营的全生命期咨询服务。

绿色建筑设计咨询指的是从项目策划阶段开始就组建全专业的咨询团队，包括建筑、规划、结构、给水排水、暖通、电气、智能化、景观、经济、运营等进行协作配合，通过不同专业对项目的认识和理解，站在建筑整个生命周期的视野高度，完成整体的设计咨询。

7.1.2　设计咨询工作内容

（1）设计管理工作内容

全过程设计咨询除了需对工程勘察、设计提供专业设计技术咨询服务，还应提供相应管理服务。

勘察设计管理工作包括对勘察设计工作的质量管理、进度管理、工程成本控制、信息管理、供方管理及各参与方之间的组织协调，具体如下：

①协助业主编制勘察、设计计划，并根据计划进行勘察设计进度管控。

②针对实施过程中发生的重大变化，及时对工程勘察设计的实施规划进行调整。

③按照勘察与设计任务书检查勘察工作实施情况，分析进度偏差。

④根据设计技术咨询对各设计方案的经济型评估结果对项目实施限额设计管理，及时进行勘察及设计成本控制。

⑤在全咨管理的数字化协同管理平台上开展工作，及时、准确、完整地将工程勘察设计过程中所形成的咨询成果文件进行收集、整理、编制、归档。

⑥配合业主编制招标技术文件、参与投标文件的技术评审和技术谈判、审查和确认供应商图纸资料、协助处理采购过程中相关设计与技术问题、参与关键材料设备检验，进行供方管理。

⑦建立各相关人共同参与的协同机制，负责沟通协调与工程勘察设计有关的相关人之间的接口关系。

⑧组织各项专题技术会议，包括各项设计交底和图纸会审及项目实施过程中的重大、关键性技术问题的专题讨论与研究会议。

（2）技术咨询工作内容

根据工程建设流程，设计技术咨询工作具体包括：

1）勘察阶段技术咨询

绿色建筑咨询中，勘察设计阶段是工程建设阶段的重要环节。其中，工程勘察是基础，是根据建设工程和法律法规的要求，查明、分析、评价拟建项目建设场地的地质地理环境特征和岩土工程条件的过程。包括制订勘察任务书和组织勘察咨询服务，并对勘察设计文件提出优化意见，最终形成合理完整的勘察设计成果，满足后续设计工作的需要。

2）设计阶段技术咨询

设计技术审查工作涵盖项目设计和施工全过程，主要工作集中在方案设计、初步设计和施工图设计3个阶段，具体如下：

①方案设计阶段。建筑方案设计是建筑设计的最初阶段，是具有创造性的最关键环节，也是初步设计和施工图设计的基础，是设计工作的重要组成部分。

方案设计阶段设计技术审查工作主要包括以下几个方面：

a.方案设计准备，编制方案设计任务书、方案设计技术要求、使用单位及建设单位的要求等。

b.方案设计评估．

c.土石方、边坡基坑支护、室外景观、室内精装、地下车库、结构、机电设备、智能化等专项方案经济性评估．

d.绿建、装配式、海绵城市、人防、防雷、轨道、交通等专项设计技术咨询。

②初步设计阶段。初步设计是建筑设计方案的进一步细化，由设计说明书（包括设计总说明和各专业的设计说明书）、设计图纸、主要设备及材料表和工程概算书4个部分组成。在初步设计阶段，各专业对本专业内容的设计方案或重大技术问题的解决方案进行综合技术经济分析，论证技术上的适用性、可靠性和经济上的合理性。

初步设计阶段设计咨询工作主要包括以下几个方面：

a. 初步设计准备，编制设计任务书、技术要求等。

b. 初步设计评估，包括建筑、结构等全专业及各专项设计的评估。

③施工图设计阶段。施工图设计阶段工作主要是关于施工图的设计及制作，以及通过设计好的图纸把设计者的意图和全部设计结果表达出来，作为施工实施的依据，是设计和施工工作开展的桥梁。

施工图设计阶段设计咨询工作主要包括以下几个方面：

a. 施工图设计准备，编制任务书、技术要求、技术标准等。

b. 施工图设计过程跟踪。

c. 建筑、景观、精装等施工图设计成果评估。

d. 新材料、新工艺、新技术应用的适应性、可行性、经济性。

e. 立面、幕墙、泛光照明、标识标牌、基坑支护、人防、门窗百叶、栏杆、智能化、雕塑小品、生化池、电梯、保温、停车画线专项设计技术咨询及优化。

f. 边坡挡墙、基坑支护、基础、结构、机电设备等施工图经济性、安全性评估。

对于生态修复项目，施工图设计阶段重点工作包括：

a. 生态修复的水体设计的经济，结构，实施合理性。

b. 生态修复的植物设计的经济，可行合理性。

c. 生态修复中的水文水利的施工图设计咨询评估。

对于绿色建筑，施工图设计阶段设计咨询重点工作在于：

绿色建筑技术咨询，除了满足常规建设项目的要求以外，还着重按照现行《重庆市绿色建筑评价标准》的规定，从安全耐久、健康舒适、生活便利、资源节约、环境宜居五部分入手，逐一核对相关条款，合理选择相应的技术措施，满足相关分值和评价标准的规定，达到实用性和经济性的有机统一。

3）施工阶段技术咨询

对于生态修复技术咨询工作来说，施工阶段技术咨询工作内容主要包括：

a. 对生态修复中的植物是否与设计符合进行跟踪。

b. 对于不同地段的土壤平整要分别对待，注意土壤的自然沉降和人行道边缘土壤不能太高的特点，确保地形改造达到规范和设计的要求。

c. 在植物选择上，要依据设计要求，精挑细选，确保绿化种植体现设计意图。

对于绿色建筑技术咨询工作来说，在工程建设项目全生命期中，施工阶段是耗时最长、涉及专业最广、参与人数最多、投入资金量最大、对质量要求最高、对安全管理最严的阶段。

具体来说，建设项目施工阶段是根据前期设计、发承包阶段所确定下来的设计图纸、技术要求、招投标文件、施工合同的约定以及其他规定对项目施工进行建设施工的阶段。

绿建技术咨询，除了监督按图施工以外，还需要及时跟进如下现场工作：

a. 应对施工图进行深化设计或优化，采用绿色施工技术，制订绿色施工措施，提高绿色施工效果。

b. 应实施下列绿色施工活动：选用符合绿色建造要求的绿色技术、建材和机具，实施节能降耗措施；进行节约土地的施工平面布置；确定节约水资源的施工方法；确定降低材料消耗的施工措施；确定施工现场固体废物的回收利用和处置措施；确保施工产生的粉尘、污水、废气、噪声、光污染的控制效果。

c.应协调设计与施工单位，落实绿色设计或绿色施工的相关标准和规定，对绿色建造实施情况进行检查，进行绿色建造设计或绿色施工评价。相关绿色标准和要求可包括绿色施工的国家标准——《建筑工程绿色施工评价标准》（GB/T 50640—2010）；绿色建筑的国家标准——《绿色建筑评价标准》（GB/T 50378—2019）。

7.1.3 设计咨询融合管理

目前工程建设领域正大力推行全过程工程咨询建筑师负责制，建筑师负责制下的全过程工程咨询管理模式即为以设计为主导的全过程工程咨询模式。建筑师在全过程工程咨询过程中充分发挥其总控作用，以设计管理为核心，以 BIM 为赋能工具，以全过程工程监理为抓手，牵头统筹项目建设工作，提供建筑全生命期的管理和服务。

（1）设计咨询与项目管理的融合

勘察设计咨询部门依据全咨合同安排施工现场的技术服务工作，可协助施工单位解决施工中遇到的与设计有关的质量和技术问题；按合同变更程序进行工程变更管理，审核变更并提出变更的审查意见和建议；根据施工需求组织或实施设计优化，组织关键部位的设计验收管理工作。

（2）设计咨询与 BIM 的融合

勘察设计咨询部门依据全咨合同安排勘察设计阶段相关专业技术咨询及设计管理服务，并将 BIM 应用融合于咨询服务中，具体融合范畴包括：

①在工程勘察工作中，BIM 应用技术应覆盖地质、管线、地下构筑物、周边建筑物及周边环境、管线等。

②在方案设计中，BIM 应用技术应采取可视化手段模拟方案，综合场地分析、日照分析、能耗分析、美观效果等并给出最优方案设计。

③在初步设计中，BIM 应用技术宜包含碰撞检测、设计优化、性能分析、协同工作、仿真模拟等。

④在施工图设计中，BIM 应用技术宜包含进度模拟、碰撞检测、净高分析、管综优化、规范检查、协同管理、仿真模拟、项目可视化等。

⑤勘察设计阶段，BIM 应用技术应辅助全过程工程咨询项目总咨询师控制项目进度、质量、安全、成本及协调工作。

⑥勘察设计阶段，BIM 应用技术应辅助统计全过程工程咨询项目工程量，出具工程量预算，并进行校核。

⑦勘察设计咨询部门利用 BIM 协同管理平台进行全面设计管理工作，包括利用平台进行勘察设计进度控制、设计变更流程管理以及设计咨询成果文件的收集、整理、编制、传递等。

（3）设计咨询与造价咨询的融合

全过程工程咨询中通过设计＋造价的融合，造价工程师可将工作前置到设计阶段，配合设计师确定与拟建项目规模定位类似的工程技术与工程投资方案，为业主提供设计方案的投资估算报告，并提供初步拟订各专业工程深化选型方案，给予各专业限额设计的合理建议，从而降低因为后期项目测算成本超标而调整设计引起的项目总工期的延误，最终达到控制成本的目的，以满足业主的需求。

在设计咨询过程中，通过设计咨询与造价咨询的结合同样能为业主创造明显的经济价值。在设计阶段，设计咨询团队对设计成果提出设计优化建议，由造价对优化前后方案作出成本对比，极大便利业主的前期决策。

7.2　设计咨询策划

7.2.1　组织模式策划

《国务院办公厅关于促进建筑业持续健康发展的意见》（国办发〔2017〕19 号）提出：完善工程组织模式，鼓励投资咨询、勘察、设计、监理、招标代理、造价等企业采取联合经营、并购重组等方式发展全过程工程咨询，培育一批具有国际水平的全过程工程咨询企业。国家发展改革委联合住房和城乡建设部印发《关于推进全过程工程咨询服务发展的指导意见》（发改投资规〔2019〕515 号）提出：在房屋建筑、市政基础设施等工程建设中，鼓励建设单位委托咨询单位提供招标代理、勘察、设计、监理、造价、项目管理等全过程工程咨询服务，满足建设单位一体化服务需求，增强工程建设过程的协同性。

从目前各地开展全过程工程咨询的情况看，建设单位将部分或阶段工程咨询业务委托咨询企业开展全过程工程咨询是一种最为常见的组织模式，具体的设计咨询管理组织模式如下：

（1）管理组织模式

不含设计工作的全过程工程咨询设计管理，业主将设计工作另外委托给专业的设计单位，全过程工程咨询单位受业主的委托，根据建设工程的目标要求，对项目设计工作进行全过程的管理，对各阶段设计成果文件进行复核及审查，纠正偏差和错误，提出优化建议。这种类型实质上是全过程工程咨询单位受业主委托，实施业主方的设计管理，包括其管理层面、特点、内容、要求和侧重面等，有其自身的规律与特征。设计管理是项目管理结构框架中一个重要的专业性工作单元，项目管理基本职能融贯于设计管理工作，设计管理在项目建设实施中居于先行的主导地位。在这种形式中，设计管理要充分发挥对项目全过程工程咨询的优势，通过高质量的设计管理，提升设计成果质量（图7-1）。

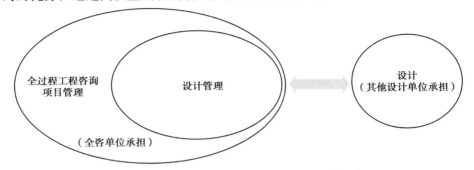

图 7-1　不含工程设计的全过程工程咨询设计管理关系图

不包含工程设计的设计咨询采用全过程工程咨询设计管理组织模式进行设计咨询工作，在总咨询师的领导下，设计管理负责人负责组织专业设计咨询人员对设计单位提供的设计成果进行咨询管理工作（图7-2）。

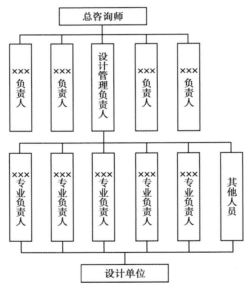

图 7-2　不含设计的全过程工程咨询设计管理组织模式框架图

（2）岗位职责分工

1）设计管理负责人职责

a. 依据合同及工程特点，组织编写工程设计服务工作细则。工作细则应包括满足项目服务要求的工作内容、制度、程序、方法和措施，经总咨询师批准后组织实施。

b. 组织分析设计阶段可能存在的风险，并制订防范对策。

c.组织编制工程设计任务书、招标文件设计技术条款，组织起草设计合同并协助签订工程设计合同，协助建设单位选择工程设计单位。

d.审查工程勘察设计单位的资质、人员的资格、质量管理体系及安全保证体系。

e.协助与配合设计单位收集设计基础资料。

f.依据设计合同及项目总体计划要求审查设计进度计划。

g.组织检查设计进度计划执行情况，督促设计单位完成设计合同约定的工作内容。

h.协助建设单位确定有关方案，组织审查设计单位提交的设计成果，并提出评估报告。必要时，协助建设单位组织专家对设计成果进行评审。

i.组织审查设计单位提出的新材料、新工艺、新技术、新设备，必要时协助建设单位组织专家评审。

j.协助投资造价人员审查设计单位提出的设计概算、施工图预算。

k.根据分工，协助或组织审查设计单位提交的设计成果，并提出评估报告。必要时，协助建设单位组织专家对设计成果进行评审。

l.组织施工图会审、设计交底。

m.负责施工过程中有关技术问题的处理，审查并签署有关设计变更、技术核定单。

n.组织开展有关设计问题调查，对设计单位提出的技术方案签署意见。

o.参加阶段验收、专项验收和竣工验收。

p.审核设计单位提交的设计费用支付申请，签认相关意见报总咨询师审批。

q.根据设计合同约定，协助总咨询师处理设计延期索赔、费用索赔等事宜。

r.负责勘察、设计服务阶段文件资料的整理和归档。

2）专业设计负责人职责

a.参加工程设计服务工作细则的编写。

b.在设计管理负责人的统一组织下，编制工程设计任务书、招标文件设计技术条款，起草工程设计合同技术条款。

c.参加有关技术方案讨论会，提出专业咨询意见。

d.审查设计单位提出的新材料、新工艺、新技术、新设备，提出专业咨询意见。

e.对设计单位提交的设计成果进行审查，负责对本专业设计成果提出审查或评估意见。

f.参加图纸会审和技术交底，负责本专业会审中设计问题的落实。

g.处理落实施工过程中本专业出现的设计技术问题。

h.参加与本专业有关的材料、设备的比选工作。

i.参加有关设计问题调查，对设计单位提出的技术方案提出专业意见。

j.参加阶段验收、专项验收和竣工验收。

3）广阳岛设计咨询组织模式

广阳岛生态文明项目由总咨询师对设计咨询整体工作进行统筹管理，设计咨询负责人在总咨询师的领导下监督领导项目负责人、咨询负责人和技术负责人，同时项目负责人、咨询负责人和技术负责人负责对设计单位提供的相关设计文件进行设计咨询管理工作，如图 7-3 所示。

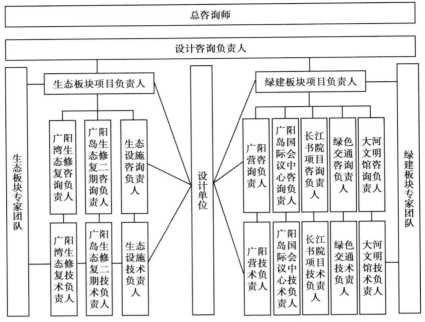

图 7-3　广阳岛项目全咨设计咨询管理组织模式框架图

广阳岛生态文明建设项目根据建设项目性质分为生态板块建设和绿色建筑板块建设，按照不同的项目特征指派生态和绿色建筑板块专业人员在总咨询师和设计咨询负责人的领导下开展各自板块的设计咨询工作。其中驻岛服务的设计咨询负责人 2 人，设计咨询工程师 8 人，技术支撑 13 人，生态专家 3 人，绿色建筑专家 2 人。

7.2.2　服务方案策划

（1）工作机制

根据项目的实际情况合理划分和设定各部门之间的工作界面；设置专业技术人员和咨询人员组织架构，设置设计管理咨询团队组织架构、明确团队人员职责分工；细化设计咨询服务过程中的实施手段，设计咨询管理工作目标策划，设置设计进度管控目标、设计质量管控目标和设计阶段投资控制目标；明确设计咨询工作形式，形成含设计咨询工作分解、编辑勘察设计工作计划等设计咨询总体策划内容；对整个项目进行分项管理，按勘察咨询、房建项目、生态修复项目、生态设施项目、绿色交通项目等子项类别明确咨询内容及评估重点，形成设计咨询工作机制流程图（图 7-4）。根据以上方案形成最终的工作成果，出具专业的咨询报告。

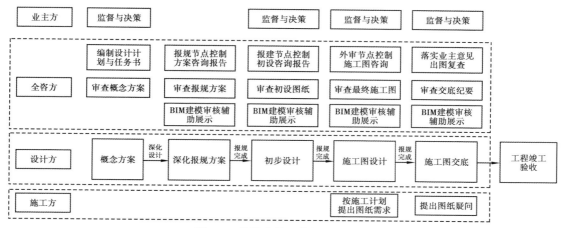

图 7-4　设计咨询工作机制流程图

（2）服务内容

设计咨询工作内容主要为明确工作职责、确定工作界面、细化工作内容，实现设计咨询服务的精细化管理，保障设计进度、质量，控制项目成本，提升项目价值。设计咨询具有设计管理和技术咨询职责。

设计管理：协调勘察与设计单位之间、设计单位与供应商、设备制造、施工等单位之间的配合与互提资料；协调落实外部设计资料；编制设计进度计划、合理确定出图计划、建立各阶段设计咨询报告台账并及时签字盖章确认。

技术咨询：编制各阶段设计任务书；审查设计采用的重要设计标准、建筑物形式与结构体系、重要计算成果；对工程设计中提出的超出国家现行技术标准的新技术、新工艺、新材料、新设备组织科研试验和鉴定并协助审查、确认设计采用的成果；协助审查初步设计文件并按规定上报、协助审查设计招标和施工图设计文件与图纸。

在设计咨询服务过程中要抓住项目成本、进度和质量进行专业重点管控，根据设计内容和原则提供工程设计专业咨询服务。咨询内容包含校审服务，对各专业、各阶段图纸进行审核；技术咨询，对设计成果提出优化建议；造价核定，从设计源头运用价值工程和限额设计的方法控制建设投资；成本优化，审核设备及材料等进而对建设成本进行优化；做到总体把控，审核图纸的专业性、经济性、先进性；最后配合项目进行报建工作，达到报建协同。

1）设计咨询的成本控制

项目设计咨询是对项目管理、合约管理、招采管理、设计管理、施工现场技术管理以及风险管理都做到一定程度上的限定，是设计咨询能否成功的重要依据，成本控制渗透在设计咨询中的各个方面、各个阶段，是项目管理的有利保障和积极作用。

在设计阶段，成本控制主要包含了各类方案技术路径的确定、材料设备的选用等。设计阶段的成本控制本质上是对价值的研究而不是对控制管理的研究，这是一个价值工程问题。项目成本的运作是对项目成本、质量与工期控制之间进行协调平衡，不能仅考虑一个方面的问题，因为当三者达到相对平衡时才能获得最大的利益，减少资源的浪费。

①项目设计对建设投资的影响。目前项目设计阶段对建设投资的影响主要有以下几点：

一是设计方案直接影响投资。建设投资控制的关键在于项目的决策和设计阶段，项目决策决定了项目的基本方针，项目设计决定了建设投资控制，因此，建设项目的设计方案技术经济计算对之后的工程造价都有很大影响。项目设计不仅影响建设成本的一次性投资，还影响项目在使用阶段运营维护的经常性费用。一般情况下，一次性费用和经常性费用存在反比关系，但通过对项目进行优化设计可以找到两者之间的平衡，从而降低建设项目的全寿命费用。

二是设计质量间接影响投资。建设项目前期的设计质量不高，往往会导致施工时出现各种问题。同时设计图纸的低质量也反映在各专业之间的协调配合方面，出现相互矛盾，最终造成施工阶段的返工甚至停工的现象。质量的短缺更有可能存在安全方面的隐患，从而带来巨大的损失，造成社会资源和建设投资的浪费，因此在进行设计咨询时需要严格控制设计图纸质量。

三是注意优化设计工作的综合性。通过对项目的优化设计来控制建设成本投资是一个关键性综合问题，不能只单独强调减少投资成本，正确处理投资成本和技术要求是控制投资的关键环节。在设计项目中，既要反对单方面强调成本节约，忽视项目在技术上的合理性要求，使设计项目达不到最终的技术要求，同时也要反对过于重视功能技术，从而造成资金上的浪费。在进行设计咨询工作时要以功能为核心，以提高价值为目标，以系统观念为方针，以总体效益为基础，以项目成果为出发点进行方案设计分析，从而达到项目优化设计的最优效果。

②设计咨询成本控制的措施。设计阶段是建设投资控制最关键的阶段。项目设计阶段的建设成本管理不单是对财务方面的管理和对项目成本的控制，而是包括组织管理、经济管理、技术措施、合同制定在内的一个综合性管理工作。具体设计阶段成本控制工作内容如图 7-5 所示。

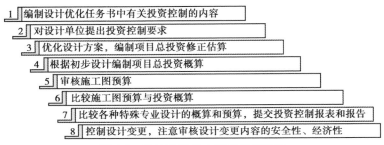

图 7-5　设计阶段成本控制工作内容

在项目的开展过程中实现成本优化的"重点专业地带"是指从项目策划阶段开始，到施工图设计等的一系列工作流程，优化项目设计流程可以降低项目时间成本和因失误而导致的成本增加，加强对建设项目规划阶段的成本优化，要从各个方面进行控制管理，具体的管理措施如下所述。

设计管理：加强对设计单位的管理。设计人员直接影响到设计质量和设计成果，因此，对设计单位的选择要率先考虑设计人员的工作能力和水平，对其进行考察，以确保设计成果质量。

技术管理：在项目建设中，一旦设计方案确定下来，成本预算也可以基本确定，合理的设计方案和结构方案会大大影响主体的工程造价成本，降低施工建设成本。设计方案的选择也是成本控制管理的关键，成本控制的重要环节是对技术指标的审核管理。

2）设计咨询的进度控制

①设计阶段进度控制总体要求。项目工程进度控制的重要内容是设计阶段的进度控制。项目工程的建设进度控制目标是工期，项目设计主要划分为设计前期、方案设计、初步设计和施工图设计几个阶段，设计阶段进度的控制是为保障施工阶段的进度，同时也为后期的运营阶段打好基础。设计进度控制是施工进度控制的前提，如果设计阶段进度把控不到位就会直接影响到项目建设总目标进度的推进，为了能够缩短项目建设工期，全过程工程咨询单位设计咨询团队或人员应与设计单位进行充分沟通协调和合理安排，使建设进度能够按照规划进度进行。

②设计阶段进度控制目标。项目设计阶段进度控制的最终目标是按规划进度表完成项目，在确定工程项目的总目标时，要考虑设计工期、图纸修改、施工工期、材料采购等时间，将这些都控制在项目工期内，为了有效地控制项目进度，需要对总目标进行分解，划分到每个专业的不同专业人员身上，保证高效率、高质量地完成每个小目标，形成设计阶段的项目工作结构分解。

初步设计阶段应根据建设单位提供的基础资料和基本要求进行设计编写，初步设计和预算批准后，就可以为后续工作（如确定项目投资额、签订各项合同、控制建设工程拨款、进行施工设备预定、施工图设计等）提供主要依据。

施工图设计根据已经批准的初步设计文件，对建设项目各单项工程及建设群体组成进行详细的设计，绘制施工图、工程预算书，作为工程施工和采购的依据。

以上都是设计进度控制的阶段性分目标，为了高效地控制项目建设进度，可以将项目分解，制订分目标，进行各个目标的时间进度规划，然后对其进行监督，这样就完成了设计进度控制目标从总目标到分目标分解完成的系统性体系。

3）设计咨询的质量控制

设计咨询的质量控制也要在各项设计管理中充分体现并相互协调，达到促进、平衡其他相关管理的作用。

①设计质量管理的内容及目标体系。项目质量的管理含义包括项目设计质量和项目建设过程质量两个方面，通过控制项目建设过程的质量来实现预期的项目最终目标和质量目标是项目管理的原则。

设计项目阶段的质量管理的主要任务有以下几点：

a.编制设计任务书，补充完善有关质量控制的内容。

b.审核优化设计方案，确定设计满足项目的质量要求和国家标准；组织专家对优化设计方案进行评审；保证设计单位完成方案设计工作；从质量控制角度对设计方案提出合理化建议。

c. 在施工图设计阶段进行设计协调，督促设计单位完成各专业施工图设计工作；跟踪审核设计图纸，发现图纸中的问题，及时向设计单位提出修改完善要求。

d. 审核施工图设计，并根据需要提出修改意见，确保设计质量达到设计合同要求获得政府有关部门审查通过，确保施工进度计划顺利进行。

对于项目设计质量管理的内容，应该明确项目设计质量管理的目标，编制质量控制体系框架。具体内容如图 7-6 所示。

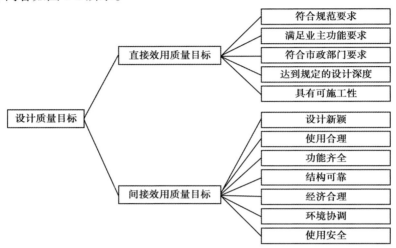

图 7-6　质量控制体系框架

②设计质量管理方法。与建设投资管理和进度管理不同，在初期设计阶段很难实现对项目设计质量进行有效管理和动态控制，对于项目设计阶段的质量控制一般都是通过前期的预期控制和后期计划管理来实现，因此前期的设计要求文件（即设计任务书）在质量管理全过程中的地位非常重要。编写设计要求文件是向设计单位明确建设项目的规划设计方向、目标信息及质量控制的主要方式，是对项目进行前期策划、决策的过程，也是对一个建设项目的预期目标、建设规模、质量标准以及施工过程的定位。设计任务书应准确全面地反映出项目确定的策划结论、主要信息点以及项目实施的主要方式，保证设计成果最终的全面性、系统化、可行性，满足国家规定、社会和城市的发展需要以及建设单位、使用者的相关需求，是工程设计的主要依据。

设计任务书不但要明确总体设计概念和技术控制要求，还要给设计单位留有自主发挥的空间，所以应形成相对全面完整的设计要求文件和具体内容，为建设项目的各个组成部分提供充分的基础依据。设计任务书的主要内容如图 7-7 所示。

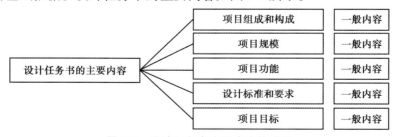

图 7-7　设计任务书主要内容构成图

7.2.3 服务保障机制

（1）专项研讨会机制

定期联合业主及各参建单位召开专项研讨会议，会议上对各专项内容方案设计、质量、进度及投资等方面提出相关咨询意见，并在会上讨论其可行性，对下一阶段相关设计咨询内容及计划进行汇报。根据广阳岛项目具体情况主要划分为国际会议中心、大河文明馆、长江书院和生态项目，针对此四个专项项目分别定期召开设计咨询专项研讨会，从项目的方案、运营、建设目标、示范效应等方面进行咨询方案的讨论工作。

（2）沟通协调机制

生态文明建设项目是一个多部门协同合作、多专业共同参与的工程项目，有设计单位、施工单位、咨询单位、设备供应商、材料供应商、政府监管部门等，让这些部门和单位共同为同一个明确的项目目标开展工作，需要有一个核心的建设项目管理团队，沟通协调各部门之间的工作。在项目设计管理过程中，对于各部门之间的关系协调更为复杂，在协同合作的同时还要对项目的进度、成本、质量进行把握，在项目的进程中不断调整以最终完成项目成果。

在广阳岛生态修复及绿色建筑设计咨询过程中，项目设计咨询团队利用 BIM 协同平台这一有效工具作为各方沟通平台。设计图纸统一上传至协同平台，咨询单位通过平台可视化工具高效便利提出优化建议，建设单位通过平台实时了解项目进展。作为信息交流中枢的 BIM 协同平台为项目设计咨询提供了强有力的技术支撑。

（3）技术咨询机制

为保障项目的设计品质以及顺利开展，设计咨询单位从多维度邀请专家助阵。举办专家评审咨询会，如广阳岛生态设施全国专家咨询会，在会上，各位专家针对"清洁能源""固废循环利""生态化供排水"3 个子项进行了研讨，对方案提出了宝贵建议，为广阳岛生态项目实施奠定了有力的咨询支撑。邀请专家参加方案设计评审会、现场指导工作，如固废清洁能源，土壤改良项目等；土壤改良课题对于业主单位、设计单位来说都较陌生，因此设计咨询单位特地聘请农业专家，与设计专家一起现场踏勘，根据对高峰果园、山茶花田的土壤实际含水量、酸碱度及施工中存在的问题进行专题指导，有效推动了设计水平、施工水平的提升。邀请专家、设计大师现场踏勘指导工作，宣传广阳岛，如山水城市论坛等大师现场指导。组织重庆市建筑产业现代化专家，邀请市勘察设计协会理事长作为专家组组长，对大河文明馆复杂性进行论证，推动复杂性论证工作进度顺利进行。

（4）专项工作机制

开展各专项设计方案分析论证，结合施工情况解决施工问题，优化处理工艺方案保证施工进度。

对部分难点问题进行组织和协调工作。如国际会议中心与绿色交通地下车库界面划分的问题，针对重庆市院和重庆市政院在设计工作中沟通不畅，进行多方面协调，最终达成一致；净高问题，在同一项目不同单位之间，如酒店走道净高不够的问题，在重庆市院、汤桦事务所、上海建工、中建八局之间，进行了大量协调，最终通过结构专业的修改，完成了业主要求的净高在 2.5 m 以上的要求。组织施工图外审单位对大河文明馆施工图进行审查，协调解决了气凝胶毡保温材料未入建委节能材料库及相关专家技术论证工作的分歧，推动取得施工审查合格书。

7.3 生态修复设计咨询实践

7.3.1 生态修复项目设计总体要求解析

生态修复项目设计咨询的管理对象为设计全阶段成果，对于生态修复各阶段设计工作进行深入分析是设计咨询工作开展的必要前提。

山水林田湖草生态保护修复工程设计应严守生态保护红线、永久基本农田、城镇开发边界 3 条控制线，按照规划确定的用途分区分类开展生态保护修复。

山水林田湖草生态保护修复工程设计应优先采用成熟可靠的治理技术，治理效果与周边环境相协调；选择适宜的生态修复模式，体现修复措施的针对性。

山水林田湖草生态保护修复工程设计应与当地社会、经济、环境相适应，符合相关规划，因地制宜地进行工程设计。在"三区两线"范围内应提高设计标准，既要绿化更要美化，在人类活动影响小的地区以自然恢复为主。

山水林田湖草生态保护修复工程设计须以安全可靠、经济合理、美观适用，使生态环境得到明显改善为目的。

山水林田湖草生态保护修复工程设计应依据调查勘查成果，参考山水林田湖草生态保护修复片区分区规划来进行单体工程设计，从而体现整体性和协调性。

合理配置自然恢复与人工修复。对于有代表性的自然生态系统和珍稀濒危野生动植物物种及其栖息地，以保护保育为主；对于轻度受损、恢复力强的生态系统，以自然恢复为主；对于中度受损的生态系统，结合自然恢复，辅助中小强度的工程措施；对于严重受损的生态系统，应采取全面修复治理措施，实现生态系统的完整性。

山水林田湖草生态保护修复工程设计单位应具备相应的工程设计资质。

山水林田湖草生态保护修复工程设计要满足绩效目标考核的要求。

7.3.2 生态修复项目设计咨询审核重点

生态修复设计咨询在过程上涵盖生态修复项目的规划、设计、建设等全生命期生态修复项目设计咨询审核重点主要包括以下内容：

1）重点审核方案规划合理性

①方案总体合理性。

②强调方案在地性。详细研究广阳岛、广阳湾的生态环境、生态资源本底调查报告，充分结合本底调查报告，确保生态修复方案具有广阳岛地域特点、修复目标明确具体、修复措施科学可行。

③增强方案系统性。广阳岛与长江是联动的、各修复元素（山水林田湖草）与广阳岛也是联动的，应把广阳岛及各元素放在整体的生态系统中进行统一协调处理，强调与广阳岛生态系统的耦合性、与"生命共同体"的联系。

④体现方案灵活性。广阳岛的生态过程是与长江及其支流息息相关的，方案中应充分展现长江及周边支流（苦竹溪、牛头溪、渔溪河、回龙河）水文过程对广阳岛的影响（如三峡水库的调度、自然水系的洪枯关系），提出适应水文变化的弹性方案。

⑤明确目标可达性。对于制订的目标，应给出科学预测目标达成的过程及可行性论证，如"5~10年内，鸟类种类增加15%~30%"，应科学预测增加的鸟类类型、种类，增加的理由及对应的生态措施，增强目标可达性。

⑥进行水量平衡分析确定具体补水工况。

⑦具体的水系连通工程需结合生态廊道的功能一起考虑。

2）重点审核方案规划执行情况

3）做好各方案衔接性分析

7.3.3 生态修复项目专项设计咨询要点

广阳岛因地制宜确立了"护山、理水、营林、疏田、清湖、丰草"生态修复策略，针对这几项生态修复专项工作内容，设计咨询主要关注重点在于以下内容。

（1）护山设计咨询要点

①多余山体矿渣的处理方式。

②方案针对山、水、湖、林、草、田进行了本底调查。

③散置乱石壁护山做法。

④工程量表相关问题。

⑤图纸目录相关问题。

⑥平面图、放线图、放线图存在的问题。

143

（2）理水、清湖设计咨询要点

①明确岛内各水体现状水质，明确后期运营过程中的水质目标、水质恶化风险点、保障措施等。

②对地块进行系统的水环境分析，明确各水体（湖泊、坑塘、溪沟）现状水质、水量及未来目标水质、水量，对整个地块进行系统的污染负荷计算及预测，强化相关污染净化措施的针对性和科学性。

③加强理水板块的本底情况分析。

④对现状湖塘水质进行监测。

⑤分析各个湖塘的汇水面积，年径流等本底情况，根据片区水文情况、结合景观需求及各个湖塘的水安全，综合考虑其水系连通的必要性及连通通道。

⑥在"水、湖"专项中，结合本底条件及修复目标，细化各湖体修复措施，提高生态修复的针对性和科学性。

（3）营林、丰草设计咨询要点

①充分结合现状本底条件，明确森林生态功能分区的依据，增强分区修复的逻辑性。

②立足"长江风景岛"的定位，在充分分析现状的基础上提出切实可行的营造方案。

③营林理念以恢复为主、保育为辅，兼顾聚焦生态和风景的总体要求。

④结合现状，在总体营林方案的指导下，提出切实可行的、细化分区块营造方案。

（4）疏田设计咨询要点

①梯级草丘、梯塘湿地、梯田湿地、湿地中植物种类选择，体现"六野"特色。

②恢复生态，保留历史印记，达到观赏性。

③果树灌溉（春旱、秋旱）、排水（一定不能积水）、土壤问题。

④科学种植、要因地制宜。

⑤推广水肥一体化灌溉。

⑥种养循环经济，应注意规模控制、内循环资源匹配。

⑦考虑畜牧、观光产业的结合，提高游客体验性。

⑧参考保护区分区，划分功能区（如核心区、缓冲区、实验区），明确各功能区主要功能，进行有区别的生产、展示、游览活动。

7.4　绿色建筑设计咨询实践

绿色建筑行业所涵盖的内容十分广泛，包括基础设施、设计与制造、管理等多方面。

绿色建筑设计是根据当地的自然生态环境，运用建筑学、生态学以及现代高新节能技术，合理地安排建筑与其他领域相关因素之间的和谐关系，与自然环境、人文地理形成一个有机的整体。绿色建筑设计体现了自然条件与现代建筑技术的协同发展，力求实现人类向自然界的索取与回报之间的生态平衡，寻求自然、人、建筑之间的和谐统一。

7.4.1　绿色建筑设计解读

（1）绿色建筑设计目标

绿色建筑设计是以环境与建筑的共生体为研究对象，考虑建筑的全生命期，从前期规划布局中绿色策略的决定性作用入手，到后续的各专项技术细节的接入，杜绝孤立的技术拼贴和片面的要点叠加，以全过程的设计为目标统筹考虑。

绿色建筑设计是以总体平衡为目标，从建筑设计的内在本质出发，处理地域、环境、空间、功能、界面、技术、流程、造价等一系列问题，以创作为引领，以技术为依托，在平衡中创造最合理的建筑与环境的关系，建筑与全生命期的关系，最大限度的利用资源，节约能源，改善环境，创造高品质的空间。

（2）绿色建筑星级指标规定

1）实施标准

目前实施的 2019 版《绿色建筑评价标准》，涉及了更多的绿色建筑技术，分为安全耐久、健康舒适、生活便利、资源节约、环境宜居五部分。

2）绿色建筑评价分值

绿色建筑评价分值表见表 7-1。

表 7-1　绿色建筑评价分值表

	控制项基础分值	评价指标评分项满分值					提高与创新加分项满分值
		安全耐久	健康舒适	生活便利	资源节约	环境宜居	
预评价分值	400	100	100	70	200	100	100
评价分值	400	100	100	100	200	100	100

绿色建筑评价的总得分应按下式进行计算：

$$Q=\frac{Q_0+Q_1+Q_2+Q_3+Q_4+Q_5+Q_A}{10}$$

式中　Q——总得分；

Q_0——控制项基础分值，当满足所有控制项的要求时取 400 分；

$Q_1\sim Q_5$——分别为评价指标体系类指标（安全耐久、健康舒适、生活便利、资源节约、环境宜居）评分项得分；

Q_A——提高与创新加分项得分。

3）绿色建筑分级

绿色建筑划分应为基本级、一星级、二星级、三星级 4 个等级。

当满足全部控制项要求时，绿色建筑等级应为基本级。

当总得分分别达到 60 分、70 分、85 分且满足相关要求时，绿色建筑等级分别为一星级、二星级、三星级。

如国际会议中心，总分值为 92.6 分，因此为绿色建筑三星级项目（见表 7-2）。

表 7-2　国际会议中心项目（会议类）绿建三星级终评价得分表

绿建三星级终评价分值（地标）						
控制项基础分值 Q_0	评价招标分值					创新项加分值 Q_A
	安全耐久 Q_1	健康舒适 Q_2	生活便利 Q_3	资源节约 Q_4	环境宜居 Q_5	
总分值 400	100	1000	70	200	100	100
最低得分 400	30	30	21	6o	30	0
直接得分 400	86	59	77	120	86	98
合　计	92.6 分 ≥ 85 分（绿建三星最低得分）					

（3）绿色建筑与"双碳"战略

2020 年 9 月，中国在联合国大会上向世界宣布了 2030 年前实现碳达峰、2060 年前实现碳中和的目标，在建筑领域，碳排放就占了相当大的比重。绿色建筑节能降碳，对实现国家"双碳"目标具有重要意义。

7.4.2　绿色建筑项目设计咨询工作内容

从项目规划、设计、施工到最终验收阶段，为业主提供专业的建筑设计管理和节能容物，力求项目决策和实施各阶段、各环节的设计工作具有可持续性，提供最优的方案，从而实现真正意义上的绿色建筑设计。

项目分别在策划、设计、施工、交付、运维阶段融入低碳、绿能、循环、智能、人文理念，制订各阶段绿色技术措施，并基于"五感六性"体系进行十类绿建技术提升。

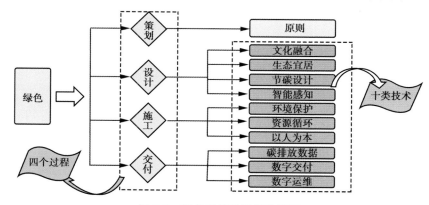

图 7-8　绿色建筑设计咨询流程

（1）规划咨询阶段

设计咨询专业人员对规划咨询阶段的控制主要体现在采取措施降低绿色建造成本，研究、总结新型绿色建筑成套建造技术，从而提高其经济效益，结合费用效益分析的理论，确定对绿色建筑的经济效益、社会效益、环境效应和生态效应的分析方法，从经济及社会角度来为业主方分析建设项目的可行性和必要性。根据业主对建筑的要求和定位，通过分析区域环境以充分利用环境因素、可从项目概况、项目目标及亮点，围护结构节能、采暖空调节能、资源利用，光与通风、噪声控制、智能化系统及其他绿色措施、增量成本分析、项目预评估和项目总结等方面进行综合分析。

（2）设计阶段

设计咨询专业人员在设计阶段应该充分考虑建造成本的降低因素，在绿色建筑可行性研究报告的基础上，进一步进行绿色建筑方案设计。

1）初步方案阶段

对项目进行初步能源评估，环境评估，采光照明评估，并提出绿色建筑节能设计意见，与设计部门沟通，提出有效的绿色建筑节能技术策略，并协助设计部门完成高质量的绿色建筑方案设计。

其流程大致为：

①确定项目整体的绿色建筑设计理念和项目目标，并分析项目适合采用的技术措施及具体的实现策略。

②分析整理项目资料，明确项目施工图及相关方案的可变更范围。

③基于上述工作，完成项目初步方案、投资估算和绿色建筑等级预评估。

④向业主方提供"项目绿色建筑预评估报告"。

2）深化设计阶段

根据业主要求，对设计单位提交的设计文件、图纸资料进行深入细致的分析，并要求结合相应的审核意见，给出各专业具体化、指标化的建筑节能设计策略，比如空调系统的选择建议、墙体保温、建筑整体能耗等分析和节能技术生命周期成本分析。在本阶段具体的实施步骤为：

①基于业主方确定的目标以及绿色建筑等级自评估结果，确定项目所要达到的要求。

②按项目工作计划和进度安排，完成建筑设计、机电设计、景观设计、室内设计的技术要点，以及其他专业深化设计，完成设计方案的技术经济分析，并落实采用经济分析、相关产品等。

③完成绿色建筑认证所需的各项模拟分析，并提供相应的分析报告。

④向业主方提供"项目绿色建筑设计方案技术报告"。

3）施工图设计阶段

在本阶段，为确保项目设计符合业主方的预期，进一步对方案调整和完善，对设计策略中提出的标准和指标进行落实，并对各种实施策略做最终的评估，主要工作为：

①根据已制订的设计方案，提供相关技术文件，指导施工图设计，结合绿色建筑理念并融入绿色建筑技术。

②提供施工图方案修改完善建议书，并指导施工图设计。

4）结构设计优化方案

保证结构设计在既满足项目总体开发要求，又满足有关规范所规定的安全度的条件下，利用合理的技术措施，尽量降低结构成本，即以最低的结构经济指标保质保量地完成建筑物的结构设计。在对结构设计全过程、全方位管理过程的设计咨询中，可分为结构方案设计阶段、初步设计阶段和施工图设计阶段，各阶段的主要服务内容为：选定合理的结构体系，合理布置结构（结构方案设计阶段）；正确分析结构概念、结构计算和结构内力（初步设计阶段）；保证细部设计和结构措施的合理性，并采用合理的施工工艺（施工图设计阶段）。

5）设计评价标识申报阶段

按绿色建筑标准中的相关要求,完成各项方案分析报告,再编制和完善相应的申报材料,进行现场专家答辩。与评审单位进行沟通交流，对评审意见进行反馈及解释，协助业主方完成绿色建筑设计标识的认证工作。

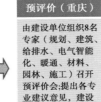

建设单位申请	预评价（重庆）	终评价（重庆）	终评价（国家）
（一）绿色建筑性能评价申报书; （二）绿色建筑性能评价申报声明; （三）绿色建筑三星级自评估报告; （四）申报材料（含批文、图纸、分析报告、检测报告等）	由建设单位组织8名专家（规划、建筑、给排水、电气智能化、暖通、材料、园林、施工）召开预评价会;提出各专业建议意见，建设单位负责后期修改完善	由重庆绿建委组织8名专家（规划、建筑、给排水、电气智能化、暖通、材料、园林、施工）召开终评价会;工程现场对标检查，会上审阅竣工资料（各专业竣工蓝图、批文、检测报告、自评估报告、各专业达标资料等证明文性）;建设单位负责修改完善后，通过评审和公示（至少15个工作日），向城科会进行推荐	由城科会组织8名国家级专家（规划、建筑、给排水、电气智能化、暖通、材料、园林、施工）召开终评价会;工程现场对标检查，会上审阅竣工资料（各专业竣工蓝图、批文、检测报告、自评估报告、各专业达标资料等证明文性）;通过评审后，公示至少15~20个工作日，授牌

图 7-9　绿色建筑星级申报流程

根据专家评审意见及完整的方案图纸等资料，结合国家、地方新技术产业政策，申请相应项目扶持资金。

6）绿色建筑的评价

①绿色建筑评价的基本原则。

a. 科学性原则：绿色建筑的评价应符合人类、建筑、环境之间的相互关系，遵循生态学和生态保护的基本原理，阐明建筑环境影响的特点、途径、强度和可能的后果，在一个适当空间和时间范围内寻求有效的保护、恢复、补偿与改善建筑所在地原有生态环境，并预计其影响和发展趋势。评价过程应当有一套清晰明确的分类和组织体系，对一定数量的关键问题进行分析，利用标准化的衡量手段，为得出正确的评价结论提供有效支撑。

b. 可持续发展原则：绿色建筑评价其实质是建筑的可持续发展评价，必须考虑到当前和今后人们之间的平等和差异，将这种考虑与资源的利用、过度消耗，可获取的服务等问题恰当地结合起来，有效地保护人类耐以生存的自然资源和生态系统。

c. 开放性原则：评价应注重公众参与。评价的准备、实施、形成结论都应该和公众有良好的沟通渠道，公众能够从中获取足够信息，表达共同意愿，监督运作过程，确保得到不同价值观的认可，吸取积极因素为决策者提供参考。

d. 协调性原则：绿色建筑评价体系应能够协调经济、社会、环境和建筑之间的复杂关系，协调长期与短期，局部与整体的利益关系，提高评价的有效性。

②评价目标。评价目标是指采用设计、建设、管理等手段，使建筑相关指标符合某种绿色建筑评价标准体系的要求，并获取评价标识，这是目前绿色建筑设计中通常用作为设计依据的目标，通过研究发现，目前国内外绿色建筑评价标准体系可以划分为两大类，其中一类是依靠专家的主观判断与决策，通过权重实现对绿色建筑不同生态特征的整合，进而形成统一的比较与评价尺度的评价方法，其优点在于简单，便于操作。第二类为中国本土的中国建筑三星认证标准，依据《绿色建筑评价标准》和《绿色建筑标识管理办法》要求评选出一星、二星、三星绿色建筑。

③评价内容。

A. 节地与室外环境。

a. 项目选址应符合所在地的城乡规划，且应符合各类保护区、文物古迹保护的建设控制要求。

b. 场地应无洪水、滑坡、泥石流等自然灾害的威胁，无危险化学品、易燃易爆危险源的威胁，无电离辐射、含氡土壤等危害。

c. 场地内不应有排放超标的污染源。

d. 建筑规划布局应满足日照标准，且不得降低周边建筑的日照标准。

B. 节能与能源利用。

a. 建筑设计应符合国家现行有关建筑节能设计标准中强制性条文的规定。

b. 冷热源、输配系统和照明等各部分能耗应进行独立外项计量。

c. 各房间或场所的照明功率密度值不得高于《建筑照明设计标准》（GB 50034—2013）中的现行值规定。

C. 节材与材料资源利用。

a. 不得采用国家及地方禁止及限制使用的建筑材料及制品。

b. 建筑造型要素应简约，且无大量装饰性构件。

D. 室内环境质量。

a. 主要功能房间的室内噪声级应满足《民用建筑隔声设计规范》（GB 50118—2018）中的低限要求。

b. 主要功能房间的外墙、隔墙、楼板和门窗的隔声性能应满足《民用建筑隔声设计规范》（GB 50118—2018）中的低限要求。

c. 建筑照明数量和质量应符合《建筑照明设计标准》（GB 50034—2013）的规定。

d. 采用集中供暖空调系统的建筑，房间内的温度、湿度、新风量等设计参数应符合《民用建筑供暖通风与空气调节设计规范》（GB 50736—2012）的规定。

e. 在室内设计温、湿度条件下，建筑围护结构内表面不得结露。

f. 屋顶和东西外墙隔热性能应满足《民用建筑热工设计规范》（GB 50176—2016）的要求。

g. 室内空气中的氨、甲醛、苯、总挥发性有机物、氡等污染物浓度应符合《室内空气质量标准》（GB/T 18883—2002）的有关规定。

E. 施工管理。

a. 应建立绿色建筑项目施工管理体系和组织机构，并落实各级责任人。

b. 施工项目部应制订施工全过程的环境保护计划，并组织实施。

c. 施工项目部应制定施工人员职业健康安全管理计划，并组织实施。

d. 施工前应进行设计文件中绿色建筑重点内容的专项交底。

F. 运营管理。

a. 应制订并实施节能、节水、节材、绿化管理制度。

b. 应制订垃圾管理制度，合理规划垃圾物流，对生活废弃物进行分类收集，垃圾容器设置规范。

c. 运行过程中产生的废气、污水等污染物应达标排放。

d. 节能、节水设施应工作正常，且符合设计要求。

e. 供暖、通风、空调、照明等设备的自动监控系统应工作正常，且运行记录完整。

绿色建筑正向咨询流程如图 7-10 所示。

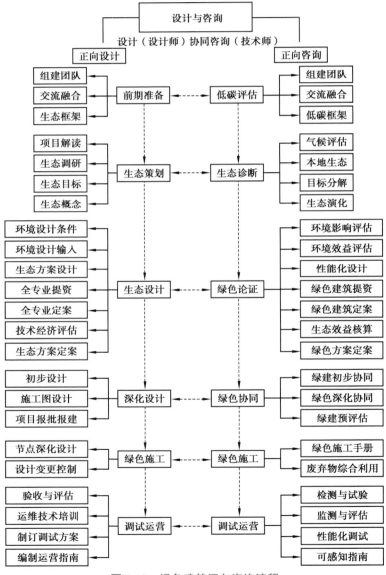

图 7-10　绿色建筑正向咨询流程

7.4.2 绿色建筑项目设计咨询工作要点

（1）进行科学的选址

进行建筑设计中为了秉承生态环保的理念，需要进行科学选址，通过充分了解当地的气候条件以及地质环境，结合多种要素来进行绿色建筑的设计和规划，避免在进行建筑设计时，破坏周边的自然环境以及生态环境。通过前期的考察，做好科学选址，是秉承绿色建筑设计理念的首要前提。只有选址正确，才能使建筑设计更加符合居民的需求，更能充分地运用地理环境以及周边资源，确保建筑设计更加安全、科学、合理。

（2）对建筑布局进行科学合理的设计

做好布局设计才能够充分地运用各种资源，使环境要素得到有效控制，尤其是保证建筑物能够随时接受光照，提高光照条件，避免在使用过程中再补充其他能源。除了保证建筑设计更加舒适健康之外，还要确定周边的资源得到了有效利用和开发，这就需要在进行建筑布局的过程中能够结合能源和成本的消耗，进行科学合理的判断，尤其是对当地的风向、温度以及经纬度等都要有明确的了解，比如，可以利用一些已长成的树木和周边的各种建筑物，实现绿色建筑设计。建筑布局关乎今后的光照以及通风性，因此，为了把功能分区设置得更加科学合理，应尽量保证符合当地的地形条件，使其能够充分地运用自然能量。如国际会议中心项目，在建筑布局上，进行绿色设计和综合考虑，使得项目建成后冬季室外风速未超过 5 m/s，且风速放大系数未超过 2，不影响人们正常室外活动，建筑布局合理；项目冬季建筑表面风压差未超过 5 Pa，冷风向室内渗透的影响较小，建筑布局合理。

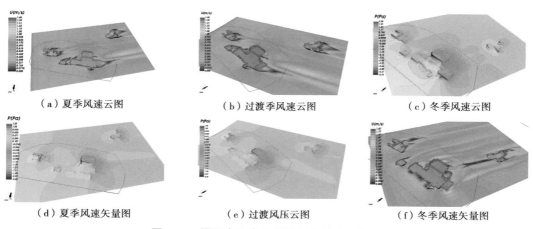

（a）夏季风速云图　　　　（b）过渡季风速云图　　　　（c）冬季风速云图

（d）夏季风速矢量图　　　　（e）过渡风压云图　　　　（f）冬季风速矢量图

图 7-11　国际会议中心项目风向影响示意图

（3）充分运用自然采光和自然通风

新型绿色建筑设计的基本概念是低碳环保，因此，为了使得绿色建筑设计更加健康、舒适、环保而且节能，应该选择一些自然光源。比如，通过运用自然光能够使人们的视觉感受更加舒适，而且也能够减少在建筑设计中所消耗的能源。因此，在建筑设计中应该坚持绿色设计的理念，充分地运用自然采光和通风新技术能够有效提高建筑设计的绿色环保性，而且可使建筑设计的采光和通风更加便捷自然。如国际会议中心，利用天井拔风方式，改善过渡季室内自然通风条件；大河文明馆根据主导风向进行建筑布局形成通风廊道，利用锥体空间形成风塔，并在屋面开设通风孔，世界厅自然通风换气次数约5 次 /h。

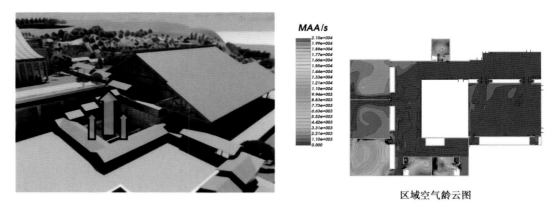

区域空气龄云图

图 7-12　国际会议中心项目自然通风示意图

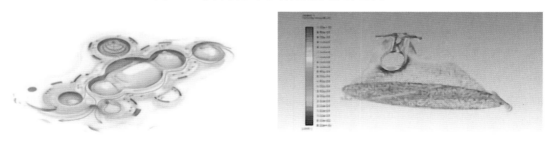

图 7-13　大河文明馆项目自然通风示意图

（4）注重噪声控制

在绿色建筑设计中应减少噪声污染，保证对噪声的管理，并采取有效的措施来防治噪声污染，为居民提供一个宁静的生活环境，保证环境保护工作的正常进行就显得十分重要了。为加强整体房屋的隔声效果，可以采取加固窗户的措施，这样就可以保证有足够的隔声效果。而建筑物的缝隙过大，同样会导致建筑物隔声效果的降低，但在整体的建筑规划设计中，窗墙的整体比例对外围护墙体的综合隔声效果有很大影响。国际会议中心采用高性能门窗系统，在大大降低噪声的同时，又节能保温，降低建筑能耗，取得了较好的综合性效果。

图 7-14　国际会议中心项目高性能门窗系统示意图

（5）合理利用资源

1）清洁能源的利用

建筑中利用较多的清洁能源主要是太阳能和风能。太阳能资源丰富，可被利用建造太阳能光电屋顶、太阳能电力墙和太阳能光电玻璃，实现太阳能向电能和热能的转化，为建筑本身所用。风能同样也是一种清洁能源，不仅能够满足建筑的自然通风，而且还能通过风力发电和风力制热设备，进行电能和热能的转化。

2）旧建筑材料的利用

在绿色建筑的设计中要充分利用旧建筑材料，如木材、石材等，当然，材料的使用一定要在保证建筑质量的前提下，不能为了降低工程成本，使用不满足要求的建筑材料。

（6）因地制宜地用材料

建筑生产过程中会消耗大量的资源和能源，并带来较高的环境污染。在对材料进行选择时，应具备生态和经济的意识，选择对环境造成的负荷小的材料。设计中应使用耐久性较好的建材，以延长建筑物的使用寿命，最好做到建筑材料的使用寿命与建筑同步，减少材料的更换、维护，从而节约费用。建筑中加大木材废纸、纤维保温材料等可再生材料的利用不仅可以减少对建筑的投资，还可减轻人类过度开采自然资源引发的生态问题。

（7）遵循绿建流程提前谋划

在进行绿色建筑设计咨询工作时，不仅需要重视设计咨询工作内容，抓住设计咨询工作要点，更需遵循绿色建筑专项咨询流程，如图 7-15 所示。

在长江书院绿建设计咨询中，设计咨询团队提前落实绿建三星的主要技术路线，提出满足绿建三星关于噪声的解决方案，分析地源热泵与风冷热泵的优缺点，提出绿建实现节水的技术建议，提出建筑阴影区外的机动车道路面太阳辐射反射的优化建议，提出绿建关于装饰材料有害物质限量的意见，提出室内 PM2.5、PM10 年均浓度要求以及设置 PM10、PM2.5、CO_2 浓度的空气质量监测系统，提出维护结构节能需提高 20% 或负荷降低 15% 的要求等设计咨询方案。

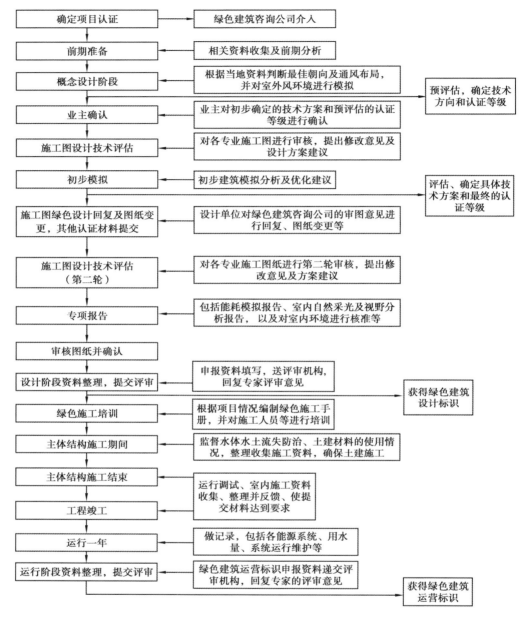

图 7-15　绿色建筑评估咨询流程

长江书院、国际会议中心、大河文明馆 3 个项目都以国家级绿色建筑三星级为建设目标，通过 3 个项目的全面实施，全面总结绿色建筑设计咨询的理论与实践经验。项目的建成将形成一套可复制、可推广的重庆地域性高品质三星级绿色建筑建设经验，可对长江上游地区绿色建筑的推广应用起到极大示范引领作用。

第8章 工程监理

8.1 工程监理理念

8.1.1 工程监理理念梳理

（1）三高三全三思维的管理理念

广阳岛项目工程监理工作坚持"三高三全三思维"的管理理念，即"高水平、高质量、高效率，全过程、全方位、全要素，业主思维、专业思维、底线思维"，以高水平、高质量、高效率为目标，基于业主思维、专业思维、底线思维，从全过程、全方位、全要素出发开展广阳岛项目监理工作，助力广阳岛项目顺利完成。

（2）监理工作指导思想

1）执业准则

遵从"公平、独立、诚信、科学"的执业准则，认真贯彻"严格监理、热情服务、秉公办事、一丝不苟"的监理工作宗旨。

2）服务意识

强化服务意识，充分发挥全过程咨询单位的技术、管理和资源优势，对广阳岛项目实施全方位服务和现场监理，对项目实施 24 h 服务，对施工现场实行巡视和旁站式监理。

3）科学意识

运用科学的管理方式和理念、现代化管理辅助工具（如计算机、摄影机、专业软件、无人机、BIM 技术）助力监理工作开展。

4）责任意识

牢固树立"质量安全责任重于泰山"的思想，监理人员必须对项目业主负责，对工程负责、对社会负责。

5）廉洁意识

严格遵守监理行业执行公约，坚持廉洁监理的工作作风，严格监督管理，严格内部纪律检查力度，杜绝违法违纪行为。

6）团队意识

监理人员分工不分家，发挥每个人的主观能动性，积极、主动、精诚团结做好每一项工作。

7）预控和主动意识

详细调查分析工程建设条件和管理环境，结合本工程实施的重点、难点，进行风险分析和识别，科学计划和组织，作好应对预控措施，遵循事前控制和主动控制原则实施工程监理。

8）督办意识

认真履行监理职责，及时督办并落实处理现场实际问题，对进度、投资实施动态控制，及时对偏差采取针对性调整；对项目重点部位、关键环节严格实施旁站监理，将质量安全隐患消灭于萌芽状态。

9）融合意识

监理人员不但要做好监理的本职工作，还需要与全过程工程咨询其他团队、业主、设计等主要参建单位高效融合，简化工作机制，提升工作效率，起到"1+1>2"的效果。

8.1.2　监理工作重点分析

（1）监理工作主要范围

广阳岛项目监理工作的主要范围包括广阳岛全岛建设及广阳湾区域的生态修复建设项目的相关监理工作，具体为：广阳岛生态修复二期（含便民配套服务设施）、广阳岛国际会议中心、大河文明馆、长江书院、广阳营、清洁能源、固废循环利用、生态化供排水、绿色交通和广阳湾生态修复（含便民配套服务设施）等项目，分为生态修复和绿色建筑两个方面。广阳岛监理工作主要范围如图 8-1 所示。

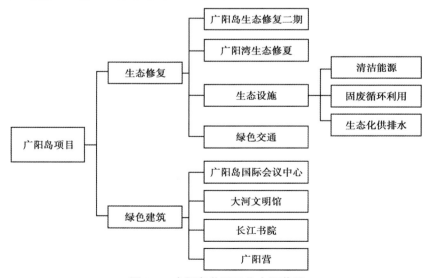

图 8-1　广阳岛监理工作主要范围

（2）监理工作重难点

广阳岛项目包括生态修复项目和绿色建筑项目，除具有与其他常规性建设项目一样的工作要求外，还因其以生态修复为主具有其自身的特殊之处，对监理工作提出了更高要求。故应对广阳岛项目监理工作重难点进行分析，制订相应的应对措施，确保监理工作的顺利进行。广阳岛项目监理工作重点、难点分析及对策见表 8-1。

表 8-1　广阳岛项目监理工作重点、难点分析及对策

序号	重难点	重难点分析	应对措施
1	项目工期紧，体量大	本项目工期紧，施工面广，施工内容多，项目施工组织难度大	①生态修复项目施工时间紧迫，工程量大、施工面广、材料采购种类及数量大、各专业工程需平行交叉施工，工程实施过程中需要提前考虑这些因素； ②施工中，不同施工工艺、工作面的平行流水作业较多，各分项工程施工在空间上相互制约，施工中要确保各主要道路保持畅通，不得中断，以免对施工造成不必要的干扰，需要保证施工组织的合理性； ③本项目施工工期短，施工面广，劳动力配置及机械配置组织连续性要求高，物资设备的采购、运输需提前做好充分准备，特别是物资供应，中间不能间断，需要根据施工进度及现场条件提前做好储备
2	现有植被保护与施工交叉管理	项目现有生态植被 380 余种，遍布全湾，施工其间植被保护、环境保护、消防防火管理要求高	①建立环境保护领导小组和消防管理领导小组，施工前对施工范围内及范围外的植被分类清点记录成册，根据记录表研究和分析植被的生长习性，制订具有针对性的保护和管养措施，减少施工对现有植被的破坏； ②每个施工点设置专业人员对周边植被进行巡查管理，重点排查施工机械、材料堆放、弃土弃渣、起火火源等潜在可能对生态造成破坏的因素，并及时采取措施避免或控制这些因素的突发概率； ③必要时，根据现场情况采取围挡封闭等措施，将施工区与现有生态植被区隔开； ④配置齐全植被养护需要的相关地被支撑、养护肥料、药水及应急救援物资，发生特殊情况时，及时进行救援保护
3	项目质量的特殊性	生态修复项目质量管理着重围绕苗木，与一般工程的材料不同，苗木是有生命的活体，不是依靠标准的模具生产出来的，因而具有其特殊性	①加强苗木进场验收，检查苗木的质量证明文件，进行现场抽检，检查运输保护情况； ②只有在充分了解园林植物共性基础上掌握各种园林植物个性，选择合适的栽植时间与管护方式，并采取相应的技术措施才能保证园林植物栽植成活，保证生态修复的景观效果

续表

序号	重难点	重难点分析	应对措施
4	地下管网多、布置复杂，保护难度大	供水管网、电力管网、燃气管网及通信管线较复杂，地下管线的保护是一项非常重要而且难度较大的工作	①开工前项目业主组织相关管线单位和总承包部、全咨单位参加管线交底会，了解管线的性质、走向、埋深、管径以及管线的变化情况，并记录清楚；②对已查明的地下管线，在施工现场做好醒目的警示标志，标志牌上尽可能注明管道名称、管径、根数、埋深等信息；③工程施工前，针对施工现场地下管线的详细情况进行管线保护的安全交底；④施工过程中必须设专人对地下管线进行监测，随时检查、维护加固设施、保持完好；⑤施工现场如发现其他不明管线，应及时向相关主管部门汇报，并积极联系管线的产权单位，协助其进行迁移改造
5	后期管养工作量大	生态修复工程涉及的绿化苗木种类多，养护管理任务重	①对项目所有苗木进行分类统计，分析研究苗木的生长习性，针对不同的苗木类型配制不同的种植土、有机肥等，保证苗木的成活率及生长状况处于最佳良好状态；②增加有经验的绿化种植、管养人员，采取"二维码"信息管理、采用智能喷淋管养系统、建立可视化监控设备等智慧化管理手段，对苗木实施动态管理，在苗木处于最佳浇水、施肥、除草等条件时期进行管养
6	施工过程雨季、高温对工期影响大、降低效率	项目施工工期内有雨季、高温施工，现场施工计划及组织安排需紧密合理，施工现场濒临长江，常水位168 m，汛期水位175 m，消落带高程156~190 m，需做好防汛措施，高温期间植被保护及工人防暑需做好相应防护措施	①制订雨季、高温施工措施，为雨季、高温施工做好充分的技术和采购储备准备；②提前做好物资和劳动力准备，利用雨歇、高温期夜间时间充分展开流水工作面；③做好工序施工、防护措施，防止降雨、高温造成工序施工停止出现安全、质量、环境影响；④储备防汛、防暑物资，做好防汛、防高温应急预案及演练
7	山体区域施工危险系数高	施工区域包含山体区域，滨江作业，施工难度大，危险系数高	①建立安全保障和检查监督体系，成立以项目经理为首的安全体系和安全检查监督机构；②建立健全安全生产制度，明确各级人员安全生产责任制，要求全体人员必须认真贯彻；③坚持安全教育和安全技术培训；④成立文明施工小组，做到文明责任到人，制订具体管理措施，定期举行文明施工检查评比活动，发现问题及时改正；⑤严格执行施工现场平面图管理制度，按施工现场总平面图布置；⑥对职工进行施工教育，引导职工做文明人，文明办事，进一步提高职工的文化素质，工程开工前进行文明入场教育

序号	重难点	重难点分析	应对措施
8	专业工程难点众多,技术管理难度大	部分绿色建筑涉及地下结构,对深基坑工程质量要求高;地下室防水施工难度大;新材料、新技术、新工艺的采用,对技术管理提出了更高要求	①基坑支护与开挖的难度较大,要求高,监理工作应遵照相关规范和规定的要求进行,严格把关,认真监督管理,确保基坑的施工安全及施工质量; ②把好防水涂料涂抹和卷材防水层铺设质量关,确保防水涂料和卷材防水层成品保护措施到位;钢筋混凝土振捣密实,使整个结构都达到防水设计要求; ③对于"三新"成果的应用,采用专家评审、方案论证、案例考察等方式确定是否引入,向建设单位提出合理化建议,做到既保证建筑技术的先进性,又保证其可靠性

8.2　工程监理策划

8.2.1　工程监理目标

（1）监理工作总体目标

广阳岛项目工程监理遵循"三高三全三思维"的管理理念,以出色的监理水平确保广阳岛项目工程品质、质量管理、现场管理等方面均达到国际水准,确保将广阳岛项目建设成为世界生态修复项目的典型示范。广阳岛项目工程监理的工作内容依据《建设工程监理规范》可概括为"三控、三管、一协调",即质量控制、投资控制、进度控制、安全管理、合同管理、信息管理、协调有关单位之间的工作关系,具体分目标如下所述。

（2）质量控制目标

达到国家现行有关施工质量验收规范要求,按施工合同相关要求进行控制,最终施工质量符合国家验收合格标准,并一次验收合格;无重大质量责任事故。

（3）投资控制目标

充分发挥监理工作优势,通过技术创新与管理创新的作用,助力项目业主将广阳岛项目的建设成本控制在概算范围内。

（4）进度控制目标

在确保工程安全、高品质建成的前提下,将项目总工期控制在合理范围内。

（5）安全管理目标

针对广阳岛项目自然本底复杂、安全风险大等特点，以"零伤害、零污染、零事故"为最高目标，严格执行《中华人民共和国建筑法》《建设工程安全生产管理条例》等要求，贯彻"安全第一、预防为主、综合治理"的方针，落实安全生产责任制，实施工程建设全过程、全方位的安全管理，监理期间按照国家及重庆市安全文明施工的有关规定进行文明施工、安全生产，消除工程隐患，避免违章作业，无安全事故发生，建立文明施工现场。

（6）合同管理目标

督促甲、乙双方严格执行合同，履行合同规定的条款，进行合同风险分析，制订防范措施，减少索赔和违约事件发生。

（7）信息管理目标

信息管理是质量、进度、投资三大控制的基础，应及时掌握和运用信息资源，正确研究对策，制订措施，加强对质量、进度、投资的管理，提高项目绩效。

（8）组织协调目标

在监理实施过程中，加强组织、管理、控制和协调，利用系统工程方法，全面统筹安排，在确保质量目标的前提下，同时兼顾投资、进度控制目标，力求保证建设项目的总体目标得以最合理实现。

8.2.2　工程监理工作思路

（1）建立统筹、分工、协同的融合监理服务机制

在全过程工程咨询服务模式下，广阳岛项目建立统筹、分工、协同的融合服务机制，监理工作打破传统模式下的管理方式，更多地站在业主角度以业主思维、项目管理思维开展监理工作，形成有高度的管理和策划，从而推进项目，做到分工明确而又使工作不分家。

监理人员在项目全过程实施过程中，不仅需要做好现场的质量、安全管控，还要参与到项目策划、统筹管理、外部协调和项目投资控制、进度控制工作中来，提出监理工作相关的建议或意见，使监理团队与项目部充分融合，在全过程工程咨询中发挥监理的专业作用价值。

（2）制订完善的监理工作制度和工作流程

科学的管理制度及流程是实现规范建设程序的关键，减少不必要的工作交叉，杜绝因

界面划分导致的管理真空，进而实现全方位、全过程的咨询管理，实现管理有章可循、有据可依。切实可行的监理工作制度和流程策划将对监理工作的顺利开展至关重要。

（3）将设计咨询和 BIM 技术深度融入监理工作中

广阳岛项目设计咨询团队在设计阶段与监理团队深度交流和探讨，根据监理团队对施工阶段的管理建议和要求有针对性地进行设计优化。同时利用全过程咨询单位的信息化能力，通过 BIM 技术对监理工作进行赋能，降低返工风险，为传统监理提质增效。

（4）安全生产为核心底线

安全为一票否决制，一旦出现安全事故，不但影响项目的进度，还会带来不可估计的经济损失，严重的还会追究人员的刑事责任。广阳岛项目点多面广，安全管理范围较一般项目更大，对安全管理人员的投入要求更高。牢固树立安全生产为核心底线的原则，做到事前控制、提前识别风险、提前做好应对措施，加强管理，落实责任人，全面保证安全生产。

（5）平衡工程质量、进度、投资的关系

广阳岛项目整体工期较紧张，如果对工程质量有较高的目标要求，就需要花费较多的建设时间和投入较多资金，如果强调进度目标，就需要降低质量目标或者投资目标。另一方面，工程项目质量、进度、投资三大目标关系也存在着统一的一面，如果工程项目进度计划制订得既可行又优化，过程管理又到位，使工程进展具有连续性、均衡性，不但可以使工期缩短，还可能获得较好质量和花费较低费用，保障项目顺利推进。

8.2.3　工程监理工作内容

广阳岛项目工程监理主要工作为"三控、三管、一协调"，即质量控制、投资控制、进度控制、安全管理、合同管理、信息管理及组织协调工作，以及在项目实施过程中提供技术咨询服务。

（1）质量控制

审查各承包商的质量保证体系和措施，核实质量文件；依据广阳岛项目施工合同文件、设计文件、技术规程、技术规范，对施工全过程进行检查，对重要工程部位、隐蔽工程和主要工序进行跟踪监督；组织或协助参建单位按相关规定进行工程各阶段验收及竣工验收，审查竣工图纸和竣工资料。

（2）投资控制

协助造价咨询团队和业主控制投资目标；审查承包商完成的工程量，根据造价咨询团队和委托人要求参与审核进度款、结算款，并签发计量和支付凭证；受理索赔申请，参与索赔调查和谈判，并提出处理意见；协助处理工程变更。

（3）进度控制

根据本项目总进度计划，编制控制性进度目标和年度施工计划，并审查批准各承包商提出的施工进度计划并检查其实施情况；督促承包商采取切实措施，实现合同工期目标；当实施进度发生较大偏差时，应及时向委托人提出调整控制进度计划的意见，并在批准后完成进度计划的调整。

（4）安全管理

检查安全文明施工措施、劳动防护和环境保护措施及其落实情况，并向委托人每周提交整改报告；检查安全防护方面存在的问题，并监督承包商整改；对严重安全问题或未整改的，在向委托人提交整改报告的同时提出责令停工的建议；参与重大的安全事故调查。

（5）合同管理

监督检查合同履行情况；对合同履行情况进行统计分析；加强合同监督与协调；严格控制合同变更。

（6）信息管理

做好施工现场记录与信息反馈；按照监理合同要求编制监理日、周、月报；按期整编工程资料和工程档案，做好文、录、表、单的日常管理，并在服务期满移交委托人。

（7）组织协调

主持监理合同授权范围内工程建设各方的协调工作；严格遵循每周监理例会制度、监理报告制度、现场重大事项紧急报告制度、监理团队内部沟通制度、专题会议制度。

8.3　工程监理要点

8.3.1　准备阶段监理要点

施工准备阶段是广阳岛项目监理团队开展监理工作的首要环节，只有做好开工前的各项准备工作，才能保证建设工程的顺利实施。

（1）明确广阳岛项目监理工作的范围和内容

广阳岛项目监理工作包括所有生态修复和绿色建筑的施工准备阶段、施工阶段、竣工验收阶段、质量保修阶段全过程监理，包括但不限于制定监理工作程序的一般规定、工地例会、工程质量控制、投资控制、进度控制、安全管理、合同管理、信息管理、组织协调等，以及《建设工程监理规范》中相关工作。

（2）成立项目监理团队，确定项目总监理工程师

为保证项目监理工作全面完成，结合各子项目的具体特点、监理工作的范围和内容，按合理年龄结构和专业经验优化分别搭配组建各子项目监理团队。项目监理团队由管理决策层系统、专家技术保障系统、操作实施层系统组成，在总咨询师统一领导下，全面履行监理的义务和责任。

其中，管理决策层系统由项目总监理工程师、总监办公室组成，全面负责项目的质量策划和控制、进度审批和控制、投资签审和控制、安全文明管理与控制、合同信息管理和对外沟通、组织协调工作。总监理工程师在项目总咨询师的统筹管理下，负责工程监理板块重大事项的决策以及对项目监理工作的统筹安排。

专家技术保障系统由全过程咨询单位专家顾问咨询团队的技术经济专家组成，负责协助项目监理团队解决工程项目出现的重大技术问题，是项目监理团队的技术后盾，保障项目达到经济上可行，技术上先进可靠。

现场操作实施层系统按专业划分为房建监理组、生态修复监理组、机电安装监理组和安全管理组，由监理工程师和监理员组成，具体负责项目从设备材料采购、土建施工、装饰装修、设备安装到系统联动试车全过程项目的具体控制管理和信息收集工作。

（3）进一步收集相关资料，熟悉现场情况

监理人员进场后收集与项目有关的法律法规、技术文件及资料、相关合同文件，配备必要的检测设备和工具，实行信息化管理，以满足现场监理工作需要。收集建设单位和施工单位有关资料，调查施工现场周围环境，作为开展建设工程监理工作的依据。

（4）制订完善的监理工作制度和流程

①建立健全广阳岛项目"三控三管一协调"监理工作制度及内部管理制度，用制度规范每一位员工的行为、增强员工的自觉性，形成"以内部管理促进工程管理"的良性循环。主要监理工作制度见表8-2。

表 8-2　监理服务主要管理工作制度表

序号	监理工作	制度内容
1	质量控制	（1）开工申请制度 （2）设计文件、图纸审查制度 （3）设计交底制度 （4）施工组织设计、施工方案审核制度 （5）施工人员持证上岗资格审查制度 （6）进场主要施工机具、设备报审制度 （7）原材料、构配件及设备质量检验制度 （8）分部 / 分项工程检查验收制度 （9）工程质量事故（质量缺陷）处理制度
2	进度控制	（1）三级进度计划管控制度 （2）进度计划审核制度 （3）进度计划动态管理制度
3	投资控制	（1）资金使用计划管理制度 （2）工程量计量和支付管理制度 （3）现场签证及收方管理制度 （4）设计变更经济评审管理制度 （5）竣工结算审核制度
4	安全文明管理	（1）施工安全技术措施审查和交底制度 （2）安全文明施工动态管理制度 （3）危大工程专项管理制度 （4）安全管理政策文件宣贯制度
5	合同管理	（1）合同评审制度 （2）合同争议调解制度 （3）合同变更管理制度 （4）合同执行动态管理制度 （5）合同索赔管理制度 （6）合同违约处理制度
6	信息管理	（1）信息编码制度 （2）文件收发和传阅制度 （3）月报、年报和工作总结报告制度 （4）档案资料管理制度
7	沟通协调	（1）监理例会制度 （2）沟通管理制度 （3）重大事项报告制度
8	其他	（1）项目考核激励制度 （2）廉政建设制度

（5）进行图纸会审、参与设计交底

在收到施工图设计文件后，总监理工程师及时组织监理人员熟悉和审查施工图设计文件。如发现施工图设计文件中存在不符合建设工程质量标准或发现设计文件错误时，应通过建设单位向设计单位提出书面意见或建议。

待各参建单位熟悉设计文件和现场情况后，参加建设单位组织的设计交底，熟悉设计意图。

（6）编制可操作性强的监理规划及实施细则

监理规划及实施细则是监理工作的指导性资料，反映了监理单位对项目控制的理解能力和程序控制水平。翔实且针对性强的监理规划及实施细则可增强业主对监理工作的信任感，加强承包商与监理的沟通、联系，同时增加监理人员对项目的认识，提高监理的专业技术水平与素质，有针对性地开展监理工作，有助于保证项目质量。

①监理规划在签订委托合同及收到设计文件后，由总监理工程师主持、专业监理工程师参加编制，完成后经监理单位技术负责人审核批准，并在召开第一次工地会议前，报送建设单位。

监理规划包括以下主要内容：工程概况；监理工作的范围、内容、目标；监理工作依据；监理组织形式、人员配备及进场计划、监理人员岗位职责；工程质量控制；工程造价控制；工程进度控制；合同与信息管理；组织协调；安全生产管理职责；监理工作制度；监理工作设施。

②监理实施细则在相应工程施工前编制完成，并经总监理工程师批准。在监理工作实施过程中，监理实施细则应根据实际情况进行补充、修改和完善。

监理实施细则应包括下列主要内容：专业工程特点、监理工作流程、监理工作要点、监理工作方法及措施。

（7）审核施工单位（分包单位）资质及管理体系

施工单位（分包单位）进场后，总监理工程师组织专业监理工程师对施工单位（分包单位）的资质进行审查，资质审核基本内容包括：营业执照、企业资质等级证书；安全生产许可文件；类似工程业绩；专职管理人员和特种作业人员的资格证书。

核查施工单位（分包单位）的管理体系，主要检查技术管理、质量管理、安全管理的体系结构、制度。

（8）审核施工组织设计，查验施工测量成果

①施工组织设计是项目施工的指导文件，监理工程师应着重从以下几个方面对施工组织设计进行审查：

a.编审程序应符合相关规定。

b.施工进度、施工方案及工程质量保证措施应符合施工合同要求。

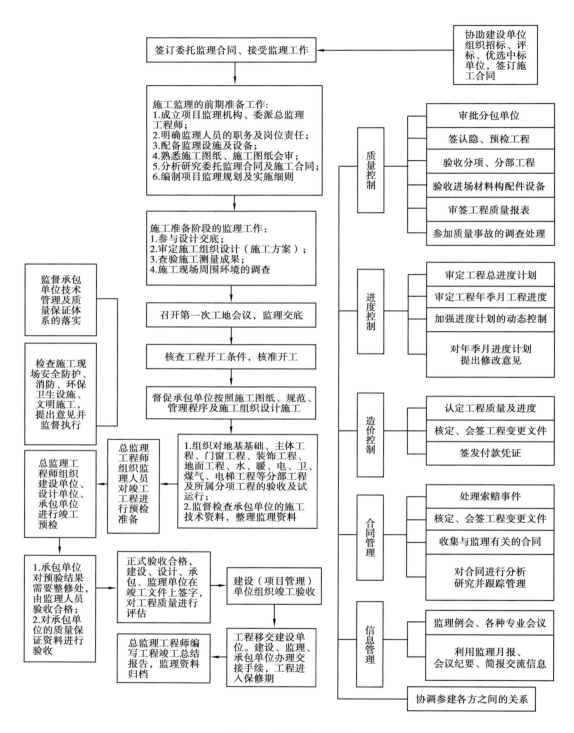

图 8-2　监理工作总程序

c. 资源（资金、劳动力、材料、设备）供应计划应满足工程施工需要。

d. 安全技术措施应符合工程建设强制性标准。

e. 施工总平面布置应科学合理。

f. 项目监理机构还应审查施工组织设计中的生产安全事故应急预案，重点审查应急组织体系、相关人员职责、预警预防制度、应急救援措施。

②专业监理工程师应检查、复核施工单位报送的施工控制测量成果及保护措施，签署意见。检查、复核的内容包括：

a. 施工单位测量人员的资格证书及测量设备检定证书。

b. 施工平面控制网、高程控制网和临时水准点的测量成果及控制桩的保护措施。

（9）召开第一次工地会议及监理交底

工程开工前，总监理工程师及有关监理人员参加由建设单位主持召开的第一次工地会议，会议纪要由项目监理机构负责整理，与会各方代表会签。第一次工地会议是建设单位、工程监理单位和施工单位对各自人员及分工、开工准备、监理例会的要求等情况进行沟通和协调的会议。总监理工程师应介绍监理工作的目标、范围和内容、项目监理机构及人员职责分工、监理工作程序、方法和措施等。

（10）总监理工程师签发开工令

总监理工程师组织专业监理工程师审查施工单位报送的开工报审表及相关资料，同时具备以下条件的，由总监理工程师签署审查意见，报建设单位批准后，总监理工程师签发开工令：

①设计交底和图纸会审已完成。

②施工组织设计已由总监理工程师签认。

③施工单位现场质量、安全生产管理体系已建立，管理及施工人员已到位，施工机械具备使用条件，主要工程材料已落实。

④进场道路及水、电、通信等已满足开工要求。

8.3.2 施工阶段监理要点

工程质量是工程监理的核心，施工阶段质量控制的任务，就是要通过建立有效的质量监督工作体系确保工程质量达到预定的标准和等级要求。

（1）质量控制

1）质量控制方法

①质量控制以事前控制（预防）为主。

②按监理规划、监理细则的要求对施工过程进行巡视，及时纠正违规操作，消除质量

隐患，跟踪质量问题，验证纠正效果。

③对工程关键工序、重点部位、隐蔽部位施工过程进行旁站监理。

④采用必要的目测检查（看、摸、敲、照）、量测检查（靠、吊、量、套）和试验检查等手段，以验证施工质量。

⑤严格工序检查、严格设备材料报验，做好工程验收工作。

⑥采取指令性文件对工程质量实施监控。

2）质量控制措施

①组织措施。总监理工程师根据项目实际情况建立健全实施动态质量控制管理体系、组织机构、规章制度，明确监理工程师及监理员的质量控制任务和职责分工，不断总结、优化、改善建设工程质量控制的工作流程。建立质量控制工作考评机制，加强质量控制过程中的激励力度，调动和发挥员工实现建设工程目标的积极性和创造性等。

②技术措施。利用全过程工程咨询服务的集成化优势，与设计咨询板块高效协同，对设计资料进行会审。通过 BIM 建立三维模型，在项目前期减少设计问题，提高设计质量，后期指导施工，充分发挥 BIM 技术对项目质量提升价值作用。

对施工单位进场主要人员、机械、材料、构配件和设备进行审核、检查，并做好平行检验或见证试验；专业监理工程师和监理员对隐蔽工程、重点部位进行旁站监理；做好检验批、分项、分部和单位工程的检验评定工作，编制质量控制方案，及时办理验工计价工作。

③经济措施。严格控制工程量的审核和确认工作，对质量达到合格标准的工程实体签署支付证书，对不符合合同规定和质量标准的工程不予计量签认。

④合同措施。受业主单位的委托，依据《施工合同》对施工单位进行监理，在工程施工过程中，如发生施工单位拒绝配合工程监理工作，对监理指令拒绝执行的情况，依据合同内容向业主单位提出建议清退不合格的施工班组或按照合同进行处罚。

3）质量事前控制

①施工开始前熟悉设计图纸，对有疑问的地方、发现的问题、其中的错误做好记录；熟悉施工具体内容、特点；熟悉施工工艺要求，施工要点、难点、容易发生的问题以及施工应注意的相关事项。

②审查专项施工方案，检查测量放线定位情况及其他技术准备情况。

③检查施工单位现场准备工作情况，主要包括临时设施、场地情况。

④检查施工单位报送拟用于工程的材料、构配件及半成品的质量证明文件，重点审核以下内容：生产许可证、出厂合格证、材料性能报告、抽样试验报告；要求施工单位报送现场配制材料、新材料的试验报告并审核。审查进场材料的实际质量情况是否满足设计和使用要求，若发现不符，指令施工单位限期清运出场。

4）质量事中控制

①结合项目的内容和特点，针对工序活动中的重要部位或薄弱环节，设置质量控制点，对施工工艺过程进行全面控制，监督施工单位按质量样板组织施工，做好施工工艺过程控

制和成品质量保护。

②每天对施工现场进行巡视，巡视包括下列主要内容：施工单位是否按工程设计文件、工程建设标准和批准的施工组织设计、专项施工方案施工；使用的工程材料、构配件和设备是否合格；施工现场管理人员，特别是施工质量管理人员是否到位；施工操作人员的技术水平、操作条件是否满足工艺操作要求；施工环境是否对工程质量产生不利影响；已施工部位是否存在质量缺陷。

③对关键部位、关键工序的施工过程进行旁站，填写旁站记录。需要旁站的关键部位、关键工序是指施工操作对工程或工序质量影响较大，在施工或隐蔽后不易发现的一些部位和工序，广阳岛项目旁站部位主要包括基础混凝土浇筑、地下连续墙、卷材防水层细部构造处理、主体结构混凝土浇筑、装配式结构安装、钢结构安装等。

④严格执行设计变更、工程洽商制度，加强对进场材料、构配件和设备质量的监理抽查工作。

⑤做好隐蔽工程和工序交接检查与验收。广阳岛项目应重点控制的隐蔽工程主要包括基础施工前对地基质量的检查、基坑回填土前对基础质量的检查、混凝土浇筑前对钢筋质量的检查、设备基础的预留预埋、电气预留预埋、机械设备和管线专业隐蔽工程质量检查等。

⑥建立工程质量管理台账。专业监理工程师及时向总监理工程师上报施工、质量管理等工作情况，总监发现问题及时提出处理意见。

5）质量事后控制

①加强对检验批、分项工程验收。对符合要求的由监理工程师签认，对不符合要求的分项工程，由监理工程师签发"不合格工程项目通知"，由施工承包单位整改。

②做好分部工程检查验收工作。单位工程的基础分部及主体分部工程、设备安装分部工程完成后，由总监理工程师组织阶段性验收，承包单位、设计单位参加共同核查施工技术资料，并进行现场工程质量验收，协商验收意见并共同签认。

③总监组织召开监理例会，对工程质量和技术方面存在的问题提出处理建议和要求。定期反馈质量信息，分析并采取相应措施，保证施工质量处于受控状态。

④督促施工单位完成工程质量资料并整理归档。

⑤针对工程质量问题，下发监理通知单。必要时在征得建设单位的同意后可向承包单位下达工程停工令，要求承包单位改正不合格的工程部分。

（2）进度控制

广阳岛项目的进度控制，是指对建设项目的工作内容、工作程序、持续时间和逻辑关系编制计划，并在该计划付诸实施的过程中，经常检查实际进度是否按计划要求进行。对出现的偏差分析原因，采取补救措施，或者调整、修改原计划，直至工程竣工、交付使用。

1）进度控制实施要点

①按照合同约定制定进度控制的一、二、三级进度计划，根据工程特点组织进度控制

目标风险分析，并以专题报告形式向业主提出相关建议。

②总监理工程师组织专业监理工程师审核施工进度计划，提出审查意见，经总咨询师审批后报业主单位。

③通过网络计划确定项目的关键线路和关键节点工作，狠抓对关键线路、关键工作的管理，及时预警，避免关键线路延误。

④对工程进度进行动态管理，及时检查进度计划的实施情况，发现进度滞后及时纠偏，当关键节点进度滞后严重时，会同有关单位分析原因，提出纠偏措施，下发通知单/联系单，组织采取措施补救。

⑤在监理例会和监理周报、月报中向业主单位报告工程进度情况和进度控制执行情况，提出建议。

2）进度控制的事前控制措施

①落实监理团队中进度控制的人员，具体控制任务和管理职责分工。

②审查施工单位编制的施工进度计划，审核是否符合进度目标，审核施工进度计划与施工方案的协调性和合理性。

③建立进度控制协调工作制度，包括协调会议举行的时间，协调会议的参加人员等。

④对影响进度目标实现的干扰和风险因素进行分析，制订相应的措施进行纠正。

⑤审核施工单位提交的施工方案，机械、人力、施工方法等能保证进度计划的实现。

⑥监督、检查施工单位制订的材料和设备的采、供计划。

⑦协助完善外部手续，按期完成现场障碍物的拆除和落实现场临时供水、供电和施工道路，及时向施工单位提供现场和创造必要的施工条件。

⑧督促设计单位按时提供施工图纸等设计文件。

3）进度控制的事中控制措施

①建立反映工程进度状况的监理日志，逐日如实记载每日形象部位及完成的实物工程量，同时如实记载影响工程进度的内、外、人为和自然的各种因素。

②审核施工单位每周或每月、每季度工程进度报告，重点审核计划与实际进度偏差以及形象进度与实物工程量完成情况一致性。日报、周报、月报进度控制体系如图8-3所示。

图8-3 日报、周报、月报进度控制体系

③收集掌握设计图纸、设备材料的供应状态以及施工单位提交的有关进度报表资料，加强现场跟踪检查，定期向建设单位报告有关工程进度的情况。

④对工程进度实施动态管理，实行预警管理+销项管理，发现偏差并将其按预警等级进行分类，及时组织施工单位分析原因，商讨对策，并督促施工单位落实整改。进度控制预警管理+销项管理如图8-4所示。

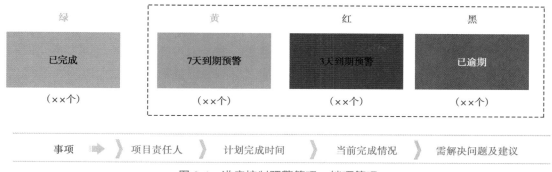

图 8-4 进度控制预警管理 + 销项管理

⑤按合同要求，及时对质量合格工程进行验收计量。

⑥组织现场协调会，及时协调施工单位不能解决的内外问题、总图管理问题、现场重大事宜等涉及进度管理控制方面的问题。

4）进度控制的事后控制措施

当实际进度与计划进度发生偏差时，在分析原因的基础上采取以下措施：

①制订保证总工期不突破的对策措施。

技术措施：如采用新技术、新工艺，缩短工艺时间、减少技术间歇期，实行平行流水立体交叉作业等。

组织措施：如增加作业队数、增加工作人数、采用高效机械施工等。

经济措施：如实行经济奖惩等措施。

其他措施：如改善外部配合条件、改善劳动条件、实施强有力调度等措施。

②制订总工期突破后的补救措施。调整相应的施工计划、材料设备、资金供应计划等，在新的施工条件下组织新的协调平衡。

（3）投资控制

1）投资控制实施要点

①按合同文件所规定方法、范围、内容、单位计量。不符合合同要求、不符合质量要求的工程不计量。

②业主单位提出的工程变更，如需变更设计，由业主单位将工程变更需求提交设计单位编制设计变更文件后实施；设计单位提出的工程变更，应编制设计变更文件，说明变更原因以及涉及的投资变化，经业主单位批准后实施。

③对工程变更的费用和工期进行评估，组织各方协商确定工程变更的工期和费用，并经业主单位同意后会签工程变更单。工程变更单会签前，施工单位不得实施工程变更。未经会签同意而实施的工程变更，不予计量。

2）投资控制监理措施

①严格审查施工组织设计（方案），综合评估施工方案的经济性。对施工组织设计（方案）中的组织管理、技术措施、人员配置、设备配置、质量保证体系等方面严格审查，尤其是对施工技术措施（方案）的经济性进行详细分析，让施工方案更有针对性、可操作、经济性。

②严格按资金使用计划进行投资管理。严格控制进度款拨付，过程中严谨、认真审核施工单位所报工程量。严格执行工程款审批程序，杜绝出现超支付，对不合格工程进行支付等情况发生。及时建立月工作量统计报表，对实际完成量与计划完成量进行比较分析，制订调整措施，及时向业主单位报告。施工当期发生的变更费用经双方确认后应于发生当月按合同约定条款在进度款中拨付。

③施工过程中，严格控制工程变更。为有效地控制工程造价，制定设计变更、现场签证管理制度，明确适用范围，实行"分级控制、限额签证"，协助业主单位及时解决设计不完善的问题等。从项目的功能要求、质量、工期、造价等多方面审查工程变更方案，尤其对影响工程造价的重大设计变更，采用先算账后变更的方法进行解决，及时收集、整理有关的施工过程资料，为处理工期与费用的增减提供依据。

④加强材料、机械等设备价格管理，并为业主提出合理的参考价格。在保证材料、设备满足合同要求质量的前提下，要求施工单位所提供的材料、设备力争最低价，及时掌握建材市场行情，对于资金占用额大的项目提前做好材料、设备采购计划，争取在价格波动的低谷时购进材料。对于需要重新定价的材料、设备，要求施工单位采购前将拟采购的数量和价格上报，以便监理方和业主单位方及时向市场进行询价，对该部分造价实行预控，避免投资失控的现象发生。

⑤重视工程索赔处理。对索赔进行预测，提前组织制定措施，减小索赔发生概率；及时收集、整理资料，为处理索赔提供证据；处理索赔必须以合同为依据，及时合理地处理索赔。

（4）安全控制

安全文明施工是工程建设永恒不变的主题，工程建设安全文明施工水平反映了工程管理水平。安全文明施工管理是工程管理中重要的工作内容之一，贯穿整个工程项目始末。

1）安全文明施工管理的主要工作

①对承包商现场安全管理工作、施工环境、施工部位及作业过程进行安全巡查和检查，将现场巡视有关安全事项记录在监理日志中。

②对高危部位、特种作业或重点工序，监理工程师进行旁站监督，着重检查是否进行安全技术交底，作业人员是否按规定持证上岗，是否按照经监理机构审批的方案实施。

③对承包商的安全活动开展、安全管理人员履行职责情况、现场安全与警示标志、特种作业人员持证上岗、现场施工违章作业行为等进行检查与监督。

④对现场交通设施、安全设施的使用与维护、照明与用电、防火与防爆及文明施工等现场施工环境的检查与监督；检查现场文明施工情况。

⑤督促承包商做好防汛、防雷、防风、防暴雨、防坍塌、防暑降温工作；督促承包商做好消防工作，强化火种管制，防止发生森林火灾。

⑥检查施工安全措施及其经费投入使用情况，检查现场安全防护设施、交通设施、施工人员的劳保用品配备情况。

2）安全文明施工管理的控制要点

根据工程特点和施工现场实际情况制订安全文明施工管理控制要点，见表8-3。

3）安全生产和文明施工监理措施

①抓机制建设、体系运转。严格审核施工单位的安全生产管理体系内容是否完全，管理结构和机制是否合理，措施是否合理，通过教育、培训和组织学习，提升施工单位对安全的认识和重视程度；施工过程中严格要求落实人员管理责任，加强过程管理，加强巡查，及时发现和消除隐患，将安全风险提前消除。

表 8-3　安全文明施工管理的控制要点

名称	控制项目	控制标准
安全管理	安全生产责任制	按照合同规定配备专（兼）职安全员；建立、健全安全生产责任制和管理制度；制订各工种安全技术操作规程
	目标管理	制订安全管理目标；进行安全责任目标分解；制订考核办法
	施工组织设计	施工组织设计有安全措施，并经审批；专业性较强的项目，单独编制专项安全方案且需有针对性
	分部、分项安全技术交底	需安全技术交底，交底全面、有针对性，并记录
	安全检查	制订安全检查制度；有安全检查记录；确定隐患整改定人、定时、定措施
	安全教育	建立安全教育制度；对新进场人员进行安全三级教育；管理人员需进行年度培训
	班前活动	建立班前安全活动制度；记录班前安全活动内容
	特种作业	按照规定要求持证上岗
	工伤事故处理	工伤事故按规定报告、事故按照"四不放过"原则处理
	安全标志	现场有安全布置总平面图；危险部位和区域有安全警示标识
文明施工	现场围挡	根据施工现场情况，设置隔离围挡；材料应坚固、稳定、整洁、美观
	封闭管理	施工现场进出口设门卫、建立门卫制度；进入施工现场佩戴工作卡
	施工场地	施工场地干净、整洁，设备、工具摆放有序，设置吸烟处、不得随意乱丢烟头
	材料堆放	施工材料、构件、料具按总平面布局堆放，挂名称、品种、规格等标牌，堆放整齐；工完场清
	现场防火	制订消防方案；灭火器材配置合理；有满足消防要求的消防水源；有动火审批手续和动火监护
	现场标牌	挂五牌一图；标牌规范、整齐；有安全标语
	生活设施	厕所符合卫生要求，不得随地大小便；食堂符合卫生要求，有卫生责任制；保证供应卫生饮水；设置淋浴室；生活垃圾及时清理，有专人管理
	保健急救	有急救医药箱；有急救报告措施
	职业健康	有防粉尘、防噪声措施；现场不得焚烧有毒、有害物质

②审查施工单位安全生产许可证及项目经理、技术负责人、专职安全员和特种作业人员的操作资格证。审查进入现场的分包单位的安全资格和证明材料。

③审查施工组织设计中的安全技术措施和专项施工方案。主要审查：审批程序是否完善，内容是否齐全、安全技术措施和专项施工方案是否符合工程建设强制性标准和项目实际情况、是否可行。

④加强现场安全、文明巡视检查。施工过程中严格检查各作业面工人作业行为是否符合安全操作规程的要求，安全防护用品是否佩戴；各种安全设施是否完好，特别是临边、洞口防护及各种用电设施的防漏电设施；是否按批准的方案进行施工；检查特殊工种作业人员是否持证上岗；检查各个阶段的各种安全设施是否及时设立；检查安全教育及安全技术交底制度的落实；检查文明施工执行情况。

⑤严格落实危大工程管理规定。按照主管部门针对危大工程的管理要求、管理文件等，逐项落实广阳岛项目的危大工程管理，完善程序、加强过程管控、动态管理、落实措施和责任人，避免出现安全事故。

⑥利用监理指令纠正不安全施工行为，及时排除安全隐患。一旦发现施工单位的不安全行为或发现安全施工隐患应及时下发监理通知单，责令限期整改，跟踪整改过程，对整改结果进行检查验收。

⑦核查落实施工单位安全、文明费用投入。严格审查施工单位安全措施费专款专用，一旦出现挪用的应立即组织纠正并根据合同进行处罚，全面保证安全文明施工费用的投入。

⑧重大安全生产事故隐患及时向业主和有关部门报告，经业主同意下达工程暂停指令并组织整改。

⑨建立施工安全监理台账制度。

⑩做好现场的文明施工管理，如围挡要求，扬尘、污水排放和噪声控制等一系列要求。执行卫生管理部门规定，做好生活垃圾处置。督促施工单位加大投入，提升文明工地施工形象。

（5）合同管理

1）合同管理的主要内容

①建立合同管理机构，明确合同管理工程师职责及工作内容。

②明确项目内部的预付款、工程款支付程序、设计变更程序、工程变更程序、索赔及反索赔程序。

③认定工程质量和进度，依照合同进行计量，并签署付款凭证。

④对影响工程建设的违约行为，根据合同约定进行奖惩。

2）合同管理实施要点

①做好合同的事前预控原则：采取预先分析、调查的方法，对合同执行中可能出现的问题提前发出预示，防止偏离合同约定事件的发生。

②坚持依据原则：合同作为对相关单位的管理依据，需要详细掌握合同约定的每一项工作要求，尤其是专项条款中的详细约定，项目有关的工作要根据合同进行管理，做到

管理有据可依。

③及时纠偏原则：随时跟踪合同的执行情况，督促违约方纠正不符合合同约定的行为。

④公正处理原则：严格按照合同有关规定和监理程序，公正、合理地处理合同问题。

3）合同管理措施

①检查施工单位履约行为。检查施工单位是否按照合同约定按时保质保量完成了相关工作；检查施工单位是否存在合同违约行为；检查施工单位人员到岗履职情况，判断其专业和管理能力能否满足项目管控需要，必要时提出更换建议和要求。

②审查合同清单执行情况。组织对相关单位进行合同清单分解，明确每一项工作任务的完成时间要求、成果交付要求以及相关的处罚和考核要求，以清单形式逐项跟踪，动态管理，发现问题立即报告业主单位进行处理。

③合同变更处理。项目推进过程中，确需进行合同变更的，一是要根据具体原因，评判变更理由是否充分，变更是否会有审计风险；二是本着公平公正的角度，协助或组织相关单位处理合同变更问题。

工程合同变更的要求可以由业主、监理工程师、承建方提出，但必须经过业主的批准签字后才能生效。工程变更的指令必须是书面的，如因某种特殊原因，监理工程师可口头下达变更令，但必须在 48 h 内予以书面确认。

④合同索赔处理。为控制工程的投资，监理工程师应积极协助业主防止承建商提出索赔，找出正当的理由和证据对承建商的索赔报告进行反击，使业主不受或少受损失；同时及时发现承建商违反合同的情况，积极收集证据资料，协助业主做好对承建商的索赔工作，尽最大可能减少工程投资的损失。

施工单位向业主提出费用索赔，应在约定期限内提出并提供相关资料，由监理人员审核资料、出具初步意见。业主审核相关资料，组织必要的专题会议研究解决并确定最后结果。

⑤合同争议处理。合同争议发生后，一方可书面通知监理工程师，请求予以调解。项目监理工程师收到争议通知后，站在公平公正的角度组织各方处理争议，在合同规定的期限内进行调查和取证，与双方协商后作出决定。

在总监理工程师签发"监理通知"后，如果建设单位或承包单位在合同规定的期限内未提出异议，则此决定为最后决定，双方必须认真执行。不同意项目监理部的决定时，可按合同约定办理。

⑥工程暂停、复工和延期的处理。在下列情况发生时，由总监理工程师签发"工程部分暂停指令"：应建设单位的要求，工程需要暂停施工时；由于工程质量问题，必须进行停工处理时；为避免安全隐患发生、造成工程质量损失或危及人身安全时；发生必须暂停施工的紧急事件时。

在签发"工程部分暂停指令"前，应征求建设单位的意见。签发工程暂停指令后，监理工程师应协同有关单位按合同约定，处理好因工程暂停所诱发的各类问题。

⑦合同违约的处理。违约合同处理过程中，监理工程师须分清违约责任方及违约责任，明确违约责任，按协议条款的约定支付违约金，赔偿因其违约给对方造成的损失。违约金及赔偿损失的计算应注意：提出因违约发生的费用，应写明费用的种类；要根据合

同条款写明违约金的数额或计算方法和支付时间；赔偿损失，应写明损失的范围和计算方法。

如现场监理工程师发现承包商有符合合同条款中承建商违约的有关事实，应及时向项目总监提交详细报告和有关事宜的处理意见，经项目总监核实后报业主批准处理。除非双方协议将合同终止，或因一方违约使合同无法履行，否则在违约处理完毕后，监理工程师应督促及协助双方继续履行合同。若一方违约使合同不能履行，另一方欲中止或解除全部合同，应按合同约定提前通知违约方。项目总监应按合同条款规定，对业主及承包商进行适当的协商工作，依据合同尽力维护业主的利益。

（6）信息管理

监理的方法是控制，控制的基础是信息，信息管理是监理工作的基础，广阳岛项目各阶段的工程信息是最直接、最完整反映工程建设全过程的载体，是监理工作重点之一。只有及时准确掌握工程进度、质量、投资等方面的信息才能采取有效措施，保证工程达到目标。

1）信息管理实施要点

①建立信息资料编码系统，对资料信息进行分类和编码。制定管理制度，指定专人负责。

②及时收集项目建设过程产生的相关资料，并对产生的资料、信息进行分类、汇总、存档，制订台账。

③做好文件收发和文件传阅制度。按规定做好登记和签收，参建各方来往联系均应以书面形式为准，坚持文件收发签字制度。

④信息的传递要准确、及时，档案的填写要准确，做好纸质文件和电子档文件的分类归档。

2）信息管理措施

广阳岛项目监理信息管理采用计算机辅助系统辅助信息处理。计算机辅助监理信息系统可以分为两大部分，一部分是为项目的三大控制服务的监理信息系统，另一部分是为信息管理服务的工程文件管理系统和工程图纸管理系统。统一按照公司《项目文件管理办法》及时将相关资料上传至公司信息平台，进行统一管理。

①信息收集。结合重庆市建设行政主管部门、城市建设档案管理部门以及有关规定，明确监理文件资料的归档要求，收集工程项目建设前期的重要文件以及建设中的有关信息，形成监理文件资料清单。监理资料内容见表8-4。

②信息加工整理。依据进度控制信息，对工程实际完成进度与计划进度进行比较，分析滞后原因，存在问题，提出综合评价和处理意见。

依据质量控制信息，对工作过程中的各种质量情况、问题、事故进行分析处理，在月报中归纳和评价，如有必要，可进行专门的质量定期情况报告。

依据投资控制信息，对投资完成情况进行统计、分析，并在此基础上进行短期预测，以便提出结算意见和资金组织方面的建议。

依据合同管理信息，对承包商或因对方原因或其他客观因素造成的损失进行索赔处理。

表 8-4　监理资料内容

序号	文件名称	序号	文件名称
1	工程监理的招投标文件	15	工程计量单和工程款支付证书
2	施工合同文件及委托监理合同	16	监理通知单
3	勘察设计文件	17	监理工作联系单
4	监理规划及监理细则	18	报验申请资料
5	分包单位资格报审表	19	工地会议纪要
6	设计交底与图纸会审会议纪要	20	来往函件
7	施工组织设计报审表	21	监理日记
8	工程开工／复工报审表及工程暂停令	22	监理月报
9	测量核验资料	23	质量缺陷与事故的处理文件
10	工程进度计划	24	分部工程、单位工程等验收资料
11	工程材料、构配件、设备的质量证明文件	25	索赔文件资料
12	检查试验资料	26	竣工结算审核意见书
13	隐蔽工程验收资料	27	工程项目施工阶段质量评估报告等专题报告
14	工程变更资料	28	监理工作总结

③监理资料归档管理。监理资料归档管理由总监负责，由档案管理人员实施。监理资料的归档管理严格按照住房和城乡建设部对建筑安装工程资料管理规定和本公司《资料管理归档与档案管理办法》要求执行。按规定建立各类台账，如工程材料、构配件、设备报验台账，施工试验审核台账及分项、分部工程验收台账等。单位工程竣工验收后，总监应组织各专业监理工程师对所有监理资料进行系统整理，并负责审核签字。在项目竣工验收3 个月后移交公司档案室管理，并正式办理交接手续。

（7）组织协调

广阳岛项目参建单位众多，核心是在总咨询师的统筹下，监理侧重于项目参建单位内部组织协调，与造价咨询、设计咨询、BIM 技术应用等各板块形成工作联动，使各方有力配合，以推进解决项目参建单位内部各种质量、安全、进度、投资等问题或矛盾为核心，力求保证建设项目的总体目标最终顺利实现。

1）组织协调方法

组织协调方法包括交谈协调法、会议协调法、书面协调法和访问协调法。各类协调法的协调形式、主要使用对象、作用、特点详见表 8-5。

表 8-5　各类协调法的协调形式主要使用对象、作用、特点对照表

序号	协调方法	协调形式	主要使用对象	作用	特点
1	交谈协调法	面谈	参建各方	相互沟通信息，及时了解情况，寻求共识和协调	双方容易接受，处理问题及时、方便，各方直接面对，高效解决问题
		电话交谈	参建各方		
2	会议协调法	监理工作交底会	监理内部协调	监理内部交底会议，明确监理工作的细节等相关事宜	内部统一认识和思想，事先协调内部工作
		第一次工地会议	参建各方	参建各方认识，明确授权和管理关系，介绍工程准备情况，明确制度和工作流程和管理要求等	一次性会议，建立关系，明确职责，统一方思想，促进工程推进等
		监理例会	主要是：业主、全咨、施工	对工程问题做到及时发现和处理问题，协调有关单位处理问题，统一步调，落实工作等	定期性、计划性强、针对性强
		专题会议	针对需协调的有关单位	讨论和处理重大问题，解决突出、突发问题	专业性强、针对性强
3	书面协调法	监理月报	业主、全过程工程咨询单位	每月工程完成情况，监理工作总结，下月计划，用于向业主和监理单位及职能部门汇报工作	定期性、总结性、汇报性和计划性
		会议纪要	涉及的各单位	记录会议过程、形成的决议和要求	各方执行纪要要求
		监理通知单	施工	发出监理工作要求和指令	指令性、要求回复性
		监理联系单	有关各方	解决项目问题或提出工作要求的工作联系单	沟通和协调相关工作
		其他工作指令	施工	对项目的工作要求以及施工单位不规范行为等发出指令要求	针对性强、责任大
		专题报告	涉及的各单位	讨论和处理重大问题，解决突出、突发专业问题等编制的报告	专业性强、针对性强
4	访问协调法	走访协调法	涉及的各单位	走访相关的单位，了解情况，征求意见，增进了解，加强沟通	解释性、互动性
		邀访协调法	涉及的各单位	邀请与工程相关的单位，征求意见，加强沟通，指导巡视工作等	

2）组织协调管理范围和重点

项目监理组织协调的重点详见表 8-6。

表 8-6　监理组织协调重点

协调范围	协调层次	主要协调对象	协调重点
监理团队内部协调	与单位的协调	法定代表人	取得授权，授权范围，授权变更
		公司领导	必须时组织公司领导与业主管理领导的沟通
		职能管理部门	公司资源支持，包括人员、技术、费用等
		公司各层次人员	建立良好的同事关系，获得管理和技术支持等
	内部组织协调	全过程工程咨询其他板块	做好与造价、设计咨询、BIM 板块的工作交流和沟通方式，优化工作程序，相互赋能
		监理团队内部	定位定岗、严格履职、相互配合
监理机构外部协调	近外层协调	业主	加强与业主沟通，取得最大限度的支持，实施过程中取得进一步的授权，协调业主与各方关系，协助解决各类纠纷，及时汇报监理工作，反映项目实施状况等
		勘察设计（审图单位）	按合同及授权范围对设计进度、设计成果文件等进行审查，协助业主管理设计单位，参加设计交底和图纸会审会议，并提出建议。与勘察和审图单位保持良好沟通，及时解决技术问题
		施工单位	协助业主做好施工准备协调，对施工过程中质量、进度、投资和安全工作进行协调，协调解决合同纠纷等问题，以积极解决问题，为项目创造有利工作条件为目的
		专业分包单位	检查分包范围和内容，分包单位资质能力等
		设备材料供货商	检查到场设备材料的质量是否满足项目设计和使用要求，相关证明文件和材料是否齐全、有效
	远外层协调	使用单位	协助业主
		质量、安全监督站	与质量、安全监督站建立沟通渠道，接受监督检查，协调落实解决问题，汇报相关监理工作，取得质监、安监的大力支持
		政府其他管理部门	协助业主办理相关手续，为业主提供与政府协调过程中的技术支持和资源支持，保障项目外部协调顺畅

3）监理单位的内部协调工作

①在职能划分的基础上设置组织机构，根据工程特点及委托监理合同所规定的工作内容，确定职能划分，并相应设置配套的组织机构。

②明确规定每个部门的目标、职责、权限和监理机构人员的岗位职责、专业分工、协作关系，最好以规章制度的形式作出明文规定。使监理机构的日常工作有章可循，确保监理工作的正常进行，保证监理服务的质量。

③建立信息沟通制度，如采用工作例会、业务碰头会、发会议纪要、工作流程图或信

息传递卡等方式来沟通信息，这样可使局部了解全局，服从并适应全局需要。

④及时消除工作中的矛盾或冲突。

⑤在绩效评价上要实事求是，人员安排上要量才定岗，做好人际关系的协调。

⑥在总咨询师统筹下，总监理工程师负责监理机构内部的协调，配合项目管理团队、设计咨询团队、造价咨询团队、BIM 团队的工作。

4）与建设单位的协调工作

①理解建设单位意图。首先要理解绿色建筑总目标、理解建设单位的意图。

②尊重建设单位意见。尊重建设单位，请建设单位一起投入建设工程全过程。

③加强与建设单位领导及驻现场代表的联系，虚心听取对监理工作的意见。

④在召开监理例会或专题会议之前，先与建设单位代表进行研究与协调，贯彻建设单位的意图。

⑤必要时与建设单位领导及其代表召开碰头会，沟通各方面的情况，做出共同部署。

⑥邀请建设单位代表及专业技术人员参加工程质量、安全、文明施工的现场会或检查会，使建设单位人员获得第一手资料。

⑦在处理与施工单位的关系时，保持公正的立场，并切实保护建设单位的合法权益。

⑧各专业监理工程师与建设单位各专业工程师加强联系与交流。

5）与施工单位的协调工作

①及时了解工程各方面的信息及其存在的困难，热情服务，以协助解决施工单位的困难为目的，以预控工程为前提。

②要站在公正的立场，维护施工单位的合法利益。

③从大局出发，从控制工程总体目标的角度处理与施工单位的关系。

④重大的协调工作要由总监理工程师出面，事前要与建设单位做好协调工作。

⑤为了做好协调工作，监理机构人员要深入现场取得第一手资料，以便预测可能出现的不利情况，采取措施防患未然。

6）与勘察设计单位的协调工作

①协助建设单位根据工程进度需要与设计单位协商，商定提供设计变更文件或图纸的时间。

②对于设计图纸中的问题，要尊重设计意见，正确对待和处理，不得任意改动设计图纸，并及时主动向设计单位提出，以免造成大的损失；对于建设、施工等工程参建单位提出的设计变更要求，均按照设计变更程序执行。

7）与政府及其他单位的协调工作

①监理单位在进行工程质量控制和质量问题处理时，要做好与工程质量监督站的交流和协调。

②与质监、安监、环保、消防等单位配合，充分尊重并接受指导，争取得到支持，充分发挥他们对施工单位的监督作用。

8.3.3 竣工阶段监理要点

（1）工程竣工验收必备条件

①已完成设计和合同规定的各项内容。

②单位工程所含分部（子分部）工程均验收合格，符合法律、法规、工程建设强制标准、设计文件规定及合同要求。

③工程资料符合要求。

④单位工程所含分部工程有关安全和功能的检测资料完整；主要功能项目的抽查结果符合相关专业质量验收规范的规定。

⑤单位工程观感质量符合要求。

⑥竣工验收文件主要包括：消防验收合格文件、规划验收认可文件、环保验收认可文件、山水林田湖草验收合格文件、绿色建筑的有关验收合格文件、建设工程竣工档案验收意见、建筑工程室内环境检测报告等。

（2）工程竣工验收程序

①工程完工后，施工单位向建设单位提交工程竣工报告，申请工程竣工验收，工程竣工报告必须经总监理工程师签署意见。

②建设单位收到工程竣工报告后，对符合竣工验收要求的工程，组织勘察、设计、施工、监理等单位和其他有关方面的专家组成验收组，制订验收方案。

③建设单位应当在工程竣工验收7个工作日前将验收的时间、地点及验收组名单通知负责监督该工程的工程监督机构。

④建设单位组织工程竣工验收会议。

a. 建设、勘察、设计、施工、监理单位分别汇报工程合同履行情况和在工程建设各个环节执行法律、法规和工程建设强制性标准的情况。

b. 审阅建设、勘察、设计、施工、监理单位提供的工程档案资料。

c. 查验工程实体质量。

d. 对工程施工、设备安装质量和各管理环节等方面作出总体评价，形成工程竣工验收意见，验收人员签字。

（3）工程竣工结算

在竣工结算阶段，施工单位规范填报竣工结算报表。监理工程师、造价工程师审核施工单位报送的竣工结算报表，与业主单位、施工单位协调一致后，签发竣工结算文件和最终的工程款支付证书。

（4）工程移交

承包人在收到工程竣工结算价款后，在规定的期限内将竣工项目移交发包人，及时转移撤出施工现场，解除施工现场全部管理责任。

8.3.4 保修期监理要点

工程保修阶段服务工作期限，应在建设工程监理合同中明确。监理机构依据合同中所约定工程质量缺陷责任期内服务工作时间、范围和内容开展工作，在缺陷责任期内履行应尽的监理职责。

（1）生态修复项目保修期监理工作要点

①督促施工企业制订养护管理年度计划，季度计划、月度计划和周安排计划。

②督促施工企业对工程成品进行保护，灌溉排水、松土除草、防治病虫害、施肥、修剪整形、建立防护设施和死苗的处理以及补植。

③督促施工企业建立养护管理队伍或固定养护管理人员。

④监理人员对施工企业的日常养护管理，采取不定期的检查，平时多看，每月检查一次，对检查出来的问题，提出整改意见，督促施工企业落实办理，并及时向建设单位反馈养护管理信息，取得建设单位的理解和支持。

⑤督促施工企业对工程成品、农作物、地被植物进行养护管理的同时，建立养护管理档案。

⑥病虫害防治上应及时与设计方沟通，采取生态的方式对病虫害进行防治。

⑦冬季增强防寒措施，要定植的幼苗，防寒养护工作尤为重要。加强防寒措施，预防幼苗冻害，对于提高幼苗成活率、成活质量及次年农作物生长十分重要。施工单位应严格按照设计要求的方式完善冬季增强防寒措施，保障农作物生长良好。

（2）绿色建筑项目保修期监理工作要点

①承担工程保修阶段的服务工作时，监理单位应定期回访，征求建设单位或使用单位的意见，发现使用中存在的问题并做好回访记录。

②对建设单位或使用单位提出的工程质量缺陷，监理单位应安排监理人员进行检查和记录，并应向施工单位发出保修通知，要求施工单位予以修复，同时应监督实施，合格后应予以签认。

③监理单位应对工程质量缺陷原因进行调查、分析，并应与建设单位、施工单位商议确定责任归属。对非施工单位原因造成的工程质量缺陷，应核实施工单位申报的修复费用，并签认工程款支付证书，同时报建设单位。

④保修阶段服务工作结束前，监理单位应组织相关单位对工程进行全面检查，编制检查报告，同保修阶段服务工作总结一起报送建设单位。

8.4　工程监理实践

8.4.1　生态修复项目质量控制要点

广阳岛生态修复项目通过"护山、理水、营林、疏田、清湖、丰草"六大工程对广阳岛内的"山、水、林、田、湖、草"进行全面生态修复，实现山青、水秀、林美、田良、湖净、草绿。生态修复项目主要质量控制要点见表 8-7，现场控制如图 8-5、图 8-6 所示。

表 8-7　生态修复项目主要质量控制要点

序号	工程	主要质量控制要点
1	护山工程	（1）植物护坡：检查种子、苗木、整地方式及规格是否符合设计要求；种（栽）植工艺是否规范，种（栽）植方式、质量是否符合设计要求；草皮护坡所用草皮品种、质量是否符合设计要求，铺植工艺是否规范，草皮表面是否均匀、平整，养护是否及时到位； （2）框网植物护坡：检查框网修筑前原坡面虚土及杂物等是否清理干净，基础是否稳固，处理是否满足施工要求；框网布设位置、形状规格、建筑材料、施工工艺、施工质量是否符合设计要求；框网内种植植物的品种、种苗质量、种植方法、密度及成活率是否符合设计要求
2	理水工程	（1）检查场地清理、各净化区的土方开挖及回填是否符合要求； （2）净化塘、蓄水湖要做好防渗工作，透气防渗毯的铺设应一次到位； （3）水生植物：植物在进入岛内必须附有检验检疫报告、产品合格证和产品种类数量报告，水草的种类以及种植的密度要符合标准，对水草的长势及生存状况定期检查关注，以便及时调整补种； （4）水生动物：对投放的鱼类及底栖螺蛳类动物的种类、质量、数量进行检查和监督投放，并通过定期按比例检查区域内水生动物生长情况和活度，保持水体生态系统的完整性； （5）水生植物的维护及控制：定期观察水草的生长情况，对不足之处及时予以调整与维护，水草长度保持在一定的限度，对生物残体及漂浮物及时清理； （6）水质指标的控制：净化系统内的各个净化区，合理布设水质监测点，水质指标要全面
3	营林工程	（1）苗木验收：检查苗木的质量证明文件是否符合设计要求；现场抽检苗木，检测苗龄、苗高、苗冠等质量指标；检查苗木的运输保护情况，确保栽植的苗木根系完好，无机械损伤，无病虫害； （2）苗木修剪：全冠移植苗木应保持自然、完整树形。有高度、形态要求的灌木或地被，修剪后须达到设计要求。 （3）树干处理：耐寒性稍差的苗木采取防寒措施，个别耐寒性差的种类，苗木缠干前涂石硫合剂，缠干后外表层须经常喷洒农药，防止滋生病虫害； （4）乔木栽种：树种及栽植形式应符合设计要求。树穴位置宽度、深度应符合要求，种植土必须保证足够的厚度，保证土质肥沃疏松、透气性和排水性好。栽植时苗木应栽正扶直，支撑杆牢固且整齐美观； （5）管护：督促施工单位在施工过程中按设计要求培土、施肥、浇水，在其管护期内做好病、虫、冻害的防治工作

续表

序号	工程	主要质量控制要点
4	疏田工程	（1）异地取土回覆：异地取土回覆时土壤质量和覆土厚度应符合要求； （2）增施有机肥：在各种植区分别控制生物有机肥、腐熟干羊粪和蚯蚓粪肥3种有机肥的混合比例，监督施工人员按相关技术规范施用混合肥； （3）测土配方施肥：在增施有机肥之前，监督专业机构在各区域分别取土，测量土壤中各种养分含量，然后提出不同地块的施肥配方； （4）种植绿肥与秸秆还田：监督施工人员按设计要求在果树种植区种植三叶草、紫云英等豆科植物，持续改良土壤； （5）宜机化改造：地表清杂后土石挖填和田埂砌筑应符合要求，按照水肥一体化方案实施园内管网布置，并于垄体上铺设防草布； （6）生态环境建设工程：实施水稻秸秆翻埋还田技术和尾菜堆沤还田技术，畜禽粪污资源化，监督施工人员根据害虫监测结果，适时开展害虫物理和生物防控
5	清湖工程	（1）湖塘底泥清淤：湖底的地表水排干净后监督施工单位采用固化剂（石灰）按比例将底泥进行拌和，使其不再呈流塑状态再进行集中清运； （2）铺设生态透气防渗毯：基层表面应基本干燥，基层底部整平夯实；防水毯的外观质量无损伤和创伤、孔洞等缺陷；防水毯的铺设搭接符合要求，不能出现弯曲和皱褶。防水毯的锚固符合要求，覆土回填压实度符合要求； （3）种植土回填：回填种植土粒径、厚度符合要求。土壤应疏松湿润，排水良好，pH值符合要求，含有机质的肥沃土壤； （4）湖岸维护：场地块石及卵石铺砌时对石材的规格进行检查； （5）水生态食物链修复：按照设计要求选用水生动植物
6	丰草工程	（1）总体布局的检查：对照设计图和施工单位的自验图，结合现场调查，逐片核对种草图斑，并按小地名分别作好记载； （2）整地质量检查：测量整地翻土深度是否符合设计要求，检查测定整地形状是否符合设计要求； （3）出苗与生长情况的测定：测定出苗率、草的高度和覆盖度是否符合要求； （4）开发建设项目的草坪种植，按设计的质量要求以及有关园林的技术规程规范要求进行检测

图 8-5　理水工程现场图

图 8-6　乔木栽种现场图

8.4.2　绿色建筑项目质量控制要点

绿色建筑工程项目可以划分为若干个紧密联系的施工过程，每个施工过程的质量，构成和表现了工程项目的整体质量，施工过程是施工的重要环节，监理工程师应严格对施工过程的质量进行控制。绿色建筑项目主要质量控制要点见表 8-8，现场控制如图 8-7、如图8-8 所示。

表 8-8　绿色建筑项目主要质量控制要点

序号	工程	主要质量控制要点
1	钢筋混凝土工程	（1）检查模板的强度、刚度和稳定性等各项安全措施，对轴线位移、截面尺寸、垂直度、平整度进行检查； （2）进场钢筋与有效产品合格证、检验报告对照检查，是否与报告相符，外观质量是否符合要求，并按要求送检； （3）钢筋加工应符合设计及规范的结构要求和构造要求，重点对钢筋的弯钩和弯拆构造、锚固长度、几何尺寸进行检查； （4）钢筋安装过程中加强重点部位的检查，如梁柱接合部。同时对钢筋焊接、螺纹连接进行见证取样送检； （5）审核混凝土供应单位的资质，并对现场进行考察，对原材料取样送检； （6）钢筋、模板工程验收合格后方可浇筑混凝土，浇筑过程进行旁站监理，对混凝土来料料单进行抽查，按要求进行坍落度检测，并督促施工单位留存试件； （7）检查进行混凝土保温养护措施落实情况是否符合要求
2	地下工程	（1）根据现场情况，督促施工方做好降排水措施； （2）审查商品自防水混凝土的配合比和试验报告，抽检进场的自防水混凝土； （3）地下车库工程混凝土浇筑过程实施全过程旁站监理，重点监控混凝土作业流向，防止混凝土偏压，防止混凝土冷缝产生，防止混凝土开裂； （4）严格按照设计要求做好后浇带施工； （5）防水层施工的原材料必须监理见证送检；防水层粘贴必须符合规范和设计要求
3	钢结构工程	（1）核查钢结构制作厂是否具备相应的钢结构工程施工资质、生产能力和施工技术标准、质量管理体系； （2）对于钢结构施工单位出的施工详图，审查其是否为有资质的设计单位所出；施工详图是否经过原设计院的审核确认； （3）查验进场钢材的检验报告是否满足施工图设计的要求，钢材外观质量是否符合要求；督促施工单位严格按规范要求对原材料进行复试； （4）在钢结构安装时对钢柱定位和垂直度进行复测，并做好记录； （5）焊接是钢结构制作阶段监理的重点，检查是否事先进行了焊接工艺评定；焊工的资质以及焊前培训和考核；焊缝大小、焊缝高度是否达到图纸设计要求；焊后构件几何形状是否满足图纸要求； （6）对焊缝质量进行现场探伤检测，对缺陷及时返修

续表

序号	工程	主要质量控制要点
4	幕墙工程	（1）幕墙的二次设计必须与实测实量数据资料相吻合，不得影响建筑物的结构安全和主要使用功能。当涉及主体结构改动或增加荷载时，必须由原设计单位或具有相应资质的设计单位对既有建筑结构的安全性进行检验、确定； （2）建筑幕墙安装必须按经审批的施工方案和安全专项方案实施； （3）加强幕墙原材料如型材、玻璃、结构胶、密封胶、密封胶条、双面胶贴、五金件、吊挂件的进场验收； （4）对型材加工质量及加工精度进行抽查； （5）检查幕墙预留预埋的标高、平面位置，幕墙工程的框架与主体结构预埋件的连接、立柱与横梁的连接及幕墙板的安装必须符合设计要求； （6）检查防雷接地安装是否符合要求，消防是否满足要求，对幕墙应具有的抗风压性能、水密性能、气密性能、空气隔声性能、采光性能等严格控制
5	装饰装修工程	（1）对装修设计图纸进行审查，要求设计单位各专业之间进行合图，避免施工过程出现大面积干涉； （2）对装修材料的质量控制，对所需使用材料提前进行封样，各材料参数需符合合同、设计及规范要求，严格执行取样送检； （3）装修阶段前期的实测实量工作是关键，必须对坐标点位和水准高程及轴线位置、门窗洞口的方正，墙体的平整度及垂直度、预埋件的位置偏差等进行严格检查
6	电气暖通给排水工程	（1）电缆工程质量控制要点：桥架及线槽安装牢固、横平竖直，接地连接有效可靠；核对电缆型号、电压、规格；电力电缆有序排放和标签设置控制；电缆头制作安装；防火泥封堵； （2）风管制作与安装工程质量控制要点：风管材料、加工质量控制；风管及部件安装标高、走向及接口处理等的控制；风管的支、吊、托架的形式、规格、位置、标高、间距控制；风口与风管连接和装饰面衔接质量控制；风管系统漏光或漏风量检测；风管保温质量控制； （3）给水系统管道与配件安装工程质量控制要点：对各种管道与配件的型号、规格、材质及连接形式的控制；管道支、吊、托架的质量控制；阀门安装前的强度和严密性试验控制；管道伸缩缝、补偿装置安装质量控制；承压管道系统及设备强度试验和严密性试验、非承压管道系统及设备灌水试验及盛水试验、预作用消防喷淋气压试验等质量控制； （4）动力系统工程质量控制要点：热力管道安装坡度控制；补偿器的型号、规格、安装位置，固定支架，滑动支架，导向支架的结构及位置检查控制；管道焊接检查与焊缝检测；管道保温质量控制；平衡阀、调节阀的型号，规格及安装控制；天然气管道焊工资质审查；管材、管件的加工质量控制；天然气管道气压试验的控制
7	设备安装工程	（1）做好安装测量基准的交接、复测工作，确保安装基准符合设计要求； （2）做好综合管线深化设计、会签确认工作，保证各类管线安装有序，且符合规范要求； （3）做好隐蔽工程的验收工作，确保各类隐蔽工程质量符合规范及设计文件要求； （4）做好大型设备垂直吊装和水平运行通道的合理设置工作，确保大型设备顺利进场安装； （5）做好强、弱电系统综合接地的质量控制工作，确保接地可靠、有效； （6）做好各类孔洞防火封堵检查验收工作，保证其封堵满足设计文件和规范要求； （7）严格督促施工单位进行单机调试工作，确保单机调试符合质量要求，并确保各项单机调试记录有效、规范

序号	工程	主要质量控制要点
8	节能工程	（1）对材料供应商资质进行审查； （2）对建筑节能原材料的检查验收和复检； （3）屋面保温隔热工程应对基层、保温层的敷设方式、厚度和缝隙填充质量、屋面热桥部位、隔气层进行隐蔽工程验收

图 8-7　架体及模板安装现场图

图 8-8　石材铺贴空鼓检查现场图

8.4.3　BIM 技术在监理工作中的应用

（1）施工准备阶段

1）建立广阳岛生态数字化本底档案库

通过三维激光扫描、高清遥感影像、多光谱等采集技术，实现山、水、林、田、湖、草等生态要素全结构化、参数化，建立广阳岛生态数字化本底档案库，对每一棵树木实现全过程追溯，打造全岛生态智慧化管理基础。

2）模拟全项目可视化展示应用

应用BIM技术实现虚拟化、可视化设计，对广阳岛生态修复、大河文明馆、国际会议中心、长江书院等进行全景三维建模，并与广阳岛 EI 孪生模型融合，真实推演建筑未来场景，实现项目现场情况与未来建设效果在显示终端上的集成可视化展示，通过全景漫游、方案比选、日照分析、视域分析等功能，帮助业主进行规划设计方案科学评估、比选和优化，便于监理工作的开展。全项目可视化展示应用效果图如图 8-9 所示。

图 8-9　全项目可视化展示应用效果图

（2）施工阶段

1）基于数智化平台，实现各建设参数集成化

应用智能监测设备等智慧工地技术，与生态项目现场数据实时互联，对全岛建设项目的进度、质量、安全、人员等进行实时监管，项目整体运行一目了然。对项目数据信息可以层层挖掘，获取项目基本信息、质量安全、进度、投资、人员等更详细信息，实现项目动态、集成和可视化施工现场管理，节约进度、成本，提高质量；并与智慧工地等系统连接，形成全过程影像记录＋合同、信息记录，实现广阳岛项目全过程、全要素、全参建方的信息记录。通过智慧建管系统，提升广阳岛公司生态项目监管水平和能力，保障工程项目按时、高质、安全的成功交付。全过程影像记录效果图如图 8-10 所示。

图 8-10　全过程影像记录效果图

2）通过生态修复风险模拟，加强质量安全控制

通过智慧生态系统的建设，模拟山水林田湖草修复过程中可能存在的风险，监理人员针对模拟情况，有针对性地开展质量、安全控制，助力开展广阳岛生态修复工作。广阳岛山体的滑坡检测如图 8-11 所示。

图 8-11 广阳岛山体的滑坡检测

（3）竣工移交阶段

通过前期项目各参与方信息的输入、修改、更新，可使模型与完成的实体具有高度一致性，在向业主交付实体工程的同时，即可移交所有的纸质资料，以及包含大量信息的模型数据库。同时应用工程量计算功能，便于业主与施工方之间快速的工程量核对，极大地提高了竣工决算的效率。

（4）保修期阶段

1）智慧预防

通过遥感、无人机及地面调查等手段，每年为广阳岛进行全面的体检"扫描"，并建立基础"电子病历"数字档案，同时建设生态物联感知监测网络。对广阳岛山水林田湖草等生态要素进行全天候监测。形成基于基础数字档案的广阳岛生态健康"实时监护"动态数据库。

2）智慧诊断

建立生态健康诊断评价指标，根据全岛生态实时感知的"望闻问切"监测数据，实现广阳岛生态全要素、全天候、可视化的生态健康度诊断评价，同时诊断评价结果可在运营中心、电脑、手机等多终端可查、可视，满足管理者随时随地了解全岛生态健康状况。

3）智慧养护

通过土壤情况监测、植物长势监测、病虫害监测，对林草进行远程智能化养护管理，实现感知数字化、控制智能化、远程可视化、资源节约化。

第9章 工程造价

9.1 工程造价咨询理念

9.1.1 全过程工程造价管理理念

（1）全过程造价咨询概念

全过程造价咨询是指工程造价咨询企业接受委托，依据国家有关法律、法规和建设行政主管部门的有关规定，运用现代项目管理的方法，以工程造价管理为核心，以合同管理为手段，对建设项目各个阶段、各个环节进行计价，协助建设单位进行建设投资的合理筹措与投入，控制投资风险，实现造价控制目标的智力服务活动。

全过程造价管理的核心思想是一种为达到建设项目造价合理确定和有效控制的动态方法，是基于动态成本核算的原理开展建设工程造价确定的一种技术方法。全过程造价咨询企业协助建设单位建立由项目设计、施工、监理等各方参与的造价确定与协同管控机制，并在项目实施各个阶段、各个环节对项目各专业造价采用预测、统筹、平衡、确定等手段实现工程造价动态控制的管理活动。

（2）全过程造价管理内容

工程造价的管理控制需要在业主（建设单位）的项目预期投资金额内，由工程项目立项开始，从可行性研究的投资估算控制，投资决策阶段的资金控制，到方案初步设计阶段概算控制，施工图设计阶段预算审核，最后直到工程竣工交付所消耗的全部费用的全过程造价的控制和监督管理。同时，在工程项目实施过程中及时进行造价偏差的校正，确保工程项目结算金额在动态控制的工程项目预算金额内，从而使业主（建设单位）投资项目的投资收益得到保证。

9.1.2　全过程工程造价管理控制

在建设工程的各个阶段，项目造价分别通过投资估算、设计概算、施工图预算、招标控制价、过程控制、工程结算等进行确定与控制。建设项目是一个从抽象到实际的建设过程，工程造价也从投资估算阶段的投资预计，到竣工决算的实际投资，形成最终建设工程的实际造价。从估算到决算，工程造价的确定与控制存在着相互独立又相互关联的关系。

（1）工程建设各阶段工程造价的关系

建设工程项目从立项论证到竣工验收、交付使用的整个周期，是工程建设各阶段工程造价由表及里、由粗到精、逐步细化、最终形成的过程，它们之间相互联系、相互印证，具有密不可分的关系。

（2）工程建设各阶段工程造价的控制

工程造价控制是在优化建设方案、设计方案的基础上，在建设程序的各个阶段，采用一定的方法和措施把工程造价控制在合理的范围和核定的限额以内。具体来说，就是要用投资估算价控制设计方案的选择和初步设计概算造价，用概算造价控制技术设计和修正概算造价，用概算造价或修正概算造价控制施工图设计和预算造价，用最高投标限价控制投标价等，以求合理使用人力、物力和财力，取得较好的投资效益。有效控制工程造价应体现下述原则。

1）以设计阶段为重点的建设全过程造价控制

工程造价控制贯穿于项目建设全过程，但是必须重点突出。很显然，工程造价控制的关键在于施工前的投资决策和设计阶段，而在项目作出投资决策后，控制工程造价的关键就在于设计。建设工程全寿命费用包括工程造价和工程交付使用后的经常开支费用（含经营费用、日常维护修理费用、使用期内大修理和局部更新费用）以及该项目使用期满后的报废拆除费用等。

2）主动控制，以取得令人满意的结果为目标

一般来说，建设项目的工程造价与建设工期和工程质量密切相关，为此，应根据业主的要求及建设的客观条件进行综合研究，实事求是地确定一套切合实际的衡量准则。只要造价控制的方案符合这套衡量准则，取得了令人满意的结果，造价控制就达到了预期的目标。

3）技术与经济结合是控制工程造价最有效的手段

要有效地控制工程造价，应从组织、技术、经济等多方面采取措施。从组织上采取的措施，包括明确项目组织结构、明确造价控制者及其任务、明确管理职能分工；从技术上采取措施，包括重视设计多方案选择，严格审查监督初步设计、技术设计、施工图设计、施工组织设计，深入技术领域研究节约投资的可能；从经济上采取措施，包括动态地比较造价的计划值和实际值、严格审核各项费用支出、采取对节约投资的有力奖励措施等。

9.2 工程造价咨询策划

9.2.1 工程造价咨询内容分解

（1）造价工作分解

广阳岛全过程工程造价咨询服务工作分解结构工作分解如图 9-1 所示，将造价咨询按照以下 7 项内容进行分解。

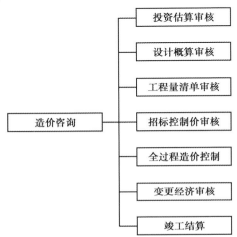

图 9-1 广阳岛全过程工程造价咨询服务工作分解结构图

（2）造价工作界面划分

广阳岛全过程工程咨询服务造价工作界面划分见表 9-1。

表 9-1 广阳岛全过程工程咨询服务造价工作界面划分表

工作内容	业主	全过程工程咨询	专项咨询	勘察单位	EPC		主管部门/审计
					设计	施工	
投资估算	审定	组织审核	编制	—	—	—	审批
设计概算	审定	组织审核	—	—	编制	—	审批
施工图预算	审定	组织审核	—	配合	编制	—	—
招标准备	审定	配合	—	—	—	—	—
招标文件	审定	审核	编制	—	—	—	—
工程量清单及招标控制价	审定	组织审核	编制	配合	配合	—	—

续表

工作内容	业主	全过程工程咨询	专项咨询	勘察单位	EPC		主管部门/审计
					设计	施工	
变更、签证	审定	组织审核	—	配合	配合	实施	—
重大变更影响分析	审定	组织审核	审核	配合	配合	实施	—
竣工结算	审定	组织审核	审核	配合	配合	实施	审计

（3）全过程投资咨询团队组织架构

广阳岛项目全过程投资咨询团队组织架构如图 9-2 所示。

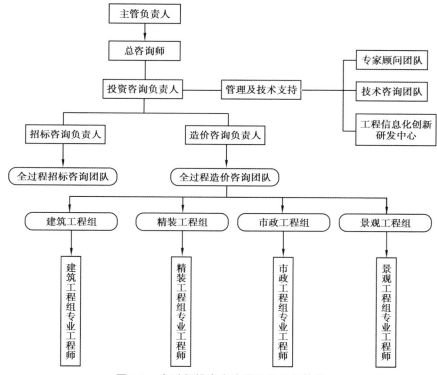

图 9-2　全过程投资咨询团队组织架构图

1）投资咨询负责人

①协助总咨询师工作，全面统筹投资咨询板块的工作。

②负责投资咨询工作的相关策划。

③统筹全过程工程咨询合同范围内招标与造价咨询相关工作。

④统筹投资估算、设计概算复核工作。

⑤统筹施工图预算、工程量清单及招标控制价、工程竣工结算审核工作。

⑥统筹施工阶段全过程造价控制管理(包含变更、签证、收方经济性评价,款项支付管理,索赔等)。

⑦整理投资咨询相关文件资料。

⑧统筹投资咨询板块项目总结。

⑨完成领导交代的其他工作。

2)造价咨询负责人

①协助投资咨询负责人工作,全面负责造价咨询板块的工作。

②组织造价咨询工作的相关策划。

③组织全过程工程咨询合同范围内招标采购的造价咨询相关工作。

④组织投资估算、设计概算复核工作。

⑤组织施工图预算与工程量清单及招标控制价审核、竣工结算审核工作。

⑥组织施工阶段全过程造价控制管理(包含变更、签证、收方经济性评价,款项支付管理,索赔等)。

⑦整理造价咨询相关文件资料。

⑧组织项目预算审核,控制造价咨询板块预算并对结果负责。

⑨组织审核造价咨询板块项目总结。

⑩完成领导交代的其他工作。

3)招标咨询负责人

①协助投资咨询负责人工作,全面负责招标咨询板块的工作。

②组织招标咨询工作的相关策划。

③组织全过程工程咨询合同范围内招标采购相关工作。

④整理招标咨询相关文件资料。

⑤组织项目预算审核,控制招标咨询板块预算并对结果负责。

⑥组织审核招标板块项目总结。

⑦完成领导交代的其他工作。

4)专业工程师

①协助造价与招标咨询负责人工作,落实投资咨询板块的具体工作。

②参与投资咨询工作的相关策划。

③参与并实施相关招标文件中有关造价条款的拟订。

④参与并实施投资估算、设计概算复核工作。

⑤参与并实施施工阶段全过程造价控制管理(包含变更、签证、收方经济性评价,款项支付管理,索赔等)。

⑥参与并实施施工图预算审核、工程量清单及招标限价、竣工结算审核工作。

⑦整理造价咨询板块相关文件资料。

⑧参与并协助项目报批报建相关工作。

⑨参与并实施投资咨询板块相关项目总结。

⑩完成领导交代的其他工作。

5）工作目标

设立目标是为了实现目标、约束自我，从组织和管理的角度，采取经济、技术、法律等手段，保证目标达成。

投资咨询的任务是依据国家有关法律、法规和建设行政主管部门的有关规定，通过对建设项目各阶段工程的计价，实施以投资管理为核心的项目管理。本次依据广阳岛全岛建设及广阳湾生态修复全过程工程咨询合同，全过程投资咨询团队将为本项目建设提供投资估算审核、设计概算初步审核、施工图预算审核、工程量清单及招标控制价审核、施工阶段全过程造价控制、竣工结算审核、招标采购咨询七大项服务内容，为合法、高效、精准地完成上述工作，以目标为指引，认真梳理工作的内容细节，整理完备的管理程序和方法，依据《建设工程造价咨询成果文件质量标准》（CECA/GC7—2012），提交合格的工作成果。

9.2.2　投资决策阶段造价咨询

（1）决策阶段造价管理内容

1）投资机会研究、项目建议书阶段的投资估算

投资机会研究阶段的工作目标主要是根据国家和地方产业布局及产业结构调整计划，以及市场需求情况，探讨投资方向，选择投资机会，提出概略的项目投资初步设想。如果经过论证，初步判断该项目投资有进一步研究的必要，则制订项目建议书。

对于较简单的投资项目来说，投资机会研究和项目建议书可视为一个工作阶段。投资机会研究阶段投资估算依据的资料比较粗略，投资额通常是通过与已建类似项目的对比得来的，投资估算额度的偏差率应控制在30%左右。项目建议书阶段的投资额是根据产品方案、项目建设规模、产品主要生产工艺、生产车间组成、初选建设地点等估算出来的，其投资估算额度的偏差率应控制在30%以内。

2）初步可行性研究阶段的投资估算

这一阶段主要是在项目建议书的基础上，进一步确定项目的投资规模、技术方案、设备选型、建设地址选择和建设进度等情况，对项目投资以及项目建设后的生产和经营费用支出进行估算，并对工程项目经济效益进行评价，根据评价结果初步判断项目的可行性。该阶段是介于项目建议书和详细可行性研究之间的中间阶段，投资估算额度的偏差率一般要求控制在20%以内。

3）详细可行性研究阶段的投资估算

详细可行性研究阶段也称为最终可行性研究阶段，在该阶段应最终确定建设项目的各项市场、技术、经济方案，并进行全面、详细、深入的投资估算和技术经济分析，选择拟建项目的最佳投资方案，对项目的可行性提出结论性意见。该阶段的研究内容较为详尽，投资估算额度的偏差率应控制在10%以内。这一阶段的投资估算既是项目可行性论证、选择最佳投资方案的主要依据，也是编制设计文件的主要依据。

（2）投资估算的编制

可行性研究阶段的投资估算编制一般包含静态投资部分、动态投资部分与流动资金估算 3 部分，包括对建设投资、建设期利息和流动资金的估算。

建设项目投资估算要根据所处阶段对建设方案构思、策划和设计深度，结合各自行业的特点，采用生产技术工艺的成熟性，以及所掌握的国家及地区、行业或部门相关投资估算基础资料和数据的合理、可靠、完整程度（包括造价咨询机构自身统计和积累的可靠的相关造价基础资料）等编制，需要根据所处阶段、方案深度、资料占有等情况的不同采用不同的编制方法。投资机会研究和项目建议书阶段，投资估算的精度低，可以采取简单的匡算法，如单位生产能力法、生产能力指数法、系数估算法、比例估算法、指标估算法等。在可行性研究阶段，投资估算精度要求就要比前一阶段高一些，需采用相对详细的估算方法，如指标估算法等。

编制投资估算时应对影响造价变动的因素进行全面考虑，充分估计物价上涨因素和市场供求情况对造价的影响，确保投资估算的编制质量。编制时，应确定拟建项目建设方案的各项工程建设内容，要注意遵循相关政策规定并保持一致性，尤其是投资估算办法、各类指标、价格指数等有关造价文件；要注意考察工程所在地同期的工、料、机市场价格；要包含工程勘察与设计文件的内容，图示计量、主要工程量和设备清单；与项目建设相关的其他技术经济资料也应予以考虑。

（3）可行性研究对工程造价的影响

可行性研究工作是一个逐步细化的过程，主要包括 4 个阶段：

1）机会研究

为确定该项目是否具有开展的需求价值和基本条件，可以根据以往的类似的工程项目来进行价格估算、提供备选方案及初步分析投资效益等。这个阶段估算的精确程度控制在 ±30% 左右。

2）初步可行性研究

在项目建议书被批准后，对于投资规模大，技术工艺又比较复杂的大中型骨干项目，需要先进行初步可行性研究，对其中存在的难度较大的问题进行专题研究。该阶段估算的精确程度控制在 ±20% 左右。

3）详细可行性研究

可行性研究的关键阶段，对技术、经济等主要问题需进行确定。它是对初步可行性研究的细化和深入研究。它通过技术、经济、社会、商业角度对不同的项目建设方案进行效益分析，并进行抉择建议。同时需提供被选择方案的可行性和依据的标准为项目的具体实施提供科学依据。这个阶段估算精确程度控制在 ±10% 以内。

4）评价和决策阶段

评价是由投资方进行最终决策，投资方可以组织有关咨询公司或有关专家，代表业主和投资方对建设项目可行性研究报告进行全面的审核和再评价。

当建设项目经决策后，影响其静态价值的内在因素，如建设规模、结构形式、功能布局、工艺设备等就已确定，其相应的投资额即投资估算就可以大致确定。可行性研究是政府部门对固定资产投资实行调控管理，进行技术改造投资的重要依据。

9.2.3　工程设计阶段造价控制

（1）设计阶段造价管理内容

1）方案设计阶段的投资估算

方案设计是在项目投资决策立项之后，将可行性研究阶段提出的问题和建议，经过项目咨询机构和业主单位共同研究，形成具体、明确的项目建设实施方案的策划性设计文件，其深度应当满足编制初步设计文件的需要。方案设计的造价管理工作仍称为投资估算。该阶段投资估算额度的偏差率显然应低于可行性研究阶段投资估算额度的偏差率。

2）初步设计阶段的设计概算

初步设计（也称为基础设计）的内容依工程项目的类型不同而有所变化，一般来说，应包括项目的总体设计、布局设计、主要的工艺流程、设备的选型和安装设计、土建工程量及费用的估算等。初步设计文件应当满足编制施工招标文件、主要设备材料订货和编制施工图设计文件的需要，是施工图设计的基础。例如，某项目的初步设计包括下列主要内容：初步系统设计，绘制各工艺系统的流程图；通过计算确定各系统的规模和设备参数并绘制管道及仪表图；编制设备的规程及数据表以供招标使用。设计概算一经批准，即作为控制拟建项目工程造价的最高限额。

3）技术设计阶段的修正概算

技术设计（也称扩大初步设计）是初步设计的具体化，也是各种技术问题的定案阶段。技术设计的详细程度应能够满足设计方案中重大技术问题的要求，应保证能够根据它进行施工图设计和提出设备订货明细表。技术设计时如果对初步设计中所确定的方案有所更改，则应对更改部分编制修正概算。对于不很复杂的工程，技术设计阶段可以省略，即初步设计完成后直接进入施工图设计阶段。

4）施工图设计阶段的施工图预算

施工图设计（也称详细设计）的主要内容是根据批准的初步设计（或技术设计），绘制出正确、完整和尽可能详细的建筑、安装图纸，包括建设项目部分工程的详图、零部件结构明细表、验收标准、方法等。此设计文件应当满足设备材料采购、非标准设备制作和施工的需要，并注明建筑工程合理使用年限。

施工图预算（也称设计预算）是在施工图设计完成之后，根据已批准的施工图纸和既定的施工方案，结合现行的预算定额、地区单位估价表、费用计取标准、各种资源单价等计算并汇总的造价文件（通常以单位工程或单项工程为单位汇总施工图预算）。

（2）初步设计概算的编制

设计概算可分为单位工程概算、单项工程综合概算和建设项目总概算 3 级。各级概算之间的相互关系如图 9-3 所示。

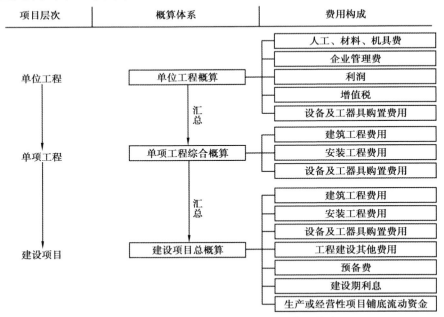

图 9-3　三级概算之间的相互关系和费用构成

设计概算编制依据的涉及面很广，一般指编制项目概算所需的一切基础资料。对于不同项目，其概算编制依据不尽相同。设计概算文件编制人员应深入调研，收集编制概算所需的定额、价格、费用标准，以及国家或行业、当地主管部门的规定、办法等资料。投资方（项目业主）也应当主动配合，才能保证设计概算的编制依据的完整性、合理性和时效性。根据《重庆市政府投资管理办法》（重庆市人民政府令第 339 号），发展改革部门会同财政部门对初步设计提出的投资概算进行核定，作出投资概算批复。初步设计和投资概算应当同步办理、并联审核。投资概算核定后，项目施工图实行限额设计，不再进行项目预算评审。经核定的投资概算是控制政府投资项目总投资的依据。

（3）施工图预算的编制

施工图预算是按照单位工程→单项工程→建设项目逐级编制和汇总的，所以施工图预算编制的关键是单位工程施工图预算。

施工图预算的编制可以采用工料单价法和综合单价法。工料单价法是指分部分项工程的工料机单价，以分部分项工程量乘以对应工料单价汇总后另加企业管理费、利润、税金生成单位工程施工图预算造价。按照分部分项工程单价产生方法的不同，工料单价法又可以分为预算单价法和实物量法。而综合单价法是适应市场经济条件的工程量清单计价模式下的施工图预算编制方法。

（4）价值工程的运用在设计阶段对造价控制的作用

设计概算和施工图预算的审核是设计阶段工程造价控制工作的一个重要环节。审查设计概算和施工图预算可以促进设计单位严格遵守国家有关概预算的编制规定和造价控制标准，保证设计的工程造价控制在限定的目标值之内。

概算造价和预算造价是后续各阶段的工程造价控制目标值，其准确性直接影响下一阶段的工程造价控制工作。认真审查设计概算和施工图预算，有利于工程造价的目标管理。

设计概算和施工图预算的审核还可以对建设项目的工程量、工料价格、费用计取及其编制依据的合法性、时效性、适用范围等各方面进行审核，从而严格控制初步设计和施工图设计的不合理变更，确保概算造价和预算造价的准确可靠。

重点审查法的审核结果是否合理、准确，关键取决于如何抓住重点进行着重审核。在实际工作中，选择重点审核对象通常凭借审核人员的个人经验，缺少科学有效的方法，导致概预算审核的效果因人而异。利用价值工程中选择价值工程对象的"分析法"和"价值系数法"，可以有效地选择重点审查法的审核重点。

9.2.4　工程招标阶段造价咨询

（1）招标控制价的前期工作

任何一个项目的招标控制价都是一项复杂的系统工程，需要周密思考，统筹安排。在招标控制价具体编制前，需要先收集相关规范、图纸、地勘等，熟悉图纸后需要对现场进行踏勘，了解项目的自然条件，对影响造价大的地方进行特别了解。

（2）工程量计算、组价与询价

1）工程量计算与组价

根据设计图纸、地勘资料、国家及地方清单规范、定额规范、招标文件进行工程量的计算；根据相关的定额规范进行组价，重要的是对清单规范计量规则的理解，定额计量规则的了解，区别清单计量规则与定额计量规则。

2）询价

材料价格的来源主要分为两种，一种是政府机构发布的造价信息，一种是需要通过市场询价；政府机构发布的造价信息有的材料价采用政府机构发布的材料价，政府机构发布的造价信息没有的，采用市场询价。询价时要特别注意两个问题：一是产品质量必须可靠，并满足招标文件的有关规定；二是供货方式、时间、地点，有无附加条件和费用。

3）询价的渠道

①直接与生产厂商联系。

②了解生产厂商的代理人或从事该项业务的经纪人。

③了解经营该项产品的销售商。

④通过互联网查询。

⑤自行进行市场调查或信函询价。

⑥参照类似项目或者数据库进行价格的确定。

9.2.5 工程施工阶段造价咨询

施工阶段是实现建设工程价值的主要阶段，也是资金投入量较大的阶段。在施工阶段，由于施工组织设计、工程变更、索赔、工程计量方式的差别以及工程实施中各种不可预见因素的存在，使得施工阶段的造价管理难度加大。在施工阶段，建设单位应通过编制资金使用计划、及时进行工程计量与结算、预防并处理好工程变更与索赔事项，有效控制工程造价。施工建设阶段的主要任务就是按照前期成本估算和规划，分别从耗用资源的质量和造价上考虑优化完成既定目标，按期推进项目的完成。

从某种意义上来讲，施工阶段造价管理也可谓是施工单位与建设单位、审计单位之间进行的利益博弈。在演化博弈中，各博弈方能通过学习不断地调整自己的策略，达到的均衡也是一种稳健的均衡。所以现实中三者之间的关系必然达到一种平衡。

造价咨询既是建设单位的协助者，又是整个费用管理过程的监督者。随着施工招投标的广泛推行，在采用综合单价结合工程量清单签订合同的模式下，单价的主要风险由施工单位自行承担，建设单位的管理工作主要体现在对工程量的控制，包括最易导致费用变化的工程措施。招标文件对进行调整单价的条件有明细规定，建设单位也需对这些规定的情况予以把握。工程量和单价的具体管理工作都体现在合同管理、工程变更、工程索赔和结算审核的关键点上。对于可以进行费用变更索赔的工作项，对该部分施工方案和顺序必须要进行审查和优化，因为也会影响到总价。

（1）施工阶段计量支付控制管理

①承包单位根据合同及有关有效资料，根据合同约定的工程计量、计价及工程支付管理办法，按照每月的实际形象进度报送每月的期中支付资料，并附相应的完工确认单和工程量计算资料。

②中间计量支付原则上采用综合单价，如果采用定额计价部分，可先根据施工图纸及合同规定测算综合单价，供计量使用。

③对于新增单价部分的核定严格按照合同约定的计价原则进行综合单价分析，并由监理板块对施工方新增单价进行初步审核后，再交由造价咨询板块进行审核，最终将意见和审核结果送业主方审批。

④计量支付，计价执行合同约定的计价方式，工程量根据设计图纸、经批准的施工方案、建设单位签发的指令单，现场收方草签单、正式收方单、质检资料、隐蔽工程验收资料等相关资料进行期中计量支付。若期中支付中存在争议，可先对无争议部分进行先行审核。针对争议部分及时申请建设单位组织造价专题例会，待争议解决后纳入期中支付。

（2）现场收方及签证的范围和内容

1）收方范围

①隐蔽工程必须进行收方并签证后才能开展下一道工序和纳入工程结算。

②因设计变更或技术洽商涉及的工程量及工程价款调整的工作内容。

③专项措施内容和安全文明施工内容。

④影响工程结算的其他内容。

2）工程量收方管理原则

①量价分离原则。收方记录只确认发生的工程量，不能在收方记录上进行价格的确认。

②时间限制原则。现场工作完工后，造价咨询单位需督促参建单位必须在建设单位规定时间内共同对实际工程量进行收方及签字确认；如属隐蔽工程，必须在其覆盖之前进行收方及签字确认，严禁过后补办。

③权力限制原则。对现场收方管理实行严格的权限规定，不在权限范围之内的签字一律无效。

3）现场收方流程及审批流程

现场需要进行收方及签证的工作内容，由承包人向全咨单位提出申请，由全咨单位组织建设单位、承包人、施工单位共同到现场进行确认，具体如下：

①收方前一天由承包人发收方申请单。

②准备必要的收方测量工具，包括树尺、卷尺、滚轮测距仪等。

③现场收方必须对承包人提供的测量工具进行核实，使用自带测量仪器对相关数据进行测量与复核。现场草签单，数据是现场收方数据的最直接体现，是最原始的数据，未经过二次加工，能直接反映现场实际情况。

④每次收方时，拍照片发在建设单位的造价管理群，方便建设单位及时了解情况。

⑤每天要求各地块上报现场机械台班数量、人员数量、照片、项目组建立台账、并将机械台班数量、人员数量、照片发在建设单位造价管理群。

⑥收方单只是收方工程量，如果有费用，一律不签字。

⑦收方单构成：收方申请单＋正式收方单＋现场草签单＋影像资料。

⑧现场收方单必须收完就签字，如果是 GPS 等收方，要求施工单位收方完成 Excel 并打印出来各方签字，并同时要求施工单位提供 Excel 版本。

⑨建立收方台账，台账包括内容有项目名称、收方时间、收方位置、收方工程内容、收方影像资料等。

⑩承包人上报正式收方时，正式收方单必须包括以下内容：收方申请单＋正式收方单＋现场草签单＋影像资料（彩色打印），现场收方资料及时存档，采用复印件存档或者拍照片、扫描存档。

（3）认质核价管理

施工总承包模式下的认质核价，在工程量清单及招标限价编审时，达到一定深度，即可避免大部分的认质核价工作；EPC 总承包模式下的认质核价，对施工过程成本控制影响重大，本项目 EPC 工程数量多，涉及合同量大，认质核价多。

1）认质工作

总承包单位应根据工程进度提前将认质申请报送到全咨单位与主管单位。主要根据设计要求将材料名称、规格、厂家和材料信息完善，提供至少 3 个材料品牌样品，并附供应商的营业执照、产品合格证、质量保证书、检测报告等相关证明资料。在收到认质申请后，建设单位与全咨单位组织人员进行市场调查、电话咨询或对封样样品供应商进行考察，并对样品的质量进行确认，形成认质资料。

2）询价工作

认质工作完成后，通过询价网站、厂家报价、类似项目、数据库等多种方式综合确定材料价格。

实施价格信息动态管理，为质量控制提供准确信息。运用社会价格信息库和企业资料数据库，实施价格信息动态管理，通过多渠道询价、材料信息快速更新与多方参与协调机制相结合的询价机制，确保价格信息准确、时效性高。

3）价格谈判工作

根据建设单位相关管理办法，开展价格的谈判，各方提供价格支撑依据，本着"合法合规、符合合同、公开透明、实事求是、有依有据"的原则进行价格的谈判。

（4）工程变更管理

工程变更是指合同实施过程中由发包人批准的对合同工程的工作内容、工程数量、质量要求、施工顺序与时间、施工条件、施工工艺或其他特征以及合同条件等的改变。工程变更的管理要严格依据合同变更条款的规定，合同变更条款是工程变更的行动指南。根据《建设工程施工合同（示范文本）》（GF—2017—0201）中的通用合同条款，变更管理主要有以下内容。

1）工程变更的范围

工程变更包括以下 5 个方面内容。

①增加或减少合同中任何工作，或追加额外的工作。

②取消合同中任何工作，但转由他人实施的工作除外。

③改变合同中任何工作的质量标准或其他特性。

④改变工程的基线、标高、位置和尺寸。

⑤改变工程的时间安排或实施顺序。

2）工程变更工作内容

①发包人提出变更。

②工程师提出变更建议。

③变更执行。

④变更估价。

⑤承包人的合理化建议。

⑥变更引起的工期调整、暂估价、暂列金额、计日工。

9.2.6　竣工结算阶段造价咨询

（1）竣工结算的管理

工程结算是指发承包双方根据国家有关法律、法规规定和合同约定，对合同工程实施中、终止时、已完工后的工程项目进行的合同价款计算、调整和确认。一般工程结算可以分为定期结算、分段结算、年终结算和竣工结算等方式。

工程竣工结算是指工程项目完工并经竣工验收合格后，发承包双方按照施工合同的约定对所完成工程项目进行的合同价款的计算、调整和确认。工程竣工结算分为建设项目竣工总结算、单项工程竣工结算和单位工程竣工结算。单项工程竣工结算由单位工程竣工结算组成，建设项目竣工总结算由单项工程竣工结算组成。

（2）竣工结算的支付

工程竣工结算文件经发承包双方签字确认的，应当作为工程结算的依据，未经对方同意，另一方不得就已生效的竣工结算文件委托工程造价咨询机构重复审核。发包方应当按照竣工结算文件及时支付竣工结算款。竣工结算文件应当由发包人报工程所在地县级以上地方人民政府住房和城乡建设主管部门备案。

承包人应根据办理的竣工结算文件，向发包人提交竣工结算款支付申请。发包人应在收到承包人提交竣工结算款支付申请后的约定期限内予以核实，向承包人签发竣工结算支付证书。发包人签发竣工结算支付证书后的约定期限内，按照竣工结算支付证书列明的金额向承包人支付结算款。

（3）竣工结算的审核内容

①施工单位应当按照承包合同约定就已完工程量及时向全过程工程咨询单位、建设单位提交工程价清算的结算经济文件。

②全过程工程咨询单位应当根据《建设项目工程结算编审规程》（CECA-GC3—2010）规定进行详细审查。主要内容有：

a. 获取并审阅相关资料。

b. 现场勘察，检查资料真实性。

c. 核对工程量，确定价格，形成初步审核意见。

d. 处理争议问题。

9.3　工程造价咨询实践

9.3.1　控制要点

生态修复过程中，绿色投资的理念始终贯穿项目的整个实施过程，生态修复的效果与投资的平衡非常重要，生态不仅是指自然、景观、人文，也包括投资的生态，广阳岛生态修复过程中，对主要的投资控制点进行分析，并制订出相应的应对措施。

（1）整体投资控制：总体动态投资控制表

将项目投资按单位工程、分部分项等方式进行分解，形成概算、预算、审定产值的动态投资控制表，时刻根据最新数据进行更新；若出现分部分项预算超过概算时，及时发布投资预警，为决策者提供决策依据。及时共享动态投资控制表给参建各方，便于决策者选择材料的品牌规格，在品质得到保障的同时也确保投资可控。

（2）严格控制作业区域：生态红线的划定

广阳岛山地区域，很多植被已经天然形成系统，针对植被系统已经形成区域划为生态红线，生态红线区域内严禁作业；生态红线的划定充分体现了尊重自然的思想，因为该区域内无须修复，能够很好的节约投资。

（3）严格划定作业方式：机械施工与人工实施区域的界定

生态修复指导思想"多用生态的方法，少用工程的方法"，生态修复前，对广阳岛的环境状况进行调查，根据不同区域的不同情况，划定哪些区域可以采用机械实施，哪些区域只能采用人工实施，因机械实施与人工实施的造价差异大，区域的划分有利于投资的控制。

（4）严禁随意栽植苗木：生态修复施工负面清单十严禁

"负面清单十严禁"严格规定了生态修复的十不准，其中的"严禁乔灌木种植过密"，本条款对投资控制影响较大，从顶层设计上考虑生态修复与投资控制的平衡关系，由于对种植密度进行了严格的规定，参建各方有规则作为指导，可以很好地控制造价。

（5）严格控制苗木进场数量：苗木进场计划审批单

广阳岛生态修复面积区域广，苗木种类繁多，数量大；苗木进场的总量必须得到严格的控制才能很好地控制投资，否则容易造成项目投资失控。

为了控制进场苗木总量，采用先审批后进场的措施，所有进场苗木必须得到批准，苗木进场计划单审批后，苗木才能进场；未经审批的苗木严禁进场，该措施能防止承包人随意进苗木；从源头和总体上控制进场苗木的规格、数量、类型，从而更好地控制投资（表9-2）。

表 9-2　苗木进场计划审批单

生态修复工程苗木进场计划清单											
申请进场时间：											
序号	申请时间	施工单位	植物名称	数量	产地	规格			种植区域	计划种植时间	备注
						胸径/地径、/cm	高度/cm	冠幅/cm			
小计											
意见及负责人签字	各区组长、植物专项负责人、总工										
	EPC 设计管理部负责人										
	EPC 工程部负责人										
	全咨负责人										
	业主负责人										

（6）材料品质与价格匹配：认质与进场验收结合

　　苗木的规格、型号、形态等因素对价格的影响较大，认质环节需要根据到场苗木的实际情况进行现场认质，最终形成认质封样单，根据认质封样单进行核价；针对少数点景苗木，需要进行现场"号苗"形成影像资料，材料进场时根据"号苗"影像资料结合设计图纸进行验收，苗木栽植后，根据苗木实际情况进行现场认质，最终形成认质封样单（表 9-3），根据认质封样单进行核价（表 9-4）。

表 9-3　认质封样单

×××项目工程材料设备封样单		封样时间：　　年　月　日
封样照片，要求显示苗木全株，显示比例人，是否为圃苗，分别放置四面照片		

苗木名称			产地	
材料规格	胸径 /cm		地径 /cm	
	树高 /cm		冠幅 /cm	
	生货		熟货	
施工单位				
设计单位				
专项设计师			设计负责人	
施工负责人			EPC 项目负责人（如有）	
总监理工程师			项目管理负责人	
现场代表			项目负责人	
备注：				

表 9-4　材料核价单

序号	项目名称				采购日期：　年　月　日		编号：	备注
	施工单位							
	材料名称	规格、型号	单位	预计用量	报送单价/元	全咨联合体核价/元	建设单位核价/元	
1	例：乌桕 G	例：胸径：18≤φ<20 cm 高度：650~700 cm 冠幅：400~500 cm						

承包单位	全过程咨询单位		建设单位	
盖章 施工负责人： EPC 项目负责人（如有）： 年　月　日	监理单位（盖章） 监理工程师： 总监理工程师： 年　月　日	造价咨询单位（盖章） 造价工程师： 造价负责人： 年　月　日	项目管理单位（盖章） 项管负责人： 总咨询师： 年　月　日	承办部门 现场代表： 项目负责人： 承办部门负责人： 年　月　日
				法务审计部 法务审计部经办人： 法审部负责人： 年　月　日	认质核价领导小组： （盖章） 年　月　日

备注：1. 监理单位、承办部门负责规格、型号等认质对规格、型号等认质审核；2. 造价咨询单位、法务审计部依据认质结果核价；3. 核价金额达到认质要求的须完成上会；4. 核价单完善善认质核价用印流程后盖章签发。

类别：材料单价核价（包括 IT 设备）分部分项综合单价（设备等大型设备）分部分项综合单价全费用综合单价。（据实修改）

9.3.2 实施流程

本项目造价咨询的范围包括估算审核、概算审核、预算审核（清单限价审核）、过程投资控制、结算审核等内容，每个阶段的参与方存在一定的差异，因此每个阶段的流程存在不同，只有流程梳理清楚并形成了制度，才能很好的指导工作的开展。

（1）估算审核

广阳岛项目投资估算审核工作流程如图9-4所示。

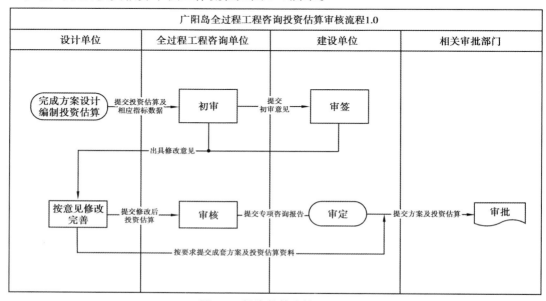

图9-4　投资估算审核流程图

全过程工程咨询单位初审是指全过程工程咨询单位设计咨询板块复核方案内容，造价咨询板块复核相关指标、投资估算值，并将相关意见提交建设单位征询意见；出具修改意见是指全过程工程咨询单位结合设计咨询板块、造价咨询板块、建设单位意见进行整理并发送设计单位调整。

专项咨询报告是指全过程咨询单位结合修改意见及设计单位修改情况，反馈核查后据实出具咨询报告；设计单位按要求提交成套方案及投资估算资料是指建设单位审核确认后按照相关审批部门要求提交完整、成套资料供其核准、审批。相关审批部门是指重庆市经济技术开发区管委会发展和改革局及相应部门。

①审核和分析投资估算审核依据的时效性、准确性和实用性。

②审核选用的投资估算方法的科学性与适用性。

③审核投资估算的审核内容与本项目规划要求的一致性。

④审核投资估算的费用项目、费用数额的真实性。

（2）概算审核

广阳岛项目概算审核工作流程如图 9-5 所示。

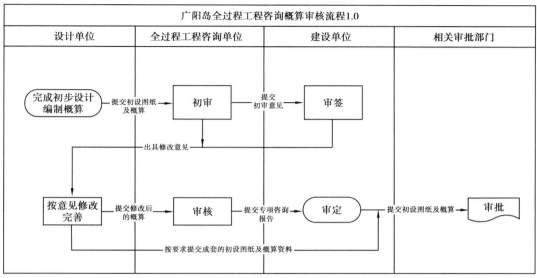

图 9-5　广阳岛项目概算审核工作流程图

根据初步设计图纸、概算编制办法、概算定额等相关资料进行审核，主要从初设概算与初设图纸的范围一致性，初设概算单价合理性、工程量的可靠性与合理性、二类费用的齐全性、概算与批复可研对比等方面进行审核。

（3）预算审核

1）预算审核流程

施工图预算审核流程如图 9-6 所示。

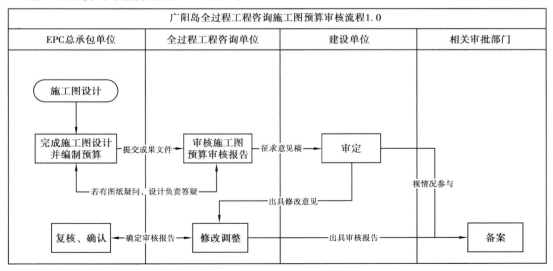

图 9-6　施工图预算审核流程图

施工图预算审核按照建设单位统筹，分项目、分期进行审核并分别出具审核报告；出具修改意见是指建设单位建管部相关工程师提出修改意见；审核报告是指施工图预算审核报告，全过程工程咨询单位（联合体单位重庆求精工程造价有限责任公司为审核主体）按照《建设项目施工图预算编审规程》及相关要求出具审核报告；审核报告是指相关审批部门核对一致后出具的工程量清单及招标控制价审核报告，出具审核报告后按照重庆市招标投标相关规定发布招标工程量清单及招标控制价，进入招标投标程序。

2）清单限价审核流程

工程量清单及招标控制价审核流程如图 9-7 所示。

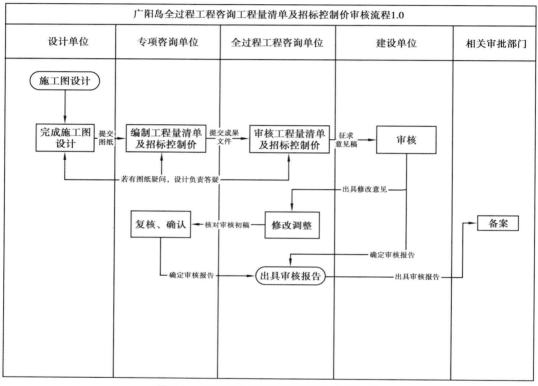

图 9-7　工程量清单及招标控制价审核流程

工程量清单及招标控制价审核按照建设单位统筹，分项目、分期进行审核并分别出具审核报告；出具修改意见是指建设单位建管部相关工程师提出修改意见；审核报告是指工程量清单及招标控制价审核报告，全过程工程咨询单位（联合体单位重庆求精工程造价有限责任公司为审核主体）按照《建设项目施工图预算编审规程》及相关要求出具审核报告；专项咨询单位是指重庆市经济技术开发区管理委员会财政评审中心（含其委托的造价咨询公司）或建设单位委托的造价咨询公司。审核报告是指专项咨询单位核对一致后出具的工程量清单及招标控制价审核报告，出具审核报告后按照重庆市招标投标相关规定发布招标工程量清单及招标控制价，进入招标投标程序。

（4）支付管理

进度款支付管理流程如图 9-8 所示。

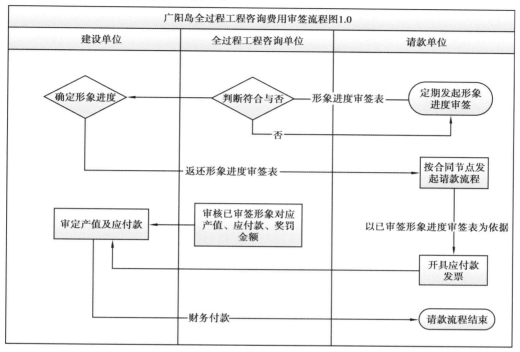

图 9-8　进度款支付管理流程图

请款单位包括施工总承包、各专项分包在内的所有需要申请付款的施工单位。全过程工程咨询单位判断形象进度是否符合的流程时是由监理板块进行。全过程工程咨询单位审核已审签形象对应产值、应付款、奖罚金额时为造价咨询板块，项目管理板块、监理板块、设计咨询板块配合。建设单位内部付款流程另详相关管理办法。如果某次费用涉及金额大，需要上报市财政评审中心、经开区管委会等相关管理部门的按相关规定执行。

①按承发包合同约定的付款节点、付款条件完成合同价款支付。

②按合同要求定期进行形象进度上报审签，审签完成及时统计已完成合同产值。

③到达合同约定付款节点，实施单位及时上报，全过程工程咨询单位组织相关单位复核后报建设单位支付。

④没有形象进度和进度产值确认审签的，造价不予计价，建设单位可不进行进度支付。对于过程中形成的所有经济资料，各参建单位应实行《投资动态滚动台账》管理，对相应资料中涉及造价影响合同金额的及时更新投资变动情况，供建设单位支付管理使用。

（5）变更评价

广阳岛项目变更性经济评价流程如图 9-9 所示。

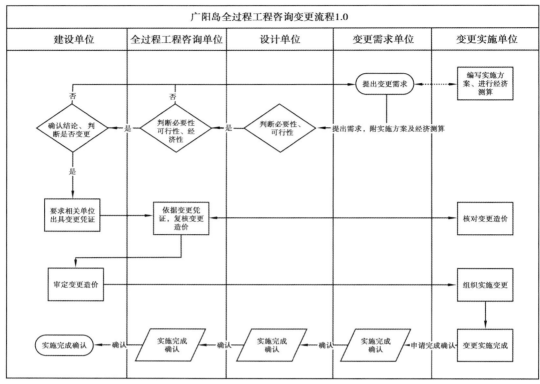

图 9-9　变更经济评价流程图

变更需求单位是指包含施工单位、设计单位、全过程工程咨询单位、建设单位、主管部门等，根据其实际需要提出变更诉求。变更实施单位是指相应的施工单位。要求相关单位出具变更凭证是指设计单位出具设计变更通知单、施工单位出具洽商单等形式。

工程变更如涉及现场收方的，须全过程工程咨询单位造价咨询板块、监理板块、建设单位等共同在现场收方并签字确认，否则收方资料无效。收方流程参照签证收方部分执行，如果某变更涉及金额大，需要上报财政评审中心、经开区管委会等相关管理部门的按相关规定执行。

①工程变更必须遵循报审、评估、审批、实施和验收控制程序进行管理。未按照上述原则履行变更程序、未经批准、手续不完备的变更，一律不得执行，不得作为计价、工程进度款支付和工程价款结算依据。

②工程变更批准后，实施单位应立即安排组织实施。工程变更采用先试算后确认的方式，实施一单一算，各单位应有专人负责整理归档变更相关资料并及时统计《工程变更台账》。

③因遇突发事件并可能危及工程及人员安全的，承包单位应立即组织抢险排危工作，以保障工程及相关人员安全。同时应就工程可能涉及的变更范围、内容以及费用估算等事项报告全过程工程咨询单位及建设单位备案，并在危险排除后及时按程序组织相关报审工作。

④全过程工程咨询的设计咨询板块、监理板块做好变更的第一步审核工作，对其经设计单位审核的变更必要性、可行性进行充分论证。

⑤变更经济性评价是全过程工程咨询单位造价咨询板块进行的一单一算把控，确保变更合理、必要、可行且投资可控。

（6）签证收方

签收方管理流程如图 9-10 所示。

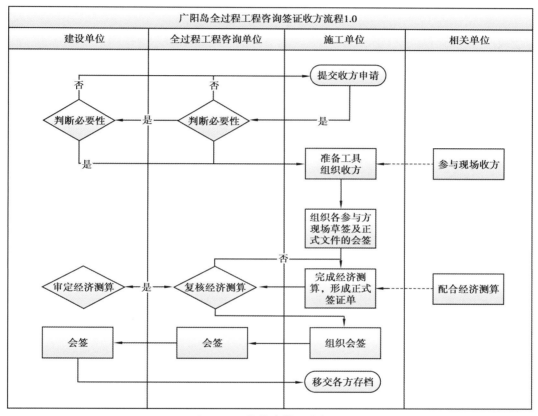

图 9-10　签收方管理流程图

签证单有需要收方和不需要收方两种情形，如果不需要收方则无收方申请、正式收方的过程，是从完成经济测算、形成正式签证单开始往后的流程。相关单位是考虑如分包单位要求收方签证，总包参与的情形。

全过程工程咨询单位参与现场收方的是监理板块，复核经济测算的是造价咨询板块，所有操作流程在协同管理平台上进行内置。如果某签证涉及金额大，需要上报财政评审中心、经开区管委会等相关管理部门的按相关规定执行。

（7）认质核价

1）认质流程

认质工作流程如图 9-11 所示。

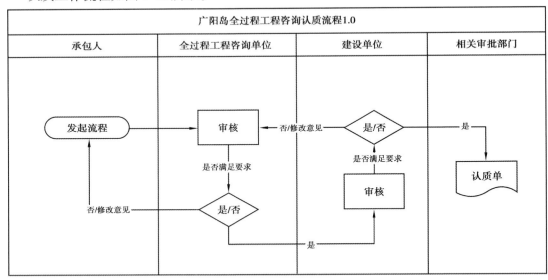

图 9-11 认质工作流程图

2）核价流程

核价工作流程如图 9-12 所示。

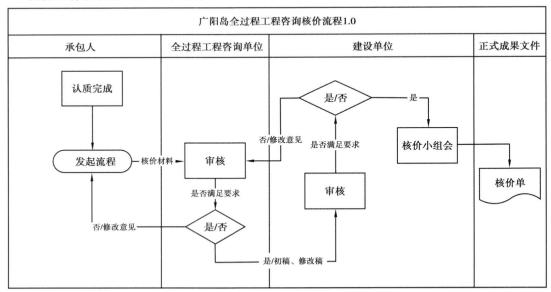

图 9-12 核价工作流程图

施工总承包模式下的认质核价，在工程量清单及招标限价编审时，达到一定深度，即可避免大部分的认质核价工作；EPC 总承包模式下的专业分包认质核价，对施工过程成本控制影响重大，由于本项目 EPC 工程数量多，涉及合同量大，所以对分包单位选择显得尤为重要。

3）认质核价模式分析

现对目前两种专业分包单位认质核价方式进行分析，根据各个项目情况择优选定。

①建设单位参与，共同进行二次招标确定。二次招标需由建设单位和总承包人共同负责，建设单位参与度高容易选择性价比和契合度较高的产品。合同关系复杂，会造成合同管理困难。二次招标要求该部分专业出图时间必须与建设进度计划相匹配，二次招标滞后会造成项目窝工停工。此种方式的成本控制主要是利用市场竞争，选择最有优势的分包单位。

②建设单位认质核价，EPC 单位自行分包。质量责任主体明确，市场中较多采用的一种方式，由建设单位在实施前确认项目定位档次、主要材料的品牌等，同时避免产生扯皮和后期项目进度及结算推进，建议由参建各方在实施前完成认质核价工作。该方式现场工作量大，容易因各方意见不统一，工作推进慢。若 EPC 总承包单位要求认质核价确认后再进行采购施工则易造成现场窝工、停工。

4）认质核价管理要点

①多渠道询价与快速询价相结合解决的问题。多渠道询价与快速询价相结合的方法解决采购信息不公开，只能参照有关刊物等社会信息、材料价格信息缺乏及时性与全面性的问题。比如说采购信息公告发布渠道不妥，只将书面的采购信息张贴示众，而不在指定的全国性媒体上发布，势必会降低采购公告的知晓度。另外采购信息公告内容不全或事项不明，不能详细列明采购内容、供应商资格条件、截止时间、采购时间等重要事项，肯定会影响部分供应商对采购文件的影响。

②多渠道询价与快速询价相结合在工程项目全生命期中的应用。多渠道询价与快速询价相结合的方法多用于设计阶段的材料设备的价格估算，以便进行设计概算的编制。为了获得最合理的报价，一般采用多种渠道同时询价，再进行对比选择。询价工程中实行记录制度。

③实施价格信息动态管理，为质量控制提供准确信息。运用社会价格信息库和企业资料数据库，实施价格信息动态管理，通过多渠道询价、材料信息快速更新与多方参与协调机制相结合的询价机制，确保价格信息准确、时效性高。

（8）结算审核

①全过程工程咨询单位审核资料完整性、准确性、真实性的是监理板块。

②全过程工程咨询单位结算审核的是造价咨询板块。

③结算核对原则上一对一核对，部分争议较大的内容采用三方核对形式。

④结算完成后的请款流程按照款项支付流程执行。

⑤建设单位内部审核流程另详相关管理办法。

竣工结算审核流程如图 9-13 所示。

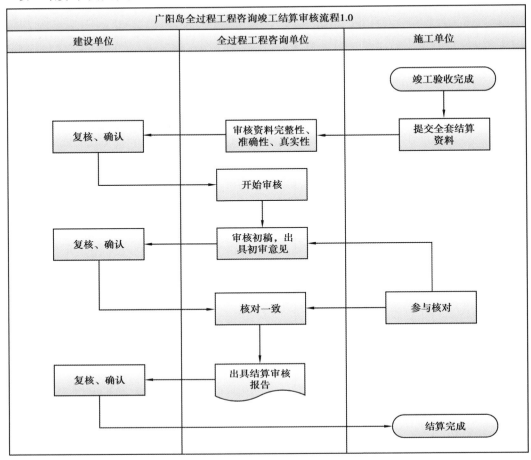

图 9-13　竣工结算审核流程图

9.3.3　管理措施

（1）技术措施

1）全过程技术措施管理

针对工程特点，在项目投资控制的方法中充分运用 BIM 技术手段进行设计、施工优化和控制项目投资，从而提高效率、降低造价、创造效益；在必要时，借助社会科技力量，充分发挥公司资深工程技术人员和所聘社会资深专家的组合优势，充分利用设计咨询为工程设计作价值分析和优化建议，使资金得到有效利用；对设计变更进行技术经济比较，严格控制因设计变更可能对工程投资带来的影响；对主要的施工方案进行技术经济比较，通过提高设计技术和施工技术节约投资。重视收集、积累信息和资料并及时进行分析、使之不断反馈，以指导类似或相似工作。

2）造价信息技术管理

①工程造价咨询信息的收集。信息是进行科学咨询的原材料，是工程造价咨询的基础。现代工程造价咨询所需信息和数据必须满足以下基本要求：信息源必须客观、真实、可靠；信息和数据必须全面或比较全面地反映客观事物；信息和数据必须满足或基本满足咨询方法的需要。

②工程咨询信息的筛选和鉴定。对采集来的信息进行筛选和鉴定以判断信息数据的可靠性、完整性和适用性，是咨询工程师的重要工作。尽可能选用权威机构鉴定的信息，辨别信息的常用方法：通过提供信息的单位背景来辨别；通过分析信息产生的过程来进行判别。

③工程造价咨询信息的传递。全过程造价咨询的信息系统能使信息在工程造价全过程中完全传递。信息系统所实现的信息传递并不是一种线性传递，其所实现的是不同阶段的直接的信息联系，如图 9-14 所示。

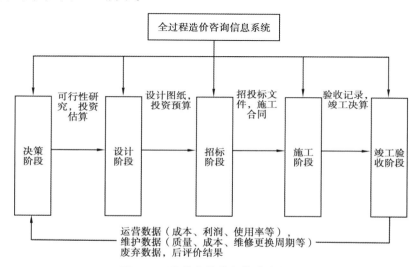

图 9-14　造价咨询信息传递流程图

（2）合同措施

①确立投资管理中的一切行为均以合同作为唯一依据的意识和理念，以合同为纽带完成工程以确实保障合同各方的经济利益。既实施合同的动态管理，又信守合同，严格履约，以事实为依据，以最合理的合同价获得最好的技术方案和最强的工程保障能力；

②借助项目部履行全过程工程咨询职责的优势，将一些合同意见、管理措施、投资控制的措施和手段植入招标文件中，形成有效的合同管理措施和建议；

③做好工程资料积累，为正确处理可能发生的工程索赔提供依据，合理处理索赔事宜。

（3）三级复核制度

为了有效实施全面质量管理，落实质量控制责任制，保证建设项目全过程投资咨询成果的真实性、完整性、科学性，特制订公司三级复核制度。对建设项目全过程造价咨询过程和成果的质量实施专业造价工程师自校、造价/招标咨询负责人复核、投资咨询负责人审核的三级质量控制程序。专业造价工程师自校、造价/招标咨询负责人复核、投资咨询负责人审核，在BIM系统管理平台上签署审核意见、签名并盖执业专用章。

9.4　工程造价咨询成效

以理论作为指导，根据广阳岛生态修复的项目特点，分析投资控制主要点，针对主要点采取控制措施；通过流程梳理，将造价咨询的整个流程进行梳理明确，作为参建各方的操作指引，有条不紊。通过多种措施并举，多种方式相结合，生态修复效果与投资的平衡取得了很好的效果。通过参建各方的共同努力，广阳岛生态修复造价咨询取得了很好的成效。

1）品质保障，投资可控

广阳岛生态修复将项目投资按单位工程、分部分项等方式进行分解，形成概算、预算、审定产值的动态投资控制表，时刻根据最新数据进行更新；若出现分部分项预算超过概算时，及时发布投资预警，为决策者提供决策依据。若出现分部分项预算出现节约，及时发布投资节约消息，为决策者提供决策依据。及时共享动态投资控制表给参建各方，便于决策者选择材料的品牌规格，在品质得到保障的同时也确保投资可控。

2）尊重自然，节约投资

生态修复的投资与生态修复的范围有很大关系，甚至修复范围是投资的一个决定性因素；一般情况下，修复的范围越大，投资越高。为了节约投资，需要对整个生态修复的范围进行生态调查、摸底，确定具体的修复区域是很有必要的。广阳岛为山地区域，很多植被已经天然形成系统，针对植被系统已经形成区域划为生态红线，生态红线区域内严禁作业；生态红线的划定充分体现了尊重自然的思想，因为该区域内无须修复，整个生态修复区域面积减少，能够很好地节约投资。最终达到既尊重自然、又节约投资双利效果。

3）方法生态，提升价值

生态修复指导思想"多用生态的方法，少用工程的方法"，生态修复前，对广阳岛的环境状况进行调查，根据不同区域的不同情况，划定哪些区域可以采用机械实施，哪些区域只能采用人工实施，针对生态破坏严重的部分，微地形整理时采用机械作业，针对生态破坏较轻只需要丰富植物种类，采用人工作业的方式；机械施工区域与人工实施区域的划分很好地体现了方法生态，因机械实施与人工实施的造价差异大，区域的精准划分有利于节约投资。

4）生态修复与投资双平衡

生态修复影响造价的主要是苗木规格型号、种植密度、种植数量，通过先审批苗木进场计划单，苗木才能进场的方式，从源头上控制苗木规格型号与总数量，通过生态修复施工负面清单十严禁，严格控制种植密度，两张表"苗木进场计划"与"生态修复施工负面清单十严禁"，从而达到从源头控制苗木规格型号与种植数量、种植密度，进一步达到控制投资的目的，从而达到生态修复效果与投资的平衡。

5）材料、质量、价格匹配

EPC 项目因为没有清单价格作为指导，很多采用的材料均需要认质核价。认质核价的一个原则就是确保材料的价格与品质相匹配，并确保价格是材料使用时的市场价格水平。需要根据认质资料、现场实际采用材料的规格型号等进行核价。核价是一项系统性的工作，核价的第一步工作是认质，根据认质封样单结合现场的实际情况进行材料品质的确认，根据确认的材料品质通过询价网站、厂家报价、类似项目、数据库等多种方式综合确定材料价格。

6）流程管理控制规范

广阳岛生态修复涉及的专业齐全，包括市政、土建、安装、景观、装饰、农林牧副渔等，经过对投资估算审核、概算审核、工程清单审核、预算审核、招标控制价审核、全过程造价控制、变更经济审核、竣工结算等造价管理各个环节的流程进行梳理，形成制度，达到了用流程管理造价的效果。

第 10 章　运营咨询

生态文明建设项目全过程工程咨询是指工程咨询方采用多种服务方式组合，为项目决策、实施和运营持续提供局部或整体解决方案以及管理服务。生态文明建设全过程工程咨询可包括项目决策、实施和运营 3 个阶段。生态文明建设项目运营咨询的主要价值是在运营阶段，通过专业咨询服务，以智力策划为抓手，以技术加管理服务方式为内涵，以低碳节能，健康舒适，循环利用，安全防护为理念，增强服务质量，提高运营效率，实现生态文明建设高质量发展目标。

10.1　运营咨询理念

生态文明建设项目运营咨询是以技术为基础，综合利用多学科知识、实践经验、现代管理方式，为生态文明建设项目全生命期运营维护提供技术和管理的咨询服务。运营咨询既需要高端、前瞻预见性、高质量的智力服务，也要求更多专业知识、技术技能、项目经验和方法创新，以运营模式创新、品牌场景打造、人性化服务、绿色运营和智慧运营为理念发挥顾问或参谋的作用。

10.1.1　运营模式分析

（1）门票商业模式

门票商业模式就是简单的门票经济，利用天然的资源进行简单的改造，同时修一个大门收取参观费用。这是目前国内观光型景点的主流模式，这种模式是否成功依赖于其景观资源的品位。这种模式投资小，但资源品位不高。

（2）综合收益商业模式

综合收益商业模式摆脱了单一的门票经济，强调餐饮、购物和住宿等多种收益形式。单一的门票经济难以适应现阶段发展的需求，收益也非常有限。除了门票外，景区还有酒店、餐饮和购物等多种收益。

（3）产业联动商业模式

产业联动商业模式就是利用景区平台的资源来开发相关的产业，从而获得比较多的收益。

（4）地产商业模式

地产商业模式实际上是产业联动的一种，只不过其在国内运作已经比较成熟，因此单独说明。这种模式是投资商在开发景区的同时要求政府给予一定的土地作补偿，然后景区和地产同时开发，通过地产的收益来弥补景区的投资。

（5）景区资源整合的商业模式

景区资源整合的商业模式是一些距离中心城市较近的景点开发的通行模式，就是由一个投资商控制资源，做好基础设施，然后对各种项目进行招商，联合许多小投资商一起参与经营。

（6）产业和资本运作相融合的商业模式

产业和资本运作相融合的商业模式就是将景区开发到一定程度后，通过引进战略投资者而获得收益。

（7）混合商业模式

混合商业模式适合一些非常大型的景区，这些景区从前期的资金募集到推出，往往采用多种运作模式，即前 6 种商业模式的综合运用。

10.1.2　融合化运营

广阳岛生态文明建设项目围绕广阳岛"长江风景眼、重庆生态岛"的基本定位，以生态与智慧"双基因融合、双螺旋驱动"的理念为核心。建成整体运行、集约共享、协同联动、资源汇聚、安全可控的智慧广阳岛生态体系，全岛自然生态、人文生态和产业生态等应用智慧化水平显著提升，将广阳岛打造成为世界一流的智慧绿色生态示范区，形成数字经济、循环经济、生态经济融合发展高地。

10.1.3　场景化运营

场景化理念是指打造生态景观运营应用场景，提升生态景观运营服务品质。以"优化游客体验、提高管理效能"为原则,不断丰富游客多元化游赏体验,持续提升生态景观运营服务水平。统筹考虑游客服务、运营生产需求,构建基于 BIM 的三维可视化运营服务管理平台,通过信息发布系统、服务质量管理系统、客流监测预警系统等多个运营管理系统,实现运营服务信息、生产信息统一、规范管理,并为运营方案及措施决策提供依据。在生态景观、会展服务、酒店服务等业态全部运用智慧票务、安检、测温功能,通过云计算、大数据、人工智能、人脸识别等先进技术,以及通过"非接触式"安检、测温、过闸,提升通行效率,打破传统安检、票务分立模式,全面提升生态运营服务、公共安全防范及公共卫生防疫水平,为生态文明建设创新惠民、科技战疫、技术深化起到引领作用。

10.1.4 人性化运营

生态文明建设需坚持以人性化服务为理念,以生态修复为导向着力解决生态文明建设运营服务和管理中的痛点难点,增强生态景观的恢复力,提升人性化服务水平,最终实现生态文明治理的持续发展、多元参与、生态治理的综合目标,创建高质量发展的生态文明景区。可通过在生态文明景区的规划建设顶层设计阶段突出生态景区自身的独特性,挖掘生态修复的深层内涵和价值,从听觉、触觉、视觉等方面增强生态景区吸引力来实现人性化发展。同时,也可结合现有的先进科学技术手段,强化生态景区运营的创新思维,延长生态文明建设发展的产业链,增加生态修复持续发展的附加值,充分利用好基于 BIM 的三维可视化运营管理平台,把生态文明建设重点放在生态修复、文化价值的挖掘以及特色内容运营上,可通过系统化、标准化、智慧化、人性化的运营,将生态文明项目管理及服务做到更加生态。

10.1.5 绿色运营

通过贯彻绿色运营理念,探索管理能力提升的路径和策略,推进绿色运营管理规范化发展,进一步提高生态文明景观管理和绿色生态修复的治理水平。在绿色运营管理创新过程中,可将绿色、创新的管理理念与多主体参与的新格局广泛应用于生态文明项目、节能改造、绿色景区、绿色生态城市的建设中,为人民提供更加绿色、健康的生态环境,促进绿色、健康与可持续发展。

绿色运营管理效果对于绿色生态景观发展和碳减排效用的发挥较为关键。长期以来,我国绿色建筑存在着"重建轻管"现象,未能充分发挥绿色运营管理成效。为此,需重视绿色运营管理创新路径与策略,提升绿色运营管理绩效、减少碳排放。绿色运营管理在带来良好社会效益的同时,也是生态文明建设领域碳达峰碳中和的重要手段。在生态文明建设项目全生命期中,绿色运营管理发挥着重要作用。

10.1.6　智慧运营

　　智慧运营就是在生态文明项目建设的过程当中，针对生态项目客户体验需求的不断变化，通过智慧的思维和方式，以满足客户需求为目的，进行个性化、高效率、低成本的运营管理。其中强调的是对智慧运营措施的开发和利用。应用大数据、物联网、云计算、元宇宙等技术，通过通信网、移动互联网、物联网等，向智能终端实施发布相关的运营活动、经济和资源信息，从而方便体验者对行程计划进行安排。通过智慧运营的不断发展和建设，更好地满足了体验者的个性化体验需求，在为体验者提供大量丰富的生态景观信息资源的同时，也能够满足体验者根据自身喜好定制的个性化服务项目。智慧运营的开展，能够使我国生态文明项目经营管理水平得到极大的发展。在全新的智慧运营模式下，生态文明建设能够得到更进一步的发展。作为生态文明产业信息化的高级阶段，智慧运营能够为生态文明建设产业的转型和升级提供充足的经验，从而实现生态文明建设产业的大发展。

　　在智慧运营当中，涉及业务应用体系、数据资源体系、基础设施体系等，通过产业与信息技术的融合，实现了智能化、全方位的运营服务。智慧运营能够为生态文明项目带来极大的经济价值。能够有效地改善生态建设的发展环境。发展智慧运营可将更多的智慧技术应用于生态文明景区及其相关产业的发展当中，从而为体验者提供更加良好的服务体验。

10.2　运营咨询策划

10.2.1　咨询目标

　　生态文明项目运营咨询服务的目标是帮助运营机构或企业实施可持续发展的战略，并为其发展提供有价值的解决方案。它将有效地运用国际趋势，以促进以人民为中心、视角多样的创新可持续发展战略，为客户建立一个可持续的生态环境，促进合理的可持续性经济发展。同时，它还可以在为生态文明项目提供咨询服务的同时，为企业拓展可持续发展的空间。

　　生态文明是人类文明的一个维度，也是人类发展的内在要求。从物质层面来看，生态文明倡导有节制地积累物质财富，选择一种既满足人类自身需要、又不损毁自然环境的健全发展，使经济保持可持续增长。从生产方式层面看，生态文明要求转变传统工业化生产方式，提倡清洁生产从生活方式层面看，生态文明提倡适度消费，追求基本生活需要的满足，崇尚精神和文化的享受。

　　生态文明的建设离不开经济的发展，经济发展为生态文明建设提供物质保障。生态文明建设是在把握自然规律的基础上积极地、能动地利用自然、改造自然，积极调整产业结构，大力改变经济增长方式，建立新型的生态经济和循环经济的发展模式，走可持续发展之路，其中遇到的一切问题都要靠发展来解决。

生态文明本身是科学发展观的体现，不仅是对人类经济社会发展的经验，而且是对生态自然发展的状况的深刻总结和高度概括。因此，以人为本的科学发展观的完整内涵和精神实质具有两层含义，一是在经济社会领域里，处理人与人的社会关系是以人为本，二是在生态自然领域里，处理人与自然的生态关系是以生态为本。

生态文明建设旨在强调在产业发展、经济增长、改变消费模式的进程中，尽最大可能积极主动地节约能源资源，保护好人类赖以生存的环境。生态文明要求人类选择有利于生态安全的经济发展方式，建设有利于生态安全的产业结构，建立有利于生态安全的制度体系，逐步形成促进生态建设、维护生态安全的良性运转机制，使经济社会发展既满足当代人的需求，又对后代人的需求不构成危害，最终实现经济与生态协调发展。要正确处理加快发展和可持续发展的关系，坚持在加快发展中加强生态文明建设，在加强生态文明建设中加快发展；根据人类对自然界的逐步认识来调节我们制订的目标，通过适应性的变化和调整来达到最佳状态，推行可持续的经济发展模式，实现又好又快发展。

生态文明建设要抓住人与自然和谐相处这一核心。人与自然和谐是人与人、人与社会和谐的重要条件。生态文明、人与社会环境和谐统一是在人类历史发展过程中形成的人与自然可持续发展的文化成果的总和，其本质特征是人与自然和谐相处的文明形态。它不仅说明人类应该用更为文明而非野蛮的方式来对待大自然，而且在文化价值观、生产方式、生活方式、社会结构上都体现出一种人与自然关系的崭新视角。人与自然共同生息，实现经济、社会、环境的共赢，关键在于人的主动性。

10.2.2 咨询范围

（1）生态资源

①生物多样性，注重生态系统完整性，应在非生物因子和生态过程等方面加强生态系统完整性建设。保持生态系统本土性，禁止或慎用引进外来物种，防止生物入侵，保护古树名木和原生的乡土植物群落，防止生态环境退化。重视生物多样性，有生物多样性保护和管理计划，将生物多样性纳入监测内容。示范区设有生物多样性保护专职人员及咨询专家。生物因子植被良好，动植物资源丰富，物种的生境类型众多。物种保护措施有效，珍稀物种和濒危物种能得到重点保护。示范区内无捕猎野生动物和破坏野生动物的生态环境的行为，禁止出售野生动物制品。研究和防治生物危害、生物入侵，合理控制原有的林产品采伐规模。保护区内物种的生存环境，结合示范区绿化等生态建设项目，进行适宜生境的扩大设计。调查、记录和监测国家重点保护和省级保护的野生动植物的种类，种群现状、动态分布和生境。识别野生动物活动廊道，必要时可采取人工廊道设计。在野生动物栖息区内的人工设施，控制夜间照明和噪声，保持天空的自然黑暗，避免惊扰野生动物，不应

对夜行动物造成明显的干扰。

②资源丰富性，生态资源结构合理，规模较大，丰度较好。

③价值独特性，区内独特的自然景观具有很高或较高的美学价值、科研价值、文化价值，或与之密切相关的人文景观价值较高；生态资源游憩价值较高。示范区内的人为干扰较少，大部分为自然区域。特定资源具有典型性、代表性、稀缺性，在市场上形成较大影响。

（2）生态环境质量

生态环境的原生状态保持完整，特色鲜明，生态价值和科研价值较高，物种的原生生境较为完好。地形地貌完好，无开矿采石、挖沙取土等改变地形貌的活动，对于已经造成破坏的地形地貌，应进行整治和合理修复。生态系统稳定，恢复能力强，生境较多，物种丰富。具有原生植被且植被覆盖率高，林相丰富，植物种类多。没有对生态环境影响较大的生产活动，无计划外采伐林木和其他破坏植被的行为，对珍稀物种应有专项保护计划。区内不应使用化肥与杀虫剂，遇有大范围病虫灾害，必须采取人工干预措施时，应在生态专家指导下进行。区内应进行持续的生态监测，监测记录完整、准确。

（3）资源利用

不宜利用不可再生资源。可再生资源集约化利用程度较高。山地退耕还林还草程度高，土地整治水平高，建设用地控制严格。水资源保护程度高，利用率高，用途合理。采取"少使用，少处理"，节约并合理使用水资源，提高水资源的综合利用率。水资源的取用量不对社区生活和自然生态系统造成大的不利影响，确保示范区水源安全、洁净。提高污水处理能力和水资源的循环的利用率。

（4）基础设施

①交通方面，合理设计路线，建设适宜生态活动的多级别道路系统，鼓励采用自行车和徒步等非机动交通方式。道路交通建设以实用为原则，示范区外部交通与示范区性质相吻合，区内交通满足运输需要，道路布局宜选择在生态恢复功能强的地域，道路设计宜利用原有的通道，避免对生态敏感地带进行人为切割。区域内外部道路通达性强，沿途有相应的绿化景观。区内道路按照交通路、生态路、景观路3个方面分区建设，道路交通标识正确规范、设计美观。游览步道设置合理，普遍采用生态性材料，线路设计符合生态和审美原则。合理设计示范区内的交通路线，控制车辆流量、车速，区内交通统一调度，管理集中。使用低能耗、低排放量和清洁能源的交通工具；道路两侧宜建设绿化隔离带，减少路面扬尘和噪声。设立生态停车场，有足够的停车位，管理措施落实到位，设有专人看管。停车场建设与景观环境相协调。

②能源利用方面，实施节能计划。减少温室气体排放。节约并合理利用能源，改善燃料结构，宜使用清洁能源和可再生能源。电力设施不影响景观质量，有妥善处理能源污染的设施的措施。

（5）服务设施及内容

①住宿设施应集中布局，结构合理，档次齐全，体量适宜，生态特色鲜明。

②餐饮设施与内容，提供绿色食品，推广生态餐饮。布局合理，达到特色化、多样化、品牌化，全面利用可再生原材料，禁止食用法律规定保护的野生动物。

③购物设施与管理，布局合理，注意特色，本地产品开发度高，管理有序。外围土特产品生产规模化，工艺品和纪念品经营形成设计、生产、销售等产品链和产业链。

④娱乐活动，可根据当地特点适度开展健康的娱乐活动。娱乐活动场地选址不能破坏当地生态环境，项目内容应尊重当地风俗，不能引起当地居民反感。

（6）安全

设有专门机构，安全制度健全，人员数量充足。认真执行公安、交通、劳动、质监等有关部门制定和颁布的各项安全法规，关注员工的职业健康。

（7）市场营销

①诚信营销，宣传中详细说明游客权利和义务，向游客提供准确和负责任的信息，使游客对游程有符合实际的期望。生态的开发与经营要起到示范和引导作用。

②市场影响，示范区的营销应克服短期行为，立足于提高本区的知名度、美誉度，追求示范区稳定的、可持续的发展。

③市场宣传，突出示范区的生态特色，宣传资料的设计、制作应突出环保理念，不宜过度包装、追求奢华，鼓励采用再生纸印刷品和光盘、互联网等无纸化宣传手段。

④解说系统，示范区对于解说内容和解说方式应有整体规划，提供多种解说机会和解说方式，确保信息有效传达。各种引导标识设置合理，与环境协调。公众信息资料特色鲜明，新颖有趣，内容准确，适时更新。

10.2.3　工作流程

生态文明项目运营咨询服务的工作流程如下：

①研讨可持续发展的理念和方针。

②整合可持续发展的管理、产品和流程设计。

③建立可持续发展的监督机制和实施程序。

④为项目运作提供决策支持。

⑤改进或开发可持续发展的交互式技术和架构。

⑥诊断和优化可持续发展的使用者体验。

⑦结合行业特定环境量身打造可持续发展的工作流程。

10.2.4　组织架构

生态文明建设项目一般规模体量大，项目客观条件及外围环境各异，咨询管理协调工作量巨大，管理任务繁重等特点，根据运营咨询需求建立咨询团队组织。

（1）咨询服务领导小组

项目领导小组组长由项目负责人、技术负责人担任。为咨询服务机构提供技术支持与资源调配服务。

（2）咨询服务专家组团队

咨询专家组团队组长由项目负责人担任，负责协调内部资源对项目出现的疑难点问题进行针对性指导。项目专家组团队根据项目管理需要，为本项目技术服务提供针对性支持与咨询服务。

（3）咨询服务交付团队

成果交付团队由项目负责人统领，技术负责人组织工作。对项目总体统筹、策划、协调及管理等工作全面负责。提出创新技术应用和策划方案。

10.3　运营咨询举措

10.3.1　主体选择

（1）运营的特点和难点

广阳岛项目是面向未来的生态创新实践，涉及的面积，工作层面和维度、经营管理内容、涉及物业的种类、对接的业主单位和协同联系单位、生态修复项目的发展要求和创新性等众多方面，都是前所未有的。目前市面上没有成熟的针对生态修复项目的运营团队，加之生态项目运营主体和普通地产商业运营也存在着本质的区别，这就要求在选择运营主体时，本着"落实系统生态设计，去房地产化、立足建设运营资金总体平衡，着力提升广阳岛生态文明创新实践品质，建设具有特色的生态文明建设项目"的宗旨。

（2）运营主体选择的维度

广阳岛项目运营是一项生态文明建设创新实践，市场中并没有可以直接参照的范本。

从上述的运营特点来分析运营主体需要具备以下的能力或经验，分别是有大型生态旅游景区物业运营和管理经验，以及有大型商业项目运营和管理经验。

（3）运营主体选择机制及评估机制

选择运营主体时，特别需要考察候选单位在非总部所在地的大型项目运营能力及经验，具体的评分机制建议结合运营主体选择维度来设定，权重比例可以在具体招标阶段再设定。对运营主体的评估可以采用团队打分的方式，团队可以由项目业主方代表、全过程咨询单位代表、物业运营专家、生态治理专家、生态旅游规划专家等组成。

10.3.2 咨询重点

（1）安全管理是关键

广阳岛景区都具有面积大、情况复杂、可变因素多的特点。旅游者安全和资源安全是运营管理的重点。此类景区一般都有山、有水、有树、有动物，这些愉悦游客身心的资源要素也可能因管理不到位或者游客自身的行为不当产生安全事故。例如，陡峭山体上防护设施的缺失或者破损导致游客跌落受伤或死亡。不当的水体活动导致游客溺亡，保护区猛兽攻击游客导致的伤亡事件。另一方面，资源安全是景区运营管理的"高压线"。任何人为因素导致的资源破坏都会使景区停业整顿。缺少环境评估和整体规划的炸山开路、建宾馆别墅、修索道缆车等行为都会导致自然资源的不可修复性、生态灾难的破坏。应该本着敬畏自然和守护自然的心态运营各类自然风景区，唯有此，资源安全才有根本的保障。

（2）保护生态是任务

坚持把修复长江生态环境摆在压倒性位置，重庆市委市政府坚持把实施重大生态修复工程作为推动长江经济带发展项目的优先选项，启动实施广阳岛生态修复，在自然恢复的基础上，探索实践"生态中医院""生态消落带"等系统修复理念，创新运用"护山、理水、营林、疏田、清湖、丰草"6大策略、18条具体措施和45项生态技术，全面推广"三多三少"生态施工方法（多用自然的方法、少用人工的方法，多用生态的方法、少用工程的方法，多用柔性的方法、少用硬性的方法）、生态文明施工十条和生态项目现场巡查清单，系统开展全岛山水林田湖草修复治理，开通试运行朝天门—广阳岛生态观光水路航线，让市民在广阳岛"生态大课堂"中实地感受自然之美、生命之美、生活之美，找回记忆中的田园风光、乡土风味、人文风情，迈出还岛于民的重要一步。

（3）经济经营是补充

重庆市委、市政府坚持算大账、算长远账、算整体账、算综合账，确定统一规划、分区实施、统筹平衡的运行机制，在广阳岛以南片区探索实施"政府投资带动、社会资金参与、金融资本助力、企业自身造血"的"1+3"投融资模式，以市场化方式对接国家开发银行"绿色生态"专项贷款，与财政资金、社会资金共同建立"生态资金池"，解决了历史债务怎么办、新增建设资金怎么来、生态产品价值如何实现的难题，推动了岛内岛外保护开发联动，实现了片区建设的大平衡。

在习近平生态文明思想的指导下，广阳岛项目系统推进生态修复，以良好的生态环境夯实片区生态本底，努力把绿水青山蕴含的生态产品价值转化为金山银山，百姓富和生态美的有机统一初步显现。

10.3.3　设施管理

（1）运营设施

针对设施管理的对象，一般指服务于生产、生活和运作目的的建筑物本体及其相关的给水、排水、采光、供电、通风、暖气、消防、保安、通信、电机等设备，辅助性家具、工器具、水塔、锅炉房、变电站和室外绿化、道路、停车场地等构成的物理实体，及其围绕上述物理实体提供的相应服务的总和。

设施管理综合利用管理科学、建筑科学、经济学、行为科学和工程技术等多种科学理论将人、空间与流程相结合，对人类工作和生活环境进行有效的规划和控制，保持高品质的活动空间，提高投资效益，满足各类企事业单位、政府部门战略目标和业务计划的要求。

（2）设施空间管理

有效的空间管理可以发挥设施的最大效用，提供舒适、安全、高效率的工作环境。空间管理效果的考核最终都要归结到空间成本上，空间使用费通常是组织运作的第二大成本。高效的空间管理可以给组织带来一定的净收益。设施空间管理内容包括空间需求分析、设施空间配置等。

1）空间需求分析

设施空间管理应满足组织的目标和使用者的需求，了解使用者需求是设施规划的前要课题。针对不同空间场所的外部环境，从情感和行为的角度去发掘用户的多层次需求，涵盖商业、技术、艺术和文化层面，包括用户自己都没有意识到的需求，并将这种深入的研究发现作为空间规划和设计前提条件。

业务变化的空间需求，根据组织内部的业务变化情况，空间需求可分为组织内部的需求、跨组织的空间需求、场地借用需求、新增的空间需求等类型。

按使用功能分类，设施空间可分为可支配空间和不可支配空间两类。

空间需求预测方法对空间重置、配置需求的预测是非常重要的一项工作，组织空间需求预测方法主要有分类加总法、对比分析法、指标推算法等。

2）设施空间配置

空间管理中较为复杂、专业的工作就是对设施空间进行配置，它包括确定空间配置标准、面积分配和空间关系以及选择不同的空间类型。为了满足不同组织的生产或经营需求，空间类型也是多样的，既有传统的空间布局，也有敏捷空间等。

设施空间配置标准。设施空间配置标准提供了一个计算各组织对空间面积需求，以及评价空间布局的基准，可以用来确定新空间的设计规模，判断是否重置，调整空间用途等。它的作用主要体现在可以保持平衡和公正，如根据职位来配置办公空间；根据特定的用途来配置空间；记录和监测设施要素的特点和质量；基于成本效益考虑满足因员工变动和技术的变革所带来的空间需求，并适当地预测和规划未来的空间需求。

设施空间关系分析。设施空间关系是指两个功能组织或功能区域之间的联系紧密度或者接近程度，可以采用关系密切、关系一般或没有关系等表示设施空间的关系程度，并进一步分析人员关系、信息交流、生产工艺、工作流程、共用资源等各种影响因素。

空间标识系统。标识系统是以系统化设计为导向，综合解决信息传递、识别、辨别和形象传递等功能的整体解决方案，在一些复杂的建筑设施中用来确认、指示和通知某些信息的工具。

标识系统的设计。标识系统是寻路设计中的重要内容。空间标识系统的对象定为初次来访者，初次来访者对建筑内空间没有任何的感观认识。如果能利用标识系统来满足这类人群的寻路需求，就能满足各类人员的寻路、识别要求。

人在不同的位置都有着不同的信息需求。要满足这些信息需求，就必须设置不同内容的标识。某办公楼动线概括起来主要为确定主入口→经过门厅→进入电梯厅→找到办公室。由此可制订该办公空间内人的行为模式细分图，作为标识系统设计的参考依据。

（3）设施环境管理

设施环境是指在满足人类使用功能的前提下，设施空间服务范围内所提供的舒适和健康情况或条件。根据设施使用功能不同，从使用者的角度出发，设施环境管理研究的内容是室内的温度、湿度、气流组织的分布，空气品质、采光性能、照明、噪声和音响效果等及其相互组合后产生的效果。根据国家和地区的环境政策和法规，设施管理组织应制订各种设施环境评估标准、监测方法、管理方案和评估方法，组织实施、检查和评估并对此制订科学的控制措施。

1）设施环境管理目标

设施环境管理目标是指在设施全生命期内，采取各种管理措施及技术措施（包括环保设计技术、节能技术、新的施工技术、污染处理技术、建筑垃圾分类处理及回收利用技术等），在实现设施功能、安全、可靠、耐久、高效等目标的基础上，减少设施全生命期内的能源消耗、原材料消耗，减少污染，减少对自然生态环境的影响，提供舒适的环境，最终实现设施管理的可持续发展。提供舒适的环境是设施环境的最重要的目标，它的具体内容包括健康舒适、高效清洁、协调共融、开放持续。

2）设施环境要素分析

设施环境的研究对象为所有全封闭或半封闭的空间，如办公室、教室、医院、商场旅馆等场所。按设施环境要素，设施环境管理的对象又可分为室内空气环境、热环境、声环境和光环境等。

3）设施环境管理体系

设施环境管理体系是组织内部环境管理的一项工具，旨在帮助组织实现自身设定的环境方针、目标和指标水平，落实组织设施环境管理活动的组织机构、管理规范、工作职责、任务分工、运作程序、过程和资源分配，并不断地改进环境行为，不断达到更新更佳。

设施环境要素标准。根据设施环境的要素分类，设施环境标准可分为室内空气质量标准、噪声标准及照明标准。

设施环境管理流程。设施环境管理流程是设施管理活动的具体载体，是设施环境管理高效运作的重要保证。设施环境管理包括明确设施环境的基本要求，制订设施环境的方针和目标，设施环境管理的组织和实施，设施环境管理的监督、确认和持续改进等环节。

设施环境监测。制订整个建筑物生命周期内环境监测活动的安排，目的在于发现在运营维护阶段所引发的关键性的环境质量变化。环境监测的作用是和预测的影响相对比的，得出当前环境影响的范围和严重程度，判定设施环境影响的趋势。

设施环境控制。设施环境中室内空气污染控制方法的指导思想可以概括为堵源、节流和稀释。堵源是指采取合理的方法控制甚至消除污染源；节流即建筑维护法，主要是采用化学、生物或空气净化的方法消除室内空气污染物；稀释就是通风控制方法，即引入新鲜空气降低空气中的有害物浓度。

4）设施可持续发展管理

生态、经济和社会环境对现代设施管理提出了越来越高的标准，并不断融入企业的战略目标。可持续发展要求设施规划和管理最优化地使用能源设施，关注环境和以人为本，以支撑企业组织的稳定、健康发展。

能源消耗控制。在建筑物生命周期中，建筑内照明、供暖、空调等各类电器消耗的能源总量巨大，约占建筑全生命期能源消耗的 80%。因此，设施运行能耗节约既是建筑节能的主要关注对象，也是目前设施运行成本节约的重要议题。

根据统计，通过生命周期节能增效方案，最大可实现 30% 的节能。其中，通过安装低能耗高效设备和装置，可降低 10%~14% 的能耗；通过设施系统的优化使用，可降低 5%~14% 的能耗；通过长期的监测和系统改进，可降低 2%~8% 的能耗。

环境管理 4R 措施，作为设施管理的一项重要工作，环境管理倡导使用环保原材料，进行危险品、废弃警业管理以及室内空气质量管理等多方面的工作。环保管理的 4R 概念深受欢迎，推广 4R 措施还可以节约成本。

设施可持续发展管理途径，设施可持续发展不能仅停留在设施本身，还应该从人、科技、社会等途径着手进行推广。

10.3.4　资产管理

资产保值主要是指保持资产原有的价值不变，即在一定营运周期内，资产能够补偿因损耗而计提的折旧额；同时，在通货膨胀等情况下，仍然能够有效降低资产的流失率，使资产净值恒定不变的情形。资产增值则是在原有基础上，资产超过了原有价值，实现了价值新增，即资产在损耗计提后获得了比原有价值更高的折旧价值，或者资产增值率上涨等情形。如何实现资产的增值、保值，许多组织通过价值管理的方法，降低资产全生命期成本，以实现资产价值最大化。

1）资产全生命期管理

资产全生命期管理思想源自全生命期成本管理这一概念，是全生命期成本管理理念的丰富和发展。全生命期成本是指一个工程项目系统或者设备在它的整个生命周期中，为维护其正常运行所需要支付的所有费用，其中包括开始阶段的设计、采购、开发、生产运行、维修及维护和最终报废所需的直接或间接关联的所有费用之和。

资产全生命期管理在以资产为研究对象的基础上以工程项目整体的经济效益为出发点，通过采用多种的技术措施，对资产从规划设计到基建采购、运行维护、技术整改及报废的整个过程进行全面管理，在保证安全、高效的基础上，对全生命期中的费用进行控制，追求资产全生命期成本的最优化，实现资产的增值保值。

2）价值管理

价值管理是以价值为基础，以系统论、信息论、决策论、组织行为学、运筹学等相关理论为前提，以项目全过程的管控为核心的管理。项目不同阶段的特点不同，其相应的管理方式也不一样，资产管理者应该以资产的全生命期为管理对象进行动态监控，根据实际情况因时而异地制订管理方案，并做到信息的及时更新、沟通和分享，最终达到全再盈利的目的。价值管理要求企业在日常管理中建立相应的理念，综合利用现代先进的科技成果和科学的管理指标，在经营的各个项目中进行全面的价值管理和价值控制，从而达到改善企业经营情况、实现资产的保值增值、提高企业竞争力的目标。

3）工程项目资产增值保值途径

通过运营管理使得项目增值保值。从项目定位、调研、设计、建设、推广、租赁至营运及维护等，全过程管理都会影响日后资产能否保值和增值。特别是在项目正式交付之后的运营期，运营效果的好坏直接决定了整个项目的营业收入。而项目运营管理的核心是为用户提供各种高效率的服务，只有满足了用户需求，资产价值才能得以体现。

通过翻新改造使项目增值保值。通过定期的翻新改造，可以使项目能够与时代更新的需求相匹配。翻新改造可从以下几个方面着手：整体定位改造；室内装修翻新；硬件设施改善；空间设计改造。这些可以使用户得到更好的体验，从而获得更多的收益。如空间改造还有可能带来的新增可租赁面积、可销售面积。

通过物业管理使项目增值保值。通过物业管理可以确保设施的正常使用，避免出现大的维修事件，造成大额成本损失，同时确保资产可以获得评估价值的进一步提升。一是编制合理的修缮计划；二是建立维修服务档案；三是大中修外包监督管理。

10.3.5 风险管理

运营安全管理要了解哪些风险会对运营安全造成影响。首先要进行风险识别，然后进行风险评估，根据评估结果选择相应的应对策略。

（1）设施风险识别

感知风险和分析风险构成风险识别的基本内容，两者相辅相成。

①感知风险。即通过调查和了解，识别风险的存在。例如，调查组织是否存在财产损失、责任负担和人身伤害等方面的风险。

②分析风险。即通过归类分析，掌握风险产生的原因和条件，以及风险所具有的性质。

（2）风险识别的途径

通常运营风险识别主要通过以下几种途径：

①环境调查。风险识别过程的关键是辨别环境风险源。评估物质、社会、经济、政治、法律等不同环境所需要的信息，其来源各不相同。

②文档分析。组织的历史及其前期运营状况都会由各种各样的文档记录下来，这些记录是设施运营风险识别和风险评估中所需信息的基本来源。

③面谈。组织中每个雇员或管理者对于他们各自职权与活动范围内的风险信息了解得最清楚。通过与雇员谈话的方法让他们参与风险识别的过程，较为容易地获得各成员的广泛认同。

④现场检查。对运营场所进行检查，与管理者和一般员工交流，常常可以引起对原来忽视的风险的关注。

（3）设施风险识别结果

一般组织的运营风险可简单地区分为内部及外部两大类。常见的内部风险有设备故障、火灾、爆炸、机密信息外泄、重要管理人员被同业挖角、产品发生重大质量问题等；外部风险有电力中断、恐怖袭击、天灾（台风、水灾、地震）、金融风暴、竞争对手恶意攻击等。同时，这两类风险又可以分为人为和意外两种情况。

（4）风险评估

风险评估就是对识别后所存在的风险做进一步的分析及度量，是对组织某一特定风险的性质、发生的可能性以及可能造成的损失进行估算、测量，通过风险评估不仅可以计算出比较准确的损失概率和损失严重程度，也有可能分辨出主要风险和次要风险，既为风险定量评价提供依据，也为风险决策提供依据。

（5）风险减轻策略

风险减轻策略可以减少风险事件发生的可能性或最大限度地减少或降低其潜在影响。因为不是所有的风险事件都可以预防或者降低到组织可接受的程度，所以风险减轻策略应与其他方案结合使用。风险减轻策略主要包括风险转移、风险最小化和风险吸收。

10.4　数智运营方案

　　数智运营平台以 BIM 技术应用为核心，融合 GIS 底层技术，收集项目 BIM 数据，基于统一的数据交换接口标准，建立 BIM 数据库，形成数字基础底座，以统一的 BIM 数字基础底座将设计、建设、运营阶段的模型贯通，实现模型信息完整继承，提供从建设到营运阶段的数据支撑，辅助生态文明建设项目全过程智慧化管理；同时结合物联网、大数据等技术构建数字孪生系统，在信息系统中精准映射真实场景，从而实现不同场景、终端设备以及跨时空的信息交互，满足项目全方位智慧数字建设。

　　智慧运营管理平台以智慧建造信息管理系统、BIM 集成应用平台为依托，基于"大后台 + 小前端"模式，采用 PC 端和移动端双终端，实现数据化存储、智能化管理、管理场景化、可视化、轻量化应用和高质量决策。通过智慧运营管理平台，实现以下目标信息标准化、流程标准化、成果数字化。大数据、物联网和人工智能等技术的支持下，满足人、物、环境的智慧管理需求，设施设备自控逻辑与管理，以数据驱动节能，用能可视、可控、可优，空气质量及灯光根据环境自动调节，多维度、立体化保障人、物、设施安全。

第 11 章　数智咨询

11.1　数智咨询理念

11.1.1　数智时代发展生态建设背景

党的二十大提出，中国式现代化是人与自然和谐共生的现代化。人与自然是生命共同体，无止境地向自然索取甚至破坏自然必然会遭到大自然的报复。我们坚持可持续发展，坚持节约优先、保护优先、自然恢复为主的方针，像保护眼睛一样保护自然和生态环境，坚定不移走生产发展、生活富裕、生态良好的文明发展道路，实现中华民族永续发展。同时，提出要强化科技支撑，加强生态保护基础研究和科技攻关。完善生态调查评估、监测预警、风险防范等管理技术体系。重点开展生物多样性科学规律与生物安全支撑技术、生态修复技术、生态系统监测评价等关键技术的研究，推动加大生态保护科技相关专项支持力度。加强国际科技合作与交流，积极引进国外先进生态保护理念、管理经验及技术手段，健全完善国内协调机制。

11.1.2　数智技术顺应建设领域发展

数智化技术在传统制造领域已经有了长足的发展，工业 4.0 概念的提出标志着数智化已经和制造业深度绑定，极大地提升生产效率。反观同样是劳动密集型的建设行业，多年来仍然保持着半手工，半机械化的作业模式和管理模式，效率低，风险高，这也是为什么近几年全行业都在集合数智化技术进行行业级转型的原因之一。

数智化是建设领域的新方向，这是大势所趋，毋庸置疑，全新的智能建造、管理技术将让人们认识世界和改变世界的能力得到大大提升，成本大幅降低，速度显著提高，进一步促进了人们对物理世界的改造效率与进程。由于顺应了人类的价值选择和高速发展的科学技术，大数据、智能技术与生态文明建设产生了千丝万缕的交集。智慧化手段也将助力推动生态的高效发展。

11.1.3 科技创新助力生态环境建设

在高质量发展的背景下，生态环境也要高质量建设发展，需要以智慧化的手段来支撑和辅助，来营造适合生存的舒适环境。在生态环境的保护以及治理修复过程中，必须导入"智慧"元素，与智慧融合，探索新思路，才有望科学、经济、高效地发展生态。随着信息技术的高速发展，5G、物联网、大数据、人工智能等概念应运而生，在生态环境建设发展进程中，大数据可以完全打破传统生态环境建设数据获取的局限性，开展科学、客观的生态文明建设绩效量化评价也将成为必然趋势。依靠智慧化技术手段可以弥补生态环境发展建设过程中的不足和薄弱环节，引导城乡生态环境建设不断深入、完善、扩展和提升。

综上所述，生态文明建设项目数智化技术应用的主题为"加快建设具有全国影响力的科技创新中心"，在习近平生态文明思想指导下开展实践探索，顺应国家对高新技术促进产业发展的要求。

11.1.4 双基因融合双螺旋发展理念

生态文明的核心是"人与自然和谐共生，天地人合一"的世界观，智慧技术是利用人工智能、物联网、云计算、大数据等现代信息技术实现智能化，生态文明与智慧手段结合，强调人主动顺应自然，建立智慧系统，融合人的创造性、智慧性，对人类生活形态、自然环境、生产关系以智慧生态形式进行系统化重组再造，推动社会更好地融合发展。

社会大众对生态环境治理的要求也发生了改变，对于信息传递的准确性、效率等多个方面有全新的要求，这也促使生态环境保护需要加强信息化建设，才能实现效率最大化。对于生态环境治理领域来讲，一方面与互联网技术的结合是符合所有领域与技术融合的发展趋势。另一方面，由于生态环境治理当下也面临着诸多问题，依靠传统治理模式和管理体系难以提升治理效率，依托于互联网、物联网技术的融合，通过走向智能化发展方向，转变行业发展模式，提升行业管理效能。

智慧生态以"中医系统观"理念为指导，利用5G、物联网、大数据等为代表的信息技术，构建基于数字孪生的生态信息模型体系，实现物理实体生态与数字虚拟生态的相互映射、同生共长，推动智慧与生态的"双基因融合、双螺旋发展"，打造生态建设的新范式。

11.1.5 生态信息模型建设

在广阳岛生态文明建设中，率先提出了建设广阳岛 EIM（environment information model）系统的全新概念。在广阳岛上山、水、林、田、湖、草构成了完整的自然生境系统，通过科技和数字化手段，系统工程师们将这些生态要素全部转化成了虚拟的数字孪生岛，通过虚拟与现实的高仿真映射，结合人工智能和大数据技术，构建起了一个全数字化的生态信息模型，这就是所说的 EIM 系统，它赋予了这座生态岛智慧化的力量。建设了覆盖全岛的生态监测网络，包括水、体、大气、土壤、动植物等多要素，从而实现了全岛生态状态的实时评估，根据评估结果定量地分析出岛内生态变化的各种条件和因素，并通过计算机模拟去推演结果，从而指导我们持续地改善生态。生态是我们的未来，生态技术在不断地发展，EIM 系统正是其中一项积极的创新，它不再停留于固有的传统理念，而会在高科技的赋能下焕发出全新的活力。

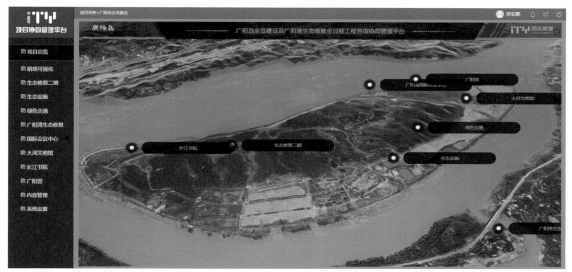

图 11-1　EIM 孪生底座

11.2　数智咨询策划

11.2.1　生态文明建设数智化应用目标

广阳岛项目中数智化应用主要体现在项目实施全过程中采用了 BIM 技术介入，BIM 技术实现的是广阳岛项目建设全过程时间和空间信息的总和，聚焦数据与管理流程的深度融合，以运维为导向，以业主视角的全生命期工程项目管理融合为手段，帮助业主实现"全生命期、全专业覆盖、全员参与"的管理升级。我们确定广阳岛项目数智化应用总体目标是采用以 BIM 技术、5G、物联网、大数据、信息协同技术等为代表的数智化技术，在项目建设的全过程中打造数智化赋能生态修复和数智化赋能绿色建筑两大板块高度融合，最后形成数智孪生广阳岛，实现将广阳岛"装进"芯片里的最终目标。

（1）智慧生态应用目标

以生态为核心，以智慧为手段，实现生态与智慧"双基因融合，双螺旋发展"，打造"生态智治，绿色发展，智慧体验，韧性安全"的广阳岛。以 EIM 数字孪生平台为支撑，通过以 BIM 技术、5G 通信网络和大数据等新基建集成应用为核心，实现数智规划、数据支撑、模拟修复、数智赋能四大功能。以数智化的手段，根据广阳岛生态本底数智重构，通过采集生态信息，模拟生态修复方案实施效果，指导修复建设；监控生态运行指标，辅助生态运维。打造重庆碳排放监测实验地，助力"双碳"经济建设。

（2）智慧建造应用目标

本项目采用"BIM+PM+IoT"为核心的数字建造、协同管理体系，以设计施工数字化管控、数字化交付为途径，以高精度 BIM 模型为保障，BIM 智慧建造平台（智慧广阳岛）为实施载体，提升项目各阶段的精细化管理水平，实现"管理能力高效率、进度成本可控制、质量安全有保障"的全过程、全要素、全方位的智能化建造体系。

（3）智慧运营应用目标

本项目 BIM 建造阶段的实施以"全过程 BIM 数字化资产"的交付为目标，从规划设计阶段引入 BIM 技术实施，各个阶段分步深化对应业务数据内容，为工程建设过程提供支撑，同步积累相关内容的过程数据留底。为业主从前期策划到后期运营维护服务提供数据支撑。

11.2.2 生态文明建设数智化应用要点

广阳岛项目的特殊性决定了本项目的数智化工作开展充满挑战，我们根据项目建设的要求及数智化工作开展的必要条件，梳理出了本项目全面实现全过程数智化应用管理的"三难一重"，具体如下所述。

（1）全员数智化协同难

本项目参建单位、参与人员众多，不同单位、不同组织的人员素质及数智化能力参差不齐，要实现全项目全员的数智化协同作业是一个巨大的挑战。同时，建设行业的数智化水平相对于制造业来说还处于一个相当初级的水平，全行业还在进行大范围的数智化转型尝试，这也是要实现全员数智化协同管理不得不面临的一个客观事实。

（2）全项目数智化作业推进难

广阳岛项目是一个包含生态修复、房屋建设、市政工程等多类型项目组合的项目群，在例如生态修复、园林景观、水生态治理等类型的项目中，数智化作业模式没有成熟的参考样板，如何在此类建设项目中实现高效的数智化作业，是需要我们不断探索的新课题。

（3）全过程数智化管理探索难

广阳岛项目建设工期跨度大，从前期规划到方案设计再到落地实施，整个项目实施工期比较长，多个项目次第开始，相互关联，有相互重叠，也有相互冲突的地方，要让数智化应用管理贯穿整个项目建设周期全过程，对所有参与此项目的单位团队都是一个不小的挑战。

（4）全岛数智化工作重点

广阳岛项目的数智化工作虽然在一开始面临着各种挑战，但是要在本项目中全面开展数智化工作，借项目探索工程数智化转型及应用的目标一致没有变。为此，我们也明确了广阳岛数智化工作的重心，即如何以数智化手段实现全员协同，在广阳岛项目群建设的全过程中尽可能探索实现工程数智化的可行道路，并总结形成同类型项目可推广复用的经验积累。

11.2.3　生态文明建设数智化应用内容

广阳岛生态文明建设项目的数智化应用是以 BIM 技术为技术展开的，应用贯穿项目实施全过程，在不同阶段数智化应用目的及呈现形式均有不同。包括协同平台搭建、模型创建、方案比选、仿真分析、碰撞检查、净高分析、管线综合、三维交底施工过程模拟等。每阶段的数智化应用均要符合各阶段工作重点，为工程实施赋能。

表 11-1　各阶段数智化应用表

序号	实施阶段	数智化应用点	应用价值
1	准备阶段	1. 数智化协同管理平台搭建	全员协同、全项目管理
		2. 全岛数智化应用总体策划	项目数智化实施总纲
2	规划阶段	3. 规划阶段 BIM 模型创建	规划方案可视化
		4. 项目选址方案展示	辅助选址决策
3	方案设计阶段	5. 方案阶段 BIM 模型创建	方案模型呈现
		6. 方案可视化比选	多方案可视化比选
		7.CAE 仿真分析	优化方案细节

续表

序号	实施阶段	数智化应用点	应用价值
4	施工图设计及施工阶段	8. 施工图阶段 BIM 模型创建	施工图模型呈现
		9. 净高分析	建筑内部空间最优化
		10. 管线综合及优化	管线排布最优化实施
		11. 三维交底	辅助技术交底
		12. 施工场地布置	论证优化施工场地
		13. 施工进度模拟	模拟优化论证施工进度
		14. 全过程影像记录	集成项目实施全过程影像
		15. 数智化设备应用	利用数智化设备辅助施工
5	竣工阶段	16. 竣工模型创建及审核	完成竣工模型
		17. 竣工资料整理及移交	完善竣工 BIM 资料移交
6	运维阶段	18. 建筑项目数智化运维管理	辅助实现单个项目数智化运维管理
		19. 支撑实现数智孪生广阳岛	助力智慧广阳岛建设

11.3 数智咨询举措

11.3.1 数智化应用总体举措分析

（1）建立覆盖全项目完善的数智化工作组织架构及工作流程

1）建立全员全项目数智化工作组织架构

为了更好地服务于广阳岛生态文明建设的数智化工作，我们在项目伊始就建立了涵盖全项目的，实现全员参与，共同配合的数智化工作组织架构：在建设单位的领导下，由全过程咨询单位作为整体数智化工作总体协调，全资各服务板块全面参与，以数智化协同管理平台作为全过程信息协同记录的载体，同时建立各子项目数智化工作小组的形式全面推进广阳岛的数智化工作开展。

2）建立全阶段数智化工作管理流程

为实现全过程的数智化管理，我们建立了以建设单位为核心，全资单位为数智化工作管理主体，所有参建单位全员参与，在不同阶段参与并配合完成对应数智化应用工作的各阶段工作管理流程，明确了在不同阶段数智化工作中的各方职责，确保了各项工作流程清晰，工作明确。

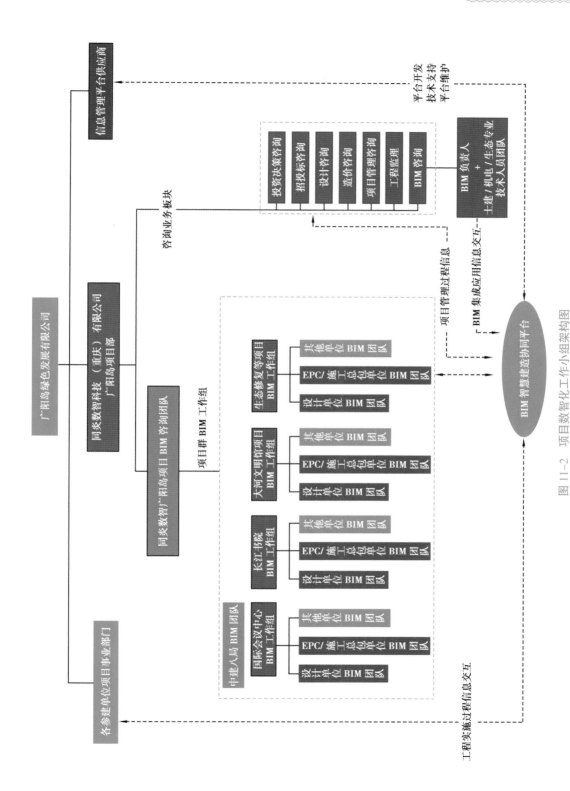

图 11-2 项目数智化工作小组架构图

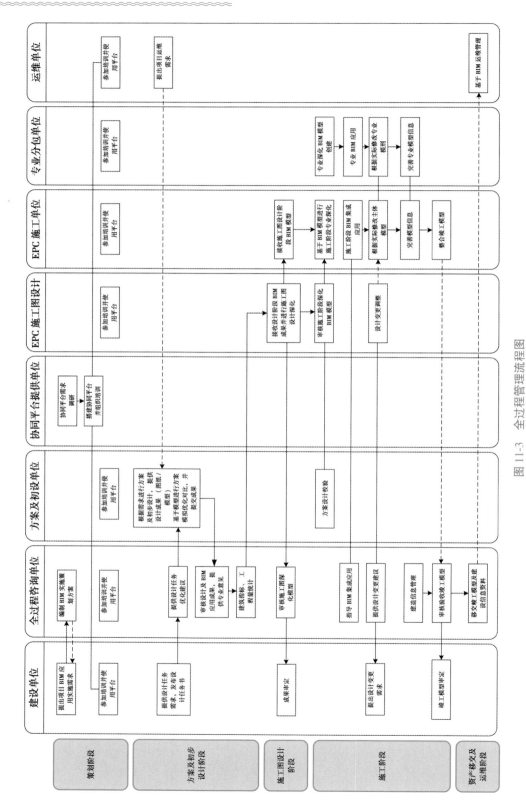

图 11-3 全过程管理流程图

（2）广阳岛生态文明建设数智孪生

1）实施目的

通过采用无人机、GIS 技术、卫星技术等数智化手段对广阳岛片区进行全区域、全方位的遥感探知，形成广阳岛生态文明本底数智化数据，结合人工实地摸排信息，创建广阳岛生态文明本底数据沙盘，为后期生态文明建设方案的制订、优化、实施提供数智化支持。

2）主要措施

全岛无人机航拍，采集全岛影像数据，创建全岛三维地形模型，结合人工摸排数据，进行生态系统区域分布绘制、人文建设区域分布绘制，创建形成生态文明本底数据沙盘。

3）实施流程

生态文明本底数智化探索流程如图 11-4 所示。

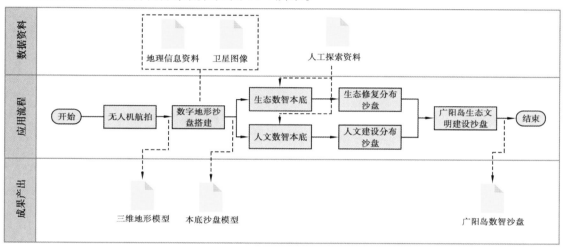

图 11-4　生态文明本底数智化探索流程图

4）应用成果

①三维地形模型：无人机进行全岛倾斜摄影，利用 ContextCapture 软件建立全岛地形三维模型。

②本底沙盘模型：在全岛地形三维模型之上，结合地理信息资料，以及高精度卫星图像，通过在线协作平台，实现广阳岛本底梳理沙盘模型，这是能够进行全岛生态人文本底信息的载体。

图 11-5　全岛三维地形模型

广阳岛数智沙盘：结合人工摸排收集资料，在本底沙盘模型中对不同生态系统，不同人文建设拟建区域的划分，形成广阳岛数智沙盘，为后续多方案的可视化表达、方案的比选优化等工作提供基础平台。

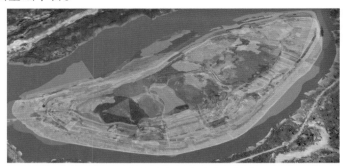

图 11-6　全岛生态系统分布斑块模型

5）应用评价

通过建立全岛生态人文建设数智化沙盘，实现广阳岛生态文明本底的数智化探索呈现，这是全岛全过程数智化应用的前提。数智沙盘的创建为后续各阶段数智化应用提供了数据基础和展示平台，是"智慧广阳岛"建设的基础。

（3）建设全过程信息协同管理

1）实施目的

广阳岛项目具有子项目多，参与建设单位多的特点，为了更为有效地进行全员管理协调，项目建立了广阳岛智慧建造管理平台。通过协同平台的使用，横向打通了不同单位之间的沟通渠道，实现了信息的高效传递；纵向贯穿了项目建设的全过程，实现了不同阶段的信息均有保存和继承。

2）实施措施

创建建设全过程信息协同平台硬件网络，开发建设协同管理平台，制订完善协同管理平台管理制度，开展全单位全员平台应用培训，实施过程流程化管控，实现全过程资料信息保存。

3）实施流程

全过程信息协同管理措施流程如图 11-7 所示。

4）应用成果

①软件平台：信息协同平台软件，是实现全过程信息协同管理主要载体。

②硬件机房：实现信息协同的物理硬件设备，包括服务器、交换机、网络硬盘等一系列硬件集合。

③管理制度：根据信息协同管理目的制订平台应用管理制度，督促参建各方能够合理高效地使用平台。

④全过程记录资料：通过使用平台，保存了管理痕迹以及过程资料，最终形成一套完整的项目过程资料。

5）应用评价

通过协同平台的使用，实现了全员协同化管理，整体管控效率都有较大的提升，同时过程中的管控痕迹也提供了解决纠纷的证据。同时平台对项目实施全过程的记录也将成为同类型项目实施的宝贵经验，为后续项目实施提供参考依据。

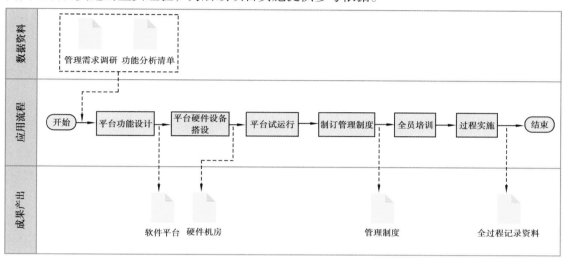

图 11-7　全过程信息协同管理措施流程图

11.3.2　生态修复项目数智化举措

（1）护山数智化举措

1）实施目的

在广阳岛全岛 10 km² 的生态修复项目范围中存在多条山脉，通过数智化的方式快速地分析全岛地形走势，判断山体目前真实情况，并且快速地制订多套护山方案，并进行多专业的联动设计，在平衡全岛生态修复大目标的前提下最终确定可行的、高效的、合理实施的方案是全岛数智化护山举措的最终目的。

2）主要措施

在全岛护山项目中，采用无人机对全岛地形进行快速采集，制作数字化地形模型，结合 GIS 技术和高清卫星地图，形成广阳岛地理数智沙盘，利用 BIM 技术对山体进行快速分析，寻找需要修护治理的区域。利用沙盘对多种方案进行可视化比选分析，选择既符合生态修复要求，又高效可行的方案。并模拟整个实施全过程，提前规避实施风险，最终形成护山工程的数智化孪生模型。

山体数智孪生模型如图 11-8 所示。

图 11-8　山体数智孪生模型

3）实施流程

护山数智化应用措施流程如图 11-9 所示。

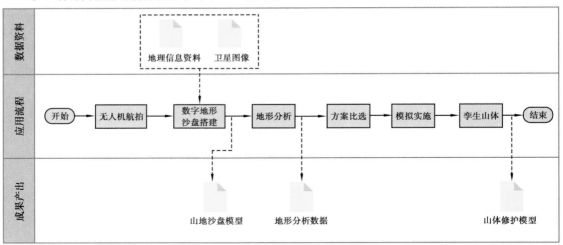

图 11-9　护山数智化应用措施流程图

4）应用成果

①全岛三维山地沙盘模型：包括全岛原始地形模型、卫星影像模型、护山构筑物模型等。

②地形分析数据：包括对全岛地形的分析数据，全岛海拔高程数据及分布，全岛坡度分布数据，全岛山体需修护区域分布数据等。

③山体修护模型：护山工程实施竣工模型，包括山体修护支护构筑物模型，相关模型将承载着护山工程实施全过程信息，成为数智孪生广阳岛的一部分。

山体数智孪生地形数据分析如图 11-10 所示。

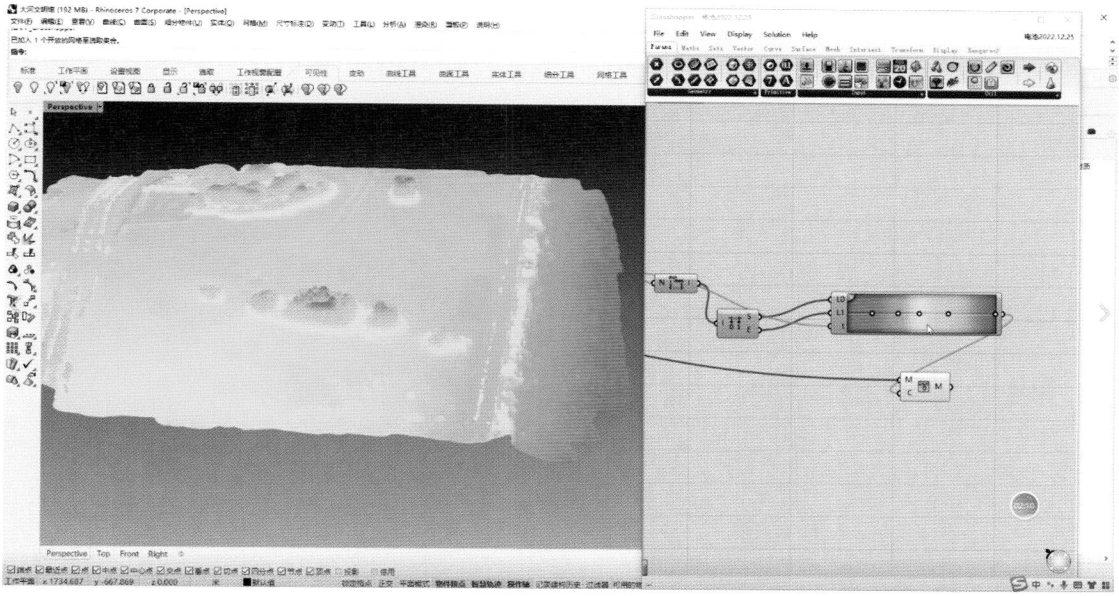

图 11-10　山体数智孪生地形数据分析

5）应用评价

采用数智化技术在生态修复项目中的应用，整体效果显著，通过无人机和 GIS 技术的应用极大地提升了对地形辅助区域的地理信息本底探查效率，三维可视化技术让地形的快速分析、分类和重点区域排查变得更为轻松便捷，通过对比人工作业和数智化作业两种不同作业模式，加之数智化的介入，让整个护山方案的制订、推敲、打磨、实施的效率提升了 30% 以上，节省了大量的人工成本，同时，在整体实施效果上有了较大提升。

（2）理水数智化举措

1）实施目的

广阳岛是距离重庆主城区最近、面积最大的岛屿，也是长江上游的第一大江心岛，位于长江的黄金分割点位置，既是沿江进入重庆的首要门户，也是沿江而下出重庆的水口要津之地，具有得天独厚的地理区位优势和重庆绝版的自然景观资源。本项目受长江水位变化影响较大，如何评估水位变化对广阳岛消落带区域的影响，对方案的决策、实施、优化显得尤为重要，这也是选择在本项目中进行此类技术尝试的根本动机之一。

2）主要措施

在广阳岛的案例研究中首先进行了整体模型的搭建，将各类信息通过 BIM 软件进行集成展现。

①地形场景构建：数字地面模型（DTM）的搭建，是将广阳岛的全岛高程信息导入 BIM 软件 Revit 内，采用地形创建功能，将高程信息中的点高程和高程线转换为三维地形模型。

②人工建筑三维模型构建：通过 BIM 软件对研究项目内的人工建筑，进行三维模型

搭建，模型尺寸与实际尺寸一致。施工过程以三维模型为指导，进行精细建造，最终做到 BIM 模型与实际竣工建筑完全一致。

③长江水位构建：将长江水位高程与江岸的空间关系进行可视化呈现，通过 Dynamo 的参数设置进行水位变化调整，模拟不同时期水位情况对江岸区域的影响。图 11-11 为手动调参的 Dynamo 节点包展示，后续在移交至运营阶段时，可采用 IoT 技术将实时水位数据进行挂接。

④可视化展现：本研究案例采用了 Enscape 这一款基于游戏引擎的 BIM 可视化实时渲染软件。提前预设了周边环境，将无人机采集的场地实景在软件中进行呈现，同时将先前阶段搭建的模型进行实时数据关联，完美地展现了在实时参数数据下的可视化模拟展示。

3）实施流程

理水数智化应用措施流程如图 11-11 所示。

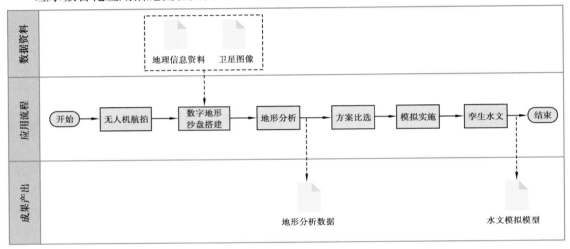

图 11-11　理水数智化应用措施流程图

4）应用成果

在本研究案例中对广阳岛东岛头进行了不同水位的模拟演示，通过观测站获取的长江水文信息，在研究初期采用了人工来调整模型中的水文参数。图 11-12 和图 11-13 分别展示了监测水位在吴淞高程 172 m 常态状况和淞沪高程 185 m 洪水状态下的仿真模拟结果。

随着研究的持续进行，在广阳岛项目建成投产后将结合长江沿岸观测站的数据，通过 IoT 技术做到水文数据参数挂接，使得位于广阳岛的智慧运营大屏可以直观地展示模拟分析结果，提供直观的模拟，辅助长江沿岸有关单位进行相关决策。

5）应用评价

在广阳岛理水措施上提出了一种将数据集成参数设置后直观展示的 BIM 模拟路径，同时为建设阶段和运营阶段的数据关联提供了一种参考。将数据信息打通，针对需求进行直观分析展示，探索了智慧建造到智慧管理的数据联通路径。在广阳岛这个案例中，通过将建设阶段的 BIM 数据和其他多方信息进行了有效关联集成，在规划阶段中对设计方案进行了优化，结合对长江水文模拟结果，合理布置消落带的植被，打造广阳岛绿色生态，并且对建筑方案和步道等配套设施提供优化意见。

通过 BIM 技术集合各类信息为后期智慧管理提供了数字孪生基座，利用 BIM 技术将广阳岛项目中规划的长江模拟器与野外观测站信息结合，基于可视化、多维度展示自然资源（景观植被信息等）、生态环境（气象、水文、水环境等）、社会经济（建筑、空间信息等）等监测数据，从而为评价分析、模拟预估、分析预警等提供数据支撑。

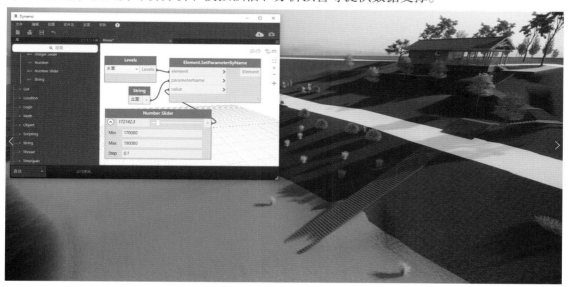

图 11-12　吴淞高程 172 m 下水位模拟

图 11-13　淞沪高程 185 m 下水位模拟

（3）营林数智化举措

1）实施目的

广阳岛植被类型为落叶阔叶林，森林覆盖率高。岛内共普查记录的植物众多，生物多样性。由于过度砍伐，岛内原生林斑块严重退化，现状多为以构树、刺桐、秋枫为优势种的次生植被，典型群落主要有构树林、竹林、白茅群落、芒群落、芭蕉群落、芦竹群落等。通过数智化的方式可快速监测全岛林木健康状况，调配林木的营养灌溉，针对性地预防虫病害，同时通过计算机模拟固碳过程实现联动管理，在平衡全岛生态修复大目标的前提下最终确定可行的、高效的、合理的管理方案是全岛数智化营林举措地最终目的。

2）主要措施

在全岛营林项目中，岛内植被本底存在以下问题：

①一幼：群落结构简单，林相相对单一，林分多处于幼龄林阶段。

②两化：山体林木分布斑驳化、碎片化。

③三缺：缺乏连通性、缺乏生态景观风貌、缺乏色相季相变化。

④四低：生物多样性丰度较低、群落稳定性较低、生态功能较低、林木价值较低。

采用全岛植被调查，进行了全岛物种频度分析，并结合广阳岛 GIS 底座制作生态斑块模型，合理制订营林方案，在全岛形成了有效的固碳成果，为国家双碳目标提供了数智化支撑。

3）应用成果

①全岛三维植被斑块模型，将整个岛内各个区域的植被进行斑块区分建模。

岛内各区域植被建模如图 11-14 所示。

图 11-14　岛内各区域植被建模

②计算机固碳模拟，针对不同植被进行计算机模拟生长，测算固碳量，提供量化依据。

4）应用评价

通过数智生态策略进行生境营造、复合森林。运用潜在植被理论，营造低维护的近自然化森林群落系统；利用多样的植被类型营造栖息地复合生境。局部协调，在空地内补种乡土乔木或灌木，构建"构树+"混合林；重点抚育，形成具有乡土特色的优势群落；适量补植，增加浆果类植物，为动物营造合适的生境。

（4）梳田数智化举措

1）实施目的

广阳岛上大面积耕地退耕后，自然生长出大量的草本植物，部分保留为果园和农业种植地。山下场地被平整后，部分作为油菜花种植地，部分为杂草荒地；粮食作物种植以水稻为主，也包括小麦、玉米、红薯；蔬菜种植品种繁多，包括茄果类、豆类、薯芋类、甘蓝类等；枇杷等水果也是广阳岛一大特色，生产方式相对传统。目前的生产方式相对单一，容易造成综合效益低下，营养物质浪费和污染。如何通过数智化的管理举措，帮助项目进行梳田管理，创造经济价值是实施梳田数智化举措的目的。

2）主要措施

树立"种养循环"的生态农业观，通过数智化管理措施推广果鱼循环系统、稻鱼稻鸭循环系统，实现生态循环的农业模式建立废弃物循环系统，将有机废物发酵为有机肥料，场地废水实现循环利用建立能源循环系统，通过太阳能、风能的循环转换，供给园区内的照明及泵站用电。通过数字孪生管理系统，统管广阳岛经济田。同时在管控过程中搭配无人机智慧机器人等数智化硬件设备进行田地监管、农药喷洒和营养灌溉。

3）应用成果

①全岛三维梳田模型：包括全岛原始地形模型、土壤地质模型、土壤营养酸碱性模型等。

②数智化梳田设备：无人机监管，图 11-15 所示为大风过后无人机观测高粱倒伏情况。

图 11-15　无人机观测高粱倒伏情况

4）应用评价

通过数智化管理手段，花田景观以春季观油菜花、秋季赏向日葵为主要特色，呈现山花烂漫、鸟语花香，生机盎然的整体意象。

（5）清湖数智化举措

1）实施目的

广阳岛上岛内现存1处湖泊，为广阳岛堰塘，面积约4公顷，位于广阳岛山体东部，沿冲沟地形跌水而下，掩映于山林之间，风景较好，现作为岛上农家乐鱼塘。目前功能相对单一，缺乏生态效益，通过数字孪生的方式管理岛内湖水生态，提高生态效益是全岛数智化清湖举措的最终目的。

2）主要措施

对现状湖泊水体进行生态修复，构建完整的水系脉络，恢复完整的自然排水系统，营造水下森林植被系统。

结合 GIS 模型，针对全岛水系进行了详细梳理模拟，进行汇水分析。将水系汇集形成的湖泊，通过数智化平台进行生态多样性管控。

3）应用成果

①全岛三维湖泊数字孪生模型，将全岛各处湖泊进行数字孪生建模管理。

②湖泊生态检测系统。

4）应用评价

通过数智化管理建设形成了湖光潋滟、群落生息的生态愿景。湖体修复之后成为海绵体系的重要一环，群落在此繁衍生息，呈现欣欣向荣的水下森林景观。

（6）丰草数智化举措

1）实施目的

广阳岛滨江消落带自然生态，北侧有一块自然湿地，环境优美，水草丰茂，成为鸟类和鱼类良好的栖息地。湿地面积大小受长江水位变化影响，丰水位时期，几乎整块湿地都会被江水淹没；低水位时期湿地裸露面积较大，高程较高的名为"兔儿坪"，面积 3 km²，地势整体开阔，微地形态多样。湿地主要分布在北侧，且以单一化的浅滩草地为主，缺乏多样性。通过数智化的方式搭建生态底座，进行智慧管理，对全岛的草地和消落带进行智慧管理是全岛数智化丰草举措的最终目的。

2）主要措施

在全岛丰草项目中，通过增加更多水陆交错区域，提升边缘效应，改善湿地综合生态效益。

同时采用数智化硬件检测设备，进行全岛草地绿植检测，从而分析健康状况进行智慧灌溉与丰草养护。

3）应用成果

①全岛三维数字孪生模型，将整个岛内各个区域的草地区分建模。

②智慧灌溉，进行土壤环境监测，进行丰草灌溉。

智慧灌溉监管系统如图 11-16 所示。

图 11-16　智慧灌溉监管系统

4）应用评价

采用数智化手段分析，保留现有的场地覆绿特征与生态体系，通过景观与生态空间的再造，丰富消落带及湿地生态栖息地的多样性，增加动植物种类，修复植被，塑造生境，营造百草丰茂的绿洲景象。

（7）生态配套数智化举措

1）实施目的

广阳岛上生态设施配套设备可实现岛内日常产生的生活垃圾全部在岛上降解分解、消化吸纳和循环利用，实现岛内生活垃圾对环境的零排放，使岛内物尽其用岛外能源保障。

2）主要措施

①生态配套设施取水点地址的选择为满足岛内用水自给自足，通过 BIM 三维模型辅助设计模拟管线布置及全岛地形可视化展示，直观描述了取水井位置与现状管道的碰撞情况，结合 2011 年环岛护岸地勘成果，拟取水点的选址靠近长江主航道，还靠近能源站位置，此选址方案也能较大减少对环境的影响。

生态配套设施取水点位如图 11-17 所示。

图 11-17　生态配套设施取水点位

②在实际施工阶段，运用三维模拟完成泵站模型并根据厂家提供一体化设备图纸完成一体化设备深化，在施工前完成一体化设备吊装预演，基于三维可视化表达的同时，我们还可以展示构筑物细部特点，了解泵站结构和设备安装的实施过程，同时以三维形式辅助现场施工交底。

③根据阀门井大样图，基于市政管网模型，深化阀门井大样（图 11-18），核对阀门井位置与现有管网的碰撞情况，合理调整阀门井位置，并核查阀门井标高与井外管道的连接情况，提前做出调整。

图 11-18　阀门井大样

3）应用成果

①智慧工地展牌。

②缩短建设工期，降低工程造价。

③调整材料堆放区域，优化场布图纸。

④利用 Revit 对节点进行三维建模，对复杂节点作出快速有效的判断并出具合理的排布方案。

4）应用评价

通过 BIM 技术以视频展示的形式对现场人员进行技术交底，使班组直观地明白其节点处钢筋的排布，施工顺序及其位置，避免因二维图纸表达不清楚带来的返工，大大地节省材料和时间成本；而基于 BIM 模型中构件的几何、非几何信息关联及实时联动特性，及时出具工程 BIM 实物工程量。

（8）生态绿色交通数智化举措

1）实施目的

因广阳岛内现状分布有 24.65 km 长市政道路（不含现状广阳岛大桥），总体呈"一环一纵＋十联络"布局，一环为广阳岛环岛路，一纵为广阳岛中干道，十联络为广阳岛果园路及广阳岛一至九支路，施工覆盖面广，协调难度大，通过数智化的方式创建模型实施智慧管理可达到缩短工期节约成本的目的。

2）主要措施

①基于 BIM 模型，结合现场实际情况，配合实际的场地布置道路运输路线及施工规划的设备运输路线模拟验证，并制作视频，验证运输路线可行性，如图 11-19 所示。

图 11-19　设备运输线路布置

②通过沿着绿色交通路面铺设的全岛管网模型，可直观表达本周完成工作与下周计划工作，根据可视化三维模型展示提前确定下一步施工作业内容，提前协调作业面，较好地解决由作业面影响的施工进度。

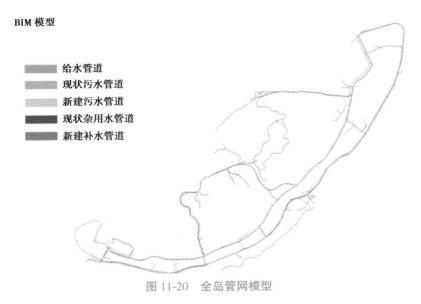

图 11-20　全岛管网模型

3）应用成果

①车辆运输模拟模型。

②支路管廊模拟模型。

③车库辅助施工三维模型及二维图纸。

4）应用评价

通过数值化管理可实现多条支路之间的同步施工，大大缩短了工期，与此同时立体直观的三维模型也方便领导抉择，提高了管理效率。

11.3.3　绿色建筑项目数智化举措

（1）总述

人文建设项目设计阶段主要又分为方案设计阶段和施工图阶段，方案设计阶段主要内容分为建筑信息介绍、各楼层建筑用途说明、方案介绍、3D 模拟、主要为设计前期对各专业大系统进行汇总，提出主要设计方案，各专业配以系统图，介绍各管路走向，同时配以各专业平面图，介绍设备房位置、大小，主要设备参数等。需配合 BIM 模型对管线进行整合，组织人员进行方案讨论，确定大方向，优化初步设计方案，为后阶段施工图设计开展提供方向和依据。在施工图阶段，就安装整体考虑，因为各子系统众多，需对机电管线进行整合，以达到整体直观的效果。根据三维模型管道交叉碰撞检查，优化调整机电施工图中管道撞梁、管道打架等情况，配合施工现场提供准确的需要预埋孔洞及套管的图纸，将三维模型反馈到二维平面图中，力求二维三维一致，为后期机电设备安装提供准确合理的施工图。

（2）CAE 仿真模拟

1）应用点

①根据 BIM 模型进行各类性能分析，如动线仿真模拟、人流及疏散模拟等。

②通过分析报告优化设计方案，从而满足各项标准要求。

2）应用流程

CAE 仿真分析流程如图 11-21 所示。

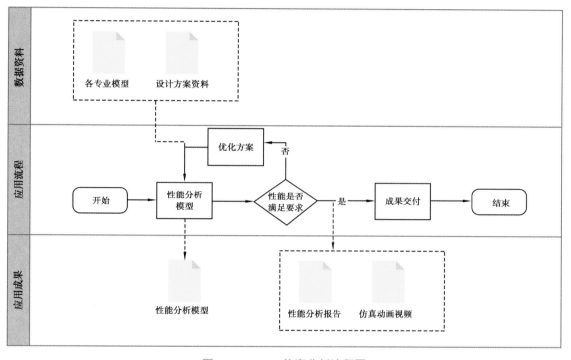

图 11-21　CAE 仿真分析流程图

3）应用成果

①动线仿真模拟。针对广阳岛项目入岛处交通拥堵情况，在交通导改设计之初，采用 VISSIM 软件对入岛处的路网进行仿真分析模拟，通过模型搭建、数据输入、模拟分析等步骤，模拟分析待建道路的通行情况、拥堵时长、最短变道长度、交叉口位置等，并生成交通仿真分析报告，辅助设计方调整交叉口位置、车道数量等，极大地减少或避免了以往对于交通组织设计中，如对交通灯、交叉口位置、车道数量的设计等设置"一拍脑袋"的设计方式，从而使绿色交通的交通组织设计更加科学，交通系统更加合理。

图 11-22　动线仿真模拟

②人流及疏散模拟。以长江书院项目的大观楼为研究对象进行分析，研究 BIM 技术在安全疏散中的评估应用，并为优化设计提供数据支撑。利用 Pathfinder 软件对不同方案下的人流及疏散进行模拟分析（图 11-23），得到运动时间（ttrav）、必须疏散时间（treset）、可以疏散时间（taset）、安全裕量（tmarg）等数据，通过优化平面布局、设置防火分区、防火材料调整、设置疏散引导等多种方式来提高安全裕量，最终通过安全裕量（tmarg）来判定建筑是否满足安全疏散需求，如安全裕量（tmarg）无预留或为负值，可采取调整设计来优化，以缩短安全疏散的运动时间，从而达到人员安全疏散的时间和其他条件的要求。

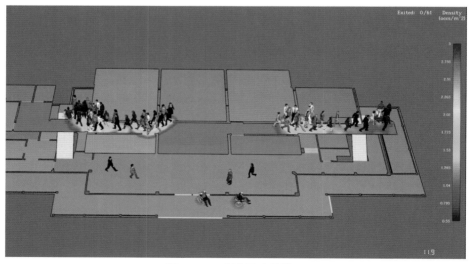

图 11-23　人流及疏散模拟

③日照、风环境分析。对广阳岛全岛生态环境进行仿真分析模拟，通过模拟一年中日照、风雨对生态体系的影响，为景观修复、生态系统分布、景观布置、建筑群选址选择提供参考，合理调整优化生态修复及建筑群落的方案，确保生态修复方案有效，生态系统受环境影响综合指标为正；景观布置合理，建筑物朝向、能耗、环保等价值最优。分析广阳岛区域整体风环境的特点与问题，为广阳岛生态系统布置、建筑物布置提供有效的风环境设计参数，确保生态系统免受大风影响；同时，合理利用风能资源，降低建筑物能耗，节能减排。

图 11-24　立春与立夏早晨 8:00 日照对比

④视域分析。在全岛三维沙盘模型中，选取不同项目的观察点，通过给观察点位一个具体的位置和高度，查找给定范围内观察点所能通视覆盖的区域，为岛内景观游览点位的设置及周边环境的布置提供参考，并使游客合理调整游览线路等。

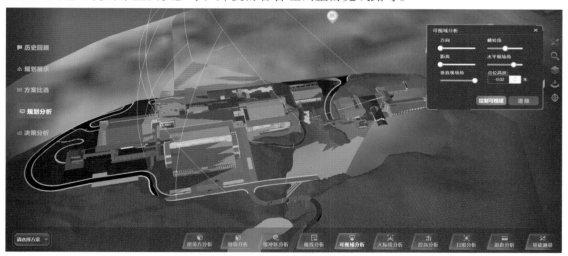

图 11-25　视域分析

（3）净高及空间分析优化

1）应用点

①创建各专业模型。

②整合建筑、结构、机电模型，标注建筑主体、出入口、过道、地下室、机房等结构空间的净高。

③辅助设计方案可行性验证。

④利用软件的模型创建、分析的能力，以及与 VR、AR 等可视化设备集成融合的功能。

2）应用流程

净高分析流程如图 11-26 所示。

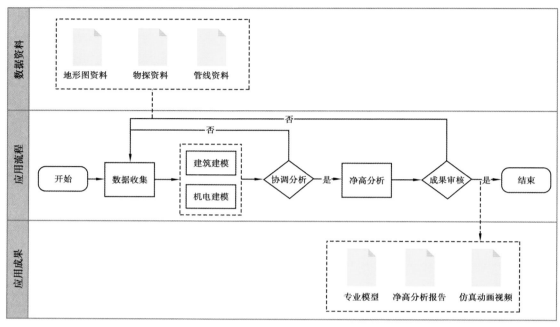

图 11-26　净高分析流程图

3）应用成果

①各专业模型：模型应统一坐标，体现空间管线。

②净高分析报告：报告应体现三维模型图像、净高分析结果，以及对工程设计方案的分析数据进行对比。

③仿真动画视频：应体现各关键位置净高关系。

净高分析图如图 11-27 所示。

图 11-27　净高分析图

260

（4）校核、出图（图纸、效果图）

1）应用点

①各专业的图纸，包括统一的图样、版式、标注样式等。

②各专业效果图。

2）应用流程

校核、出图流程如图 11-28 所示。

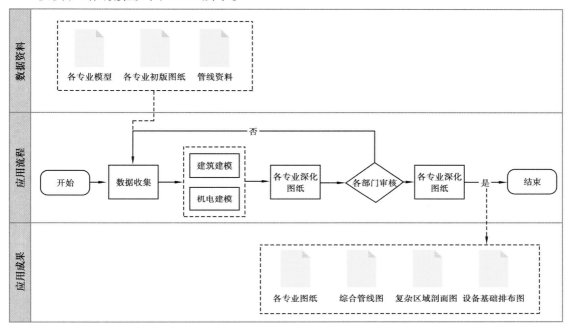

图 11-28　校核、出图流程图

3）应用成果

①各专业的单专业图、综合管线图、复杂区域剖面图、设备基础排布图等。

②各专业效果图。

（5）场地布置

1）应用点

①根据重庆市施工安全文明规范、施工过程工艺等文件创建施工场地平面布置模型。

②总平面布置规划完成后应对垂直运输、碰撞、交通等进行模拟分析并形成分析报告。

③结合现场情况进行施工场平规划方案的可行性分析。

④选用软件应具有模型创建、空间分析的功能。

⑤在总平面布置规划 BIM 应用中，可基于施工图设计模型、施工深化模型或总图等相关设计文件融入施工组织设计创建施工场地模型，完成总平面布置、场地规划合理性优化，输出深化设计成果等。

出图成果展示如图 11-29 所示。

管线综合平面图　　暖通平面图　　消防及喷淋平面图　　电气平面图

给排水平面图　　净高分色平面图　　预留洞口平面图　　管线综合剖面大样图

图 11-29　出图成果展示

2）应用流程

施工场地布置流程如图 11-30 所示。

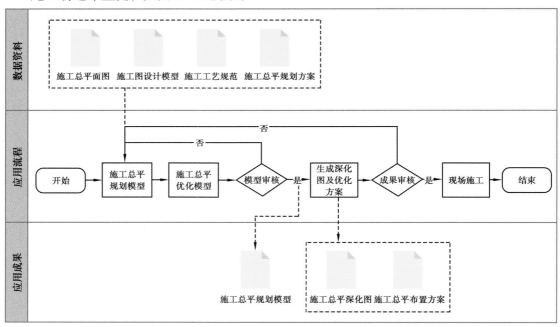

图 11-30　施工场地布置流程图

3）应用成果

①施工总平规划模型：模型应包括临建设施、周边环境、施区域、临时道路、临时设施、

加工区域、材料堆场、临水临电、施工机械、安全文明施工设施等模型。

②施工总平布置深化报告：报告应体现施工总平布置优化方案及优化后的总平布置图。

图 11-31　施工场地布置模拟

（6）多专业碰撞检查应用流程

1）应用点

①整合周边建筑、地形、场地模型、管线模型、道路模型等。

②利用整合模型分析，对建筑、场地隐蔽工程及重点区域进行碰撞检查及修改优化，并提供分析报告等，保证建筑工程的合理空间利用。

③辅助结构专业设计图优化。

2）应用流程

多专业碰撞检查流程如图 11-32 所示。

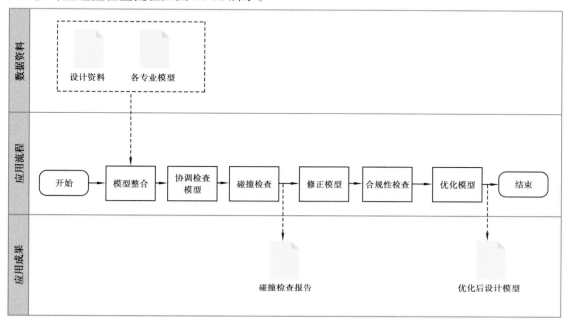

图 11-32　多专业碰撞检查流程图

3）应用成果

①专业综合模型：模型应体现建筑工程项目全专业模型。

②碰撞报告：报告应体现模型碰撞节点分析、设计优化方案。

③优化后模型：在原有专业综合模型的基础上调整碰撞节点，达到最优设计方案。

图 11-33 多专业碰撞检查报告

（7）机电综合管综深化

1）应用点

①搭建管网、设备模型，包含给排水、通信、电力、暖通、设施设备等专业模型。

②利用所建立的三维模型与建筑、结构、装饰等其他模型进行整合。

③对管综进行碰撞检查，提出优化调整方案。

2）应用流程

3）应用成果

①管网综合模型。

②管网优化调整方案、报告。

机电综合管综深化流程如图 11-34 所示，机电综合管综深化如图 11-35 所示。

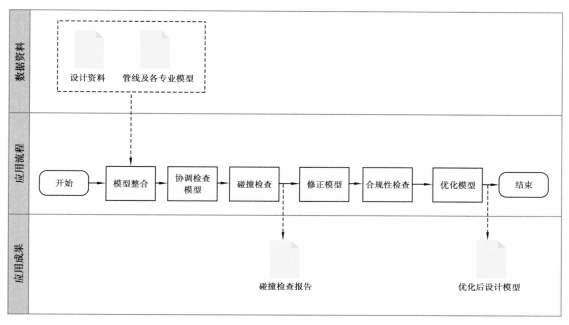

图 11-34　机电综合管综深化流程图

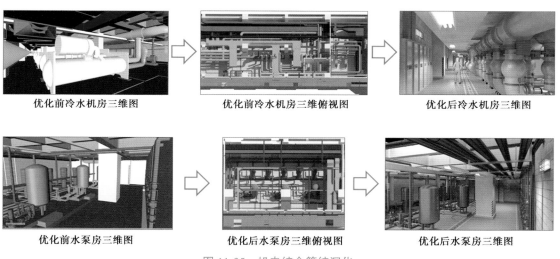

优化前冷水机房三维图　　　优化前冷水机房三维俯视图　　　优化后冷水机房三维图

优化前水泵房三维图　　　优化后水泵房三维俯视图　　　优化后水泵房三维图

图 11-35　机电综合管综深化

（8）三维可视化交底应用流程

1）应用点

①利用 BIM 软件的可视化功能，进行施工模拟，形成工艺视频，实现可视化交底。

②利用所建立的三维模型，将施工工艺、关键节点等施工过程以三维动画的形式展现出来，并形成视频文件，在施工交底时，通过播放施工工艺过程模拟，能直观、简洁地展示施工工艺。

③主要应用于大跨木屋架吊装、人工挖孔桩、斩假石排布、装饰面层等复杂节点、重点施工工艺。

2）应用流程

三维可视化交底应用流程如图11-36所示。

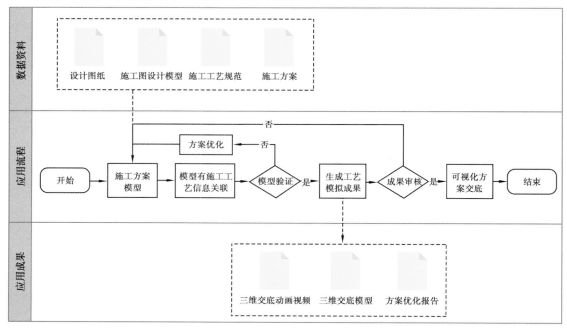

图11-36　三维可视化交底应用流程图

3）应用成果

①三维交底模型如图11-37所示。

②交底视频动画如图11-37所示。

③三维渲染图片及其他交底文件。

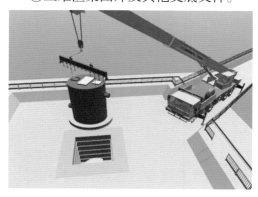

（a）三维交底模型

（b）三维交底动画

图11-37　三维交底模型、动画

（9）施工进度模拟应用流程

1）应用点

①整合设计各专业模型，结合进度计划创建进度管理模型。

②施工过程中的实际进度和计划进度跟踪对比分析、进度预警、进度偏差分析及调整等。

③基于进度管理模型和实际进度信息完成进度对比分析，并应基于偏差分析结果更新进度管理模型。

④选用软件应具有模型创建、空间分析、生长动画的功能。

2）应用流程

施工进度模拟流程如图 11-38 所示。

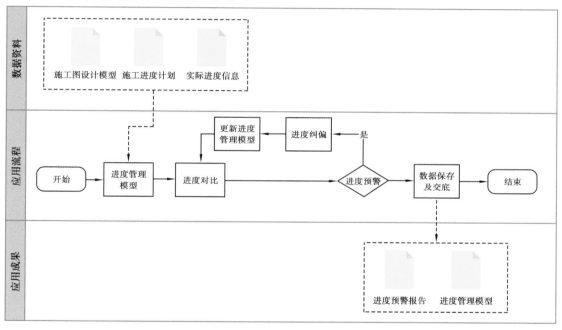

图 11-38　施工进度模拟流程图

3）应用成果

①施工进度模型：模型应包括建筑与进度计划的匹配信息（图 11-39）。

②进度预警报告：报告应体现施工进度计划与时间计划的差异。

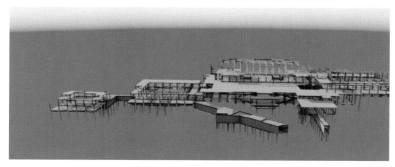

图 11-39　施工进度模拟

（10）方案比选虚拟样板

1）拓展应用点

通过 BIM 技术创建虚拟样板方案模型，输出实景漫游、效果图，向决策层及业主领导汇报，辅助方案比选及决策。

2）拓展应用成果

①方案比选模型（图 11-40）。

②渲染效果图、视频。

图 11-40　VIP 接待室虚拟样板方案比选

图 11-41　机房虚拟样板方案比选

（11）BIM+VR 沉浸式方案展示

1）拓展应用点

①借助图形引擎 UNREAL4 进行开发，结合 HTC-VR 头盔，对设计方案进行三维沉浸式展示。

② BIM 结合 VR 的方式对各类方案进行体验式汇报，帮助各方了解设计重点，多视角提前感知，充分理解设计意图，做到快速决策。

BIM+VR 沉浸式方案展示具体如图 11-42 所示。

图 11-42　BIM+VR 沉浸式方案展示

2）拓展应用成果

以第一人称视角进入拟建三维场景，优化方案细节。

（12）碳足迹跟踪

1）拓展应用点

①建立建材碳标签信息管理档案系统，录入建材供应链采购情况、建材检测参数及证书等信息。并通过系统生成建材唯一二维码，贴于实体建材上，支持现场扫描识别。

②识别二维码可以查询建材厂商、型号、工艺流程、运输链、绿建证书、碳足迹证书、效果图等详细信息。

③多视角提前感知，充分理解设计意图，做到快速决策。

2）拓展应用成果

①各类材料的产品碳足迹证书。

②碳足迹二维码及信息管理流程。

图 11-43　碳标签信息管理及碳足迹证书

（13）GIS+BIM 正射影像辅助校核测量

1）拓展应用点

①正射影像技术是获取被测物体高重叠度、高分辨率序列影像，通过专业的数据处理软件，输出 DOM（数字正射影像图）等符合要求的地形图，其精度可达到厘米级。

②利用正射图进行方案汇报、大小市政对接、预放线、施工质量控制、管井点位复核等，解决超大场地定位放线、校核放线、单体建筑红线管控等难题，提高施工效率。

2）拓展应用成果

①高精度正射影像结合现场定位。

②超大场地定位放线校核、单体建筑红线管控。

图 11-44　超大场地定位放线校核

（14）园林景观可视化辅助深化

1）拓展应用点

利用 BIM 模型结合专业的渲染软件，模拟建设完成后景观湖池、景观石、乔木及灌木、步道等的整体布置，通过可视化的方式向各参建方进行展示，如图 11-45 所示。

2）拓展应用成果

景观渲染模型、视频等。

图 11-45　园林景观可视化辅助深化

（15）大型异形曲面建筑 BIM 正向设计及协同作业

1）拓展应用点

①鉴于大河文明馆世界厅、广阳厅采用空腔结构，所有管线均隐藏安装在内外两层曲面清水结构之间，空腔平均宽度只有 1.2 m 的多重限制因素，且常规二维平面设计无法清晰表达，因此在设计、优化、出图、交底的过程中完全依赖 BIM 的正向设计。

②采用 Rhino 结构模型 +Revit 机电模型结合的方式，通过 Grasshopper 和 Rhino.Inside. Revit 插件相互转换进行协同作业，在设计阶段提前考虑施工工序问题，预留人员、支架、材料进出通道以及结构孔洞，并输出预留预埋图纸。

2）拓展应用成果

①正向设计解决管线安装、预留孔洞、钢筋模板架设等。

②输出预留预埋图纸、钢筋及模板排布图纸、管线图纸等。

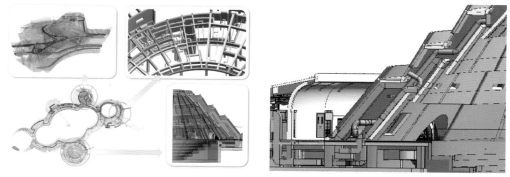

图 11-46　大型异形曲面建筑 BIM 正向设计及协同作业模式

11.4　数智咨询成效

1）价值提升

在广阳岛项目生态文明建设过程中，采用数智化全作业方式可极大地提升作业效率。以全岛生态驿站建设为例，在整个生态修复过程中，采用 BIM 技术实现了对所有驿站前期方案可视化展示，过程中以可视化方式进行方案调整优化，协同多家单位共同作业，提升方案制订、调整优化的作业效率，降低决策周期，让项目加速推进。

2）优化节省

利用 BIM 技术持续对绿色建筑方案进行优化，在国际会议中心项目中，先后利用 BIM 技术对多个重要机房进行三维呈现，同时综合多方意见对重要机房的布置进行多方案表达，合理推演后期使用场景，最终实现了机房空间的高效利用，同时优化了机房面积，提升单位建设效率，节省了建设成本。

3）精细管理

数智化技术一个重要的应用方向就是能对建设项目全过程进行更为精细化的管理，例如在生态修复项目中，我们实现了对新种植的树木进行编码归档，能够对广阳岛上每一棵树木进行全生命期的动态管控，了解广阳岛生态的情况，同时能够快速合理地调动资源，保证广阳岛生态的健康运行。

4）正向探索

大河文明馆是广阳岛绿色建筑项目群中的较为特殊的案例，该项目是一个双曲面异型清水混凝土半覆土式建筑，采用传统建造深化建造模式根本无法完整地展现设计师的设计理念和意图，在本项目中我们也是采用 Rihno+Grasshopper 参数化建模手段，实现了从方案模型到深化模型再到配套模板、钢筋加工深化模型最后完全实现工序加工流程正向出图的 BIM 辅助正向设计作业流程，实现了建筑生产和工业制造的高度智能化、自动化融合，这既是工程领域数智化转型路径探索的一次成功尝试，同样也是广阳岛生态文明建设数智化进程中的一个耀眼的闪光点。

附录 数智应用获奖情况

年份	比赛名称	奖项
2021 年	首批企业数字化转型行业应用类典型场景	入选
2022 年	"龙图杯"第十一届全国 BIM 大赛综合组	一等奖
2022 年	第三届工程建设行业 BIM 大赛	一等成果
2022 年	"优路杯"第五届全国 BIM 技术大赛	金奖
2022 年	第六届建设工程 BIM 大赛（综合类）	特等奖